数据科学与大数据技术导论

陈 明 编著

清华大学出版社

北 京

内 容 简 介

大数据技术凝集了多学科的研究成果,是一门多学科的交叉融合技术。随着科学技术的发展,大数据技术发展更为迅速,应用更为深入与广泛,并凸显其巨大潜力和应用价值。

"数据科学与大数据技术导论"是数据科学与大数据技术专业的第一门专业基础课程。这门课程可以引导数据科学与大数据技术专业的学生走进大数据技术的大门。

本书主要介绍数据科学与大数据技术的基本知识。全书共分 11 章,包括数据科学与大数据技术概述、Hadoop 大数据处理平台、大数据采集与存储管理、大数据抽取、大数据清洗、数据转换、大数据约简、大数据集成、大数据分析、大数据挖掘、数据可视化与可视分析等内容。

本书语言精练,内容完整,案例丰富,可作为高等院校"数据科学与大数据技术导论"课程的教材,也可作为学习数据科学与大数据技术人员的参考书。

图书在版编目(CIP)数据

数据科学与大数据技术导论/陈明编著. —北京:清华大学出版社,2021.6(2024.12重印)
ISBN 978-7-302-56676-2

Ⅰ.①数… Ⅱ.①陈… Ⅲ.①数据处理－高等学校－教材 Ⅳ.①TP274

中国版本图书馆 CIP 数据核字(2020)第 203622 号

责任编辑:龙启铭
封面设计:何凤霞
责任校对:李建庄
责任印制:刘海龙

出版发行:清华大学出版社
    网 址:https://www.tup.com.cn, https://www.wqxuetang.com
    地 址:北京清华大学学研大厦 A 座   **邮 编:**100084
    社 总 机:010-83470000   **邮 购:**010-62786544
    投稿与读者服务:010-62776969,c-service@tup.tsinghua.edu.cn
    质量反馈:010-62772015,zhiliang@tup.tsinghua.edu.cn
    课件下载:https://www.tup.com.cn,010-83470236
印 装 者:三河市人民印务有限公司
经 销:全国新华书店
开 本:185mm×260mm **印 张:**20.5 **字 数:**475 千字
版 次:2021 年 6 月第 1 版 **印 次:**2024 年 12 月第 4 次印刷
定 价:59.00 元

产品编号:085050-01

前言

大数据技术与应用展现出锐不可当的强大生命力,科学界与企业界对其寄予无比的厚望。大数据技术已成为继20世纪末、21世纪初互联网蓬勃发展以来的又一个新的里程碑。

大数据技术是指从数据采集、清洗、集成、挖掘、分析与结果解释,进而从各种各样类型的巨量数据中快速获得有价值的信息的全部技术。大数据技术的精髓是从大数据中产生新见解,识别复杂关系和做出越来越精准的预测。

大数据技术是现代科学与技术发展,尤其是计算机科学技术发展的重要成果和结晶,是计算机科学发展史的又一个新的里程碑。大数据的出现对计算机等许多领域产生了挑战与冲击,推动了计算机科学技术的发展。

大数据技术凝集了多学科的研究成果,是一门多学科交叉融合的技术。随着科学技术的发展,大数据技术发展更为迅速,应用更为深入与广泛,并凸显其巨大潜力和应用价值。

"数据科学与大数据技术导论"是数据科学与大数据技术专业的第一门专业基础课程。这门课程可以引导数据科学与大数据技术专业的学生走进大数据技术的大门。为此,本书内容的组织宽泛,以大数据技术为核心展开。从大数据的基本概念与特点到大数据处理平台(Hadoop、Spark),从数据获取、清洗、抽取、约简、转换、集成、统计分析、挖掘,到获得结果的全过程都进行了介绍。学生通过上述内容的学习,可以为后续课程的学习奠定坚实的基础。

本书在内容方面,注重大数据技术的基本概念、模型、结构和方法的清晰描述。对主要的算法,如分类算法、聚类算法等典型重要的算法给出了形式化描述,并给出了Python代码。

本书在结构上为积木状,各章内容独立地进行概念性与方法性论述。出于篇幅考虑,书中所提及定理没有给出证明,如需要可以查阅相关文献。

由于作者水平有限,书中不足之处在所难免,敬请读者批评指正。

陈明

2021年1月

目录

第 7 章　大数据约简　/177

第 8 章　大数据集成　/203

第1章

数据科学与大数据技术概述

知 识 结 构

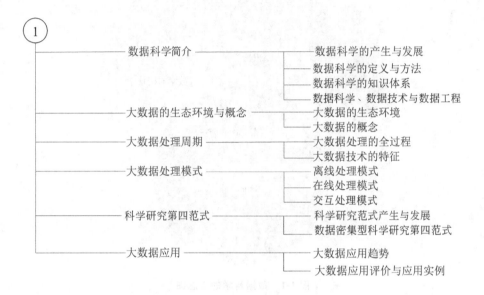

1.1 数据科学简介

计算机科学是算法与算法变换的科学,而数据科学包括的范围更为广泛。数据科学是通过科学方法探索数据,以获得有价值的发现。数据科学的发展不仅可以推动数学、计算机科学、人工智能、统计学、天体信息学、生物信息学、计算社会学等多门学科的发展,而且能够大力助推相关产业的发展与进步。

1.1.1 数据科学的产生与发展

数据科学最早出现在 20 世纪 60 年代。1974 年,著名计算机科学家、图灵奖获得者彼得·诺尔在其出版的《计算机方法的简明调查》中将数据科学定义为"处理数据的科学",进而建立了数据与其代表事物的关系。2001 年,统计学教授威廉·S.克利夫兰发表了《数据科学:拓展统计学的技术领域的行动计划》,首次将数据科学看作一门单独的学科,并把数据科学定义为统计学的一个重要研究方向。数据科学再度受到统计学领域的关注,奠定了数据科学的理论基础。

2013 年，C.A.Mattmann 和 V.Dhar 在《自然》和《美国计算机学会通讯》上分别发表题为《计算——数据科学的愿景》和《数据科学与预测》的论文，从计算机科学与技术的角度介绍了数据科学的内涵，并将数据科学归入计算机科学与技术学科的研究范畴。

1.1.2 数据科学的定义与方法

数据科学的维恩图如图 1-1 所示，可以看出，数据科学是计算机编程、数学与统计学和行业经验的交集，凸显了交叉型学科的特点。数据科学家需要具备统计学、计算机科学的知识和应用领域的行业经验。

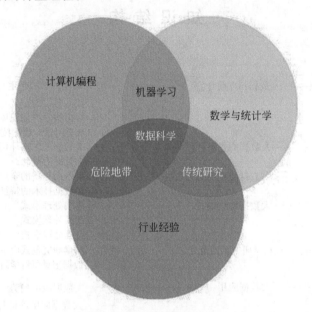

图 1-1 数据科学的维恩图

为了较全面地诠释数据科学，可将数据科学细化为 12 个主要领域，如图 1-2 所示。主要包括统计学、算法、数据挖掘、机器学习、过程挖掘、预分析、数据库、分布式系统、可视化与可视分析、商务模式与市场学、行为与社会科学、隐私安全与法律。

1. Cyber 空间

Cyber 空间音译为赛博空间，意译为网络空间、异次元空间、多维信息空间和计算机空间等，Cyber 空间是一种知识交流的虚拟空间。其本意是指以计算机技术、现代通信网络技术、虚拟现实技术等信息技术的综合运用为基础，以知识和信息为内容的新型空间，是一个人工世界。信息化是将现实世界中的事物和现象以数据的形式存储到 Cyber 空间中，这是一个数据生产的过程。数据是自然和生命的一种表示形式，它记录了人类的行为，包括工作、生活和社会的发展。

2. 数据爆炸

将快速大量产生的数据存储在 Cyber 空间中的现象称为数据爆炸，数据爆炸在 Cyber 空间中形成数据自然界。数据在 Cyber 空间中唯一存在，应该研究和探索 Cyber 空间中数据的规律和现象。此外，探索 Cyber 空间中数据的规律和现象也是探索宇宙规

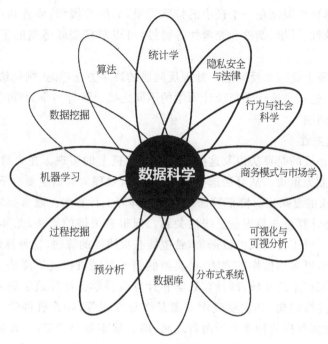

图 1-2　数据科学的主要领域

律、探索生命规律、寻找人类行为规律、寻找社会发展规律的一种重要手段。

3. 数据科学的定义

数据科学是关于数据或者研究数据的科学,是研究 Cyber 空间中数据界奥秘的理论、方法和技术,其研究的对象是数据界中的数据。数据科学的内容包括从数据自然界中获得一个数据集;对该数据集进行勘探,发现其整体特性;进行数据研究分析(如使用数据挖掘技术)或者进行数据实验;发现数据规律;将数据进行感知化等。与自然科学和社会科学不同,数据科学的研究对象是 Cyber 空间的数据,是新的科学。数据科学主要包括两个方面:一方面是研究数据本身,研究数据的各种类型、状态、属性及变化形式和变化规律;另一方面是为自然科学和社会科学的研究提供一种新的方法,称为科学研究的数据方法,其目的在于揭示自然界和人类行为的现象和规律。也就是说,用科学的方法研究数据和用数据的方法研究科学。研究数据本身包括生物信息学、天体信息学、数字地球等领域。科学研究的数据方法包括统计学、机器学习、数据挖掘、数据库等领域。这些学科都是数据科学的重要组成部分,只有把它们有机地整合在一起,才能形成整个数据科学的全貌。

4. 利用科学的方法研究数据

利用科学的方法研究数据是指使用数据获取、数据存储管理、数据抽取与清洗、数据约简与集成、数据分析与分析结果的可视化展示等一系列过程来获得有价值信息的方法。

1) 数据分析的主要困难

在数据处理过程中,数据分析是核心问题。数据分析遇到的主要困难是:数据量大、数据维数高、数据类型复杂、噪声大。其中,最大的困难是数据维数高,这会导致维数灾难,即模型的复杂度和计算量随着维数的增加而指数增长。为了克服数据维数高带来的困难,通常将数学模型限制在一个极小的特殊类里,如线性模型;或者利用数据可能有的特殊结构,如稀疏性、低维、低秩和光滑性等特性,可以对模型做适当的正则化处理,也可以通过降维处理。

数据分析本质上是一个反问题。处理反问题的许多方法(如正则化法)在数据分析中扮演了重要角色,这正是统计学与统计力学的不同之处。统计力学处理的是正问题,而统计学处理的是反问题。

2)算法的重要性

与模型相辅相成的是算法以及这些算法在计算机上的实现。在大数据的背景下,算法的设计与选择尤为重要。从算法选择的角度来看,处理大数据主要有下述两种方法。

(1)降低算法的复杂度。降低算法的复杂度即降低计算量。通常要求算法的计算量是线性标度的,即计算量与数据量呈线性关系。但很多关键的算法,尤其是优化方法,还达不到这个要求。对于特别大的数据集,希望能有次线性的算法,这种算法的计算量远小于数据量。为此可以采用抽样的方法,最典型的例子是随机梯度下降法。算法的研究分散在两个基本不相往来的领域,即计算数学和计算机科学。计算数学研究的算法主要针对像函数这样的连续结构,其主要应用对象是微分方程等;计算机科学主要处理离散结构,如网络。而现实数据的特点介于两者之间,即数据本身是离散的,而数据背后有一个连续的模型。因此,要发展针对数据的算法,就必须把计算数学和计算机科学研究的算法有效地结合起来。

(2)分布式计算。分布式计算是将一个需要非常巨大的计算能力才能解决的问题分成许多小的部分,然后把这些部分分配给许多计算机进行处理,最后把这些计算结果综合起来得到最终结果的一种算法。这种把一个大问题分解成很多小问题,是分而治之的还原论的方法,例如 MapReduce 分布编程模型就是一种适用于大数据集的分布式计算的方法。

5. 利用数据的方法研究科学

利用数据的方法研究科学的经典例子是开普勒关于行星运动的三大定律,这是开普勒根据天文学家第谷留给他的观察数据总结出来的。表 1-1 给出的观测数据是行星绕太阳一周所需要的时间(以年为单位)和行星离太阳的平均距离(以地球与太阳的平均距离为单位)。从这组数据可以总结出,行星离太阳的平均距离的立方和行星绕太阳运行的周期的平方成正比,即 $R^3/T^2=k$,其中 R 是行星公转轨道半长轴,T 是行星公转周期,k 为常数。这就是开普勒第三定律(周期定律)。

表 1-1　太阳系 8 大行星绕太阳运动的数据

行　　星	周期/年	平　均　距　离	平均距离^3/周期^2
水星	0.241	0.39	1.02
金星	0.615	0.72	0.99
地球	1.000	1.00	1.00
火星	1.881	1.52	1.01

续表

行　　星	周期/年	平 均 距 离	平均距离³/周期²
木星	11.862	5.20	1.00
土星	29.450	9.54	1.00
天王星	84.070	19.18	1.00
海王星	164.900	30.06	1.00

　　虽然当时开普勒总结出第三定律,但他并不理解其内涵。牛顿则不然,他用牛顿第二定律和万有引力定律把行星运动归结成一个纯粹的数学问题,即一个常微分方程组。如果忽略行星之间的相互作用,那么各行星和太阳之间就构成了一个两体问题,就可以很容易地求出相应的解,并由此推导出开普勒三大定律。

　　牛顿运用的是寻求基本原理的方法,这种方法远比开普勒的方法深刻。牛顿不仅知其然,而且知其所以然。所以牛顿开创的寻求基本原理的方法成为科学研究的首选模式,这种方法的发展在 20 世纪初期达到了顶峰。在它的指导下,物理学家们提出了量子力学。原则上,在日常生活中看到的自然现象都可以从量子力学出发得到解释。量子力学提供了研究化学、材料科学、工程科学、生命科学等几乎所有自然和工程学科的基本原理,这应该说是很成功的,但事情远非这么简单。狄拉克指出,如果以量子力学的基本原理为出发点去解决这些问题,那么其中的数学问题就太困难了。因此必须妥协,对基本原理做近似处理。

　　虽然牛顿模式很深刻,但对复杂的问题,开普勒模式往往更有效。例如,表 1-2 中形象地描述了一组人类基因组的单核苷酸多态性(Single Nucleotide Polymorphism,SNP)数据。

表 1-2　SNP 数据

志 愿 者	SNP_1	SNP_2	⋯	SNP_m
志愿者 1	0	1	⋯	0
志愿者 2	0	2	⋯	1
志愿者 3				
⋮	⋮	⋮	⋮	⋮
志愿者 n	1	9	⋯	

　　研究人员在全世界挑选出 1064 个志愿者,并把他们的 SNP 数据数字化,即把每个位置上可能出现的 10 种碱基对用数字表示,对这组数据做主成分分析(PCA)。其原理是对数据的协方差矩阵做特征值分解,可以得到图 1-3 所示的结果。其中横轴和纵轴分别代表第一和第二奇异值所对应的特征向量,这些向量一共有 1064 个分量,对应 1064 个志愿者。由此可见,通过最常见的统计分析方法可以从这组数据中展示出人类进化的过程。

　　如果采用从基本原理出发的牛顿模式,上述问题基本是无法解决的,而基于数据的开普勒模式则行之有效。开普勒模式最成功的例子是生物信息学和人类基因组工程,正因

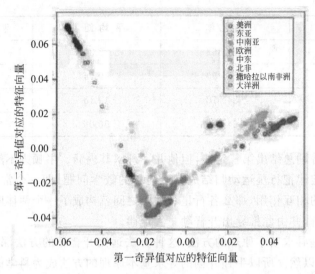

图 1-3 对 SNP 数据做主成分分析的结果

为它们的成功,材料基因组工程等类似的项目也被提上了议程。

同时,天体信息学、计算社会学等成为热门学科,这些都是用数据的方法研究科学问题的例子。而图像处理也是一个典型的例子。图像处理是否成功是由人的视觉系统决定的,要从根本上解决图像处理的问题,就需要从理解人的视觉系统着手,理解不同质量的图像对人的视觉系统会产生什么样的影响。当然,这样的理解很深刻,而且也许是我们最终需要的,但目前来看,它过于困难也过于复杂。解决很多实际问题时并不会真正使用它,而是使用一些更为简单的数学模型。

用数据的方法研究科学问题,并不意味着不需要模型,只是模型的出发点不一样,不是从基本原理的角度去寻找模型。以图像处理为例,基于基本原理的模型需要描述人的视觉系统以及它与图像之间的关系,而通常的方法可以是基于更为简单的数学模型,如函数逼近的模型。

1.1.3 数据科学的知识体系

基于知识体系方面的考虑,数据科学主要以统计学、机器学习、数据可视化以及(某一)领域实务知识与经验为理论基础,其主要研究内容包括基础理论、数据加工、数据计算、数据管理、数据分析和数据产品开发等,如图 1-4 所示。

1. 基础理论

基础理论主要包括数据科学中的理念、理论、方法、技术、工具以及数据科学的研究目的、研究内容、基本流程、主要原则、典型应用、人才培养、项目管理等。在这里,基础理论是指在数据科学的边界之内,而理论基础是在数据科学的边界之外,理论基础是数据科学的理论依据和来源。

2. 数据加工

数据加工是数据科学中关注的新问题之一。为了提升数据质量、降低数据计算的复

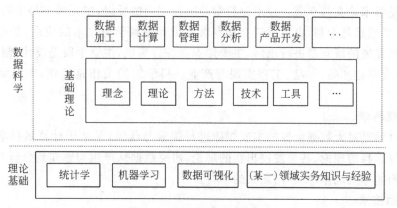

图1-4　数据科学的知识体系

杂度、减少数据计算量以及提升数据处理的精准度,数据科学项目需要对原始数据进行一定的加工预处理,主要包括数据清洗、数据变换、数据集成、数据脱敏、数据归约和数据标注等。数据加工与传统数据处理的不同之处在于,数据科学中的数据加工更加强调数据处理中的增值过程,即如何将数据科学家的创造性设计、批判性思考和好奇性提问融入数据的加工活动之中。

3. 数据计算

在数据科学中,计算模式发生了根本性的变化,其从集中式计算等传统计算模式过渡至云计算模式。比较有代表性的是 Google 三大云计算技术 Hadoop MapReduce、Spark 和 YARN(Yet Another Resource Negotiator,另一种资源协调者)。计算模式的变化表明了数据科学所关注的数据计算的主要瓶颈、主要矛盾和思维模式发生了根本性变化。

4. 数据管理

在完成数据加工和数据计算之后,人们还需要对数据进行管理与维护,以便再次进行数据分析、数据的再利用和长久存储等。在数据科学中,数据管理方法与技术也发生了重大变革,不仅包括传统关系型数据库系统,还出现了一些新兴数据管理技术,如 NoSQL、NewSQL 技术等。

5 .数据分析

数据科学中采用的数据分析方法具有较为明显的专业性,通常以开源工具为主,与传统数据分析有着较为显著的差异。目前,R 语言和 Python 语言已成为数据分析较为普遍应用的数据分析工具。

6. 数据产品开发

数据产品开发是数据科学的主要研究目标之一。与传统产品开发不同的是,数据产品开发具有以数据为中心、多样性、层次性和增值性等特征,数据产品开发能力也具有挑战性与竞争性。因此,应用数据科学的目的之一是提升数据产品开发的能力。

1.1.4　数据科学、数据技术与数据工程

科学是人们对客观世界本质规律的探索与认识,主要形态是发现,主要手段是研究,

主要成果是学术论文与专著。技术是科学与工程之间的桥梁,主要形态是发明,主要手段是研发,主要成果是专利,也包括论文和专著。工程是科学与技术的应用,是以创新思想对现实世界发展的新问题进行求解,主要形态是综合集成,主要手段是设计、制造、应用与服务,主要成果是产品、作品、工程实现与产业。科学家的工作是发现,工程师的工作是创造。

1. 数据科学

数据科学是对大数据世界的本质规律进行探索与认识,是基于计算机科学、统计学、信息系统等学科的理论,甚至发展出新的理论,研究数据从产生与感知到分析与利用的整个生命周期的本质规律,是一门新兴的学科。

2. 数据技术

数据技术是数据科学与数据工程之间的桥梁,包括数据的采集与感知技术、数据的存储技术、数据的计算与分析技术、数据的可视化技术等。

3. 数据工程

数据工程是数据科学与数据技术的应用和归宿,是以创新思想对现实世界的数据问题进行求解,是利用工程的观点进行数据管理和分析以及开展系统的研发和应用,包括数据系统的设计、数据的应用、数据的服务等。

数据科学和数据工程可以作为支撑大数据研究与应用的交叉学科,其理论基础来自多个不同的学科领域,包括计算机科学、统计学、人工智能、信息系统、情报科学等。数据科学与数据工程的目的在于系统深入地探索大数据应用中遇到的各类科学问题、技术问题和工程实现问题,包括数据全生命周期管理、数据管理和分析技术的算法、数据系统基础设施建设以及大数据应用实施和推广。因此,多学科交叉融合是数据科学与数据工程的一个特点。

与传统计算机和软件工程等学科相比,数据科学与数据工程具有独特的学科基础和内涵。数据科学与数据工程的理论基础涉及统计分析、商务智能以及数据处理基础。计算机科学学科是研究算法的科学,而数据科学不局限于此,其研究对象是数据。随着计算机应用从以计算为中心逐渐向以数据为中心的迁移,数据科学与数据工程的内涵和外延更加宽泛。软件工程学科中的相关技术提供了数据分析处理的工具以及具体开发时的范式。数据处理技术是数据研究领域的一种重要的研究方法,用于研究和发现数据本身的现象和规律。

1.2　大数据的生态环境与概念

大数据主要来自互联网世界与物理世界,其中来自物理世界的数据主要是指由科学实验与科学管理所产生的数据。

1.2.1　大数据的生态环境

1. 互联网世界

来自互联网的网络大数据是指"人、机、物"三元世界在网络空间中交互、融合所产生并在互联网上可获得的大数据,网络大数据的规模和复杂度的增长超出了硬件能力增长的摩尔定律。目前世界上 90％的数据是在互联网出现之后迅速产生的。来自互联网世界的大数据主要包括以下几种。

(1) 视频图像。视频图像是大数据的主要来源之一。电影、电视节目可以产生大量的视频图像,各种室内外的视频摄像头也在昼夜不停地产生着巨量的视频图像。

(2) 图片与照片。图片与照片也是大数据的主要来源之一。如果拍摄者保存了拍摄时的原始文件,平均每张照片大小为 1MB,则 140G 张照片的总数据量就是 140G×1MB＝140PB。此外,许多遥感系统也在每天 24 小时不停地拍摄并产生大量照片。

(3) 音频。DVD(Digital Video Disc,数字通用光盘)采用了双声道 16 位采样,采样频率为 44.1kHz,可达到多媒体欣赏水平。如果某音乐剧的长度为 5.5min,则其占用的存储容量为 12.6MB。

(4) 日志。网络设备、系统及服务程序等在运行时都会产生日志的事件记录。每一行日志都记载着日期、时间、使用者及动作等相关操作的描述。

(5) 网页。网页是构成网站的基本元素,是承载各种网站应用的平台。网页内容丰富,数据量巨大,每个网页有 25KB 数据,则一万亿个网页的数据总量为 25PB。

2. 物理世界

来自物理世界的大数据又称为科学大数据,科学大数据主要是指来自大型国际实验,或者跨实验室、单一实验室或个人观察实验所得到的科学实验数据或传感数据。由于科学实验是科技人员设计的,数据获取和数据处理也是事先设计的,所以不管是检索还是模式识别,都有科学规律可循。

科学大数据是知识创新的重要基础与基石,科学大数据除了具有客观性、共享性、时效性、分散性、多结构性、再创造性、排他性和传递性等特点外,还具有价值多样性和脆性等特点。

1.2.2　大数据的概念

可将大数据的特性归纳为 5 个 V 特性: Volume(数据量)、Variety(多样性)、Value(价值)、Velocity(速度)和 Veracity(真实性),如图 1-5 所示。下面分别进行介绍。

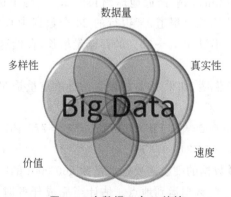

图 1-5　大数据 5 个 V 特性

数据科学与大数据技术导论

1. 数据量

Volume 代表数据量巨大,存储容量单位的定义见表 1-3。

表 1-3 存储容量单位的定义

单 位	定 义	字节数(二进制)	字节数(十进制)
Kilobyte(千字节)	1024 Byte	2^{10}	10^3
Megabyte(兆字节)	1024 Kilobyte	2^{20}	10^6
Gigabyte(吉字节)	1024 Megabyte	2^{30}	10^9
Terabyte(太字节)	1024 Gigabyte	2^{40}	10^{12}
Petabyte(拍字节)	1024 Terabyte	2^{50}	10^{15}
Exabyte(艾字节)	1024 Petabyte	2^{60}	10^{18}
Zettabyte(泽字节)	1024 Exabyte	2^{70}	10^{21}
Yottabyte(尧字节)	1024 Zettabyte	2^{80}	10^{24}

大数据则是指 PB(10^{15})级及其以上的数据。随着存储设备容量的增大,存储数据量的增多,大数据的容量指标是动态增加的,也就是说还会增大。2011 年全世界产生的数据的总和大约是 1.8ZB,如果用 9GB 的 DVD 和 1TB 的 2.5 寸硬盘分别保存 1.8ZB 的数据,所需的光盘数量和硬盘数量见表 1-4。

表 1-4 用 9GB 的 DVD 和 1TB 的 2.5 寸硬盘分别保存 1.8ZB 的数据的比较

所用存储介质	单个容量/GB	所 需 数 量	单个厚度/mm	堆叠高度/km
DVD	9	219 902 325 555	1.2	263 882.79
2.5 寸硬盘	1024	1 932 735 283	9.0	17 394.62

为了更形象地表示表 1-4 给出的结果,特做如下说明:如果全部用 9GB 的 DVD 来保存,则所用的 9GB 的 DVD 叠加后的高度超过 260 000km,这个数字几乎是地球到月球距离的 2/3。如果用 1TB 的 2.5 寸硬盘保存这 1.8ZB 的数据,则所用 1TB 的 2.5 寸硬盘叠加起来的高度超过 17 000km,几乎接近地球周长的 1/2。为了进一步说明此数据,下面有个实际的例子:据某计算机报报道,某银行的 20 个数据中心大约有 7PB 磁盘和超过 20PB 的磁带存储,而且每年以 50%～70% 的存储量增长,存储这 27PB 数据大约需要 40 万个 80GB 的硬盘。

再从重量的角度进行说明,如果 1TB 的硬盘的标准重量是 670g,那么储存 1NB 数据的硬盘总重量为:

$$1NB \times 0.67/10 000 = 2^{60} TB \times 0.67/10 000 = 772 457 408 090 000t$$

其中 1NB=1 152 921 504 606 846 976TB。

也就是说,储存 1NB 数据的硬盘需要运载量为 560 000t 的巨型海轮最少来回运输约 1 379 388 229 次才能将这些数据运到地点。估计当完成任务时,1000 艘 560 000t 的巨型海轮都已经损坏了。

可以看出,上述例子中的数据十分惊人,用磁盘来存储大数据是一份困难的工作,所以不能用传统的方法来存储与管理这些大数据。

2. 多样性

Variety 代表数据类型繁多,数据类型包括结构化数据、非结构化数据、半结构化数据。

结构化数据是可以在结构数据库中进行存储与管理,并可用二维表来表达实现的数据。这类数据是先有结构,然后才有数据,其在大数据中所占比例较小,只占 15% 左右,现已被广泛应用。当前的关系数据库系统存储的是结构化数据。

非结构化数据是指在获得数据之前无法预知其结构的数据,非结构化数据的增长趋势如图 1-6 所示。

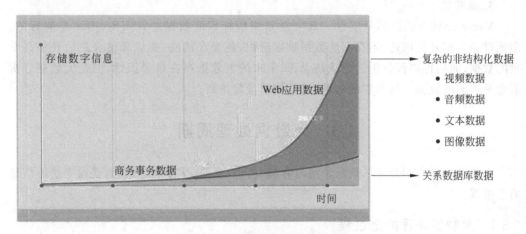

图 1-6 非结构化数据的增长过程

半结构化数据具有一定的结构性,这样的数据与结构化数据、非结构化数据都不一样,例如网页数据是一种典型的半结构化数据。

为了进一步说明三种数据结构的区别,表 1-5 给出了结构化数据、非结构化数据、半结构化数据的比较结果。

表 1-5 结构化数据、非结构化数据、半结构化数据的比较

对 比 项	定 义	结构与内容的关系	示 例
结构化数据	具有数据结构描述信息的数据	先有结构,再有数据	各类表格
非结构化数据	不方便用固定结构来表现的数据	只有数据,无结构	图形、图像、音频、视频信息
半结构化数据	处于结构化数据和非结构化数据之间的数据	先有数据,再有结构	HTML 文档,一般是自描述的,数据的内容与结构混在一起

3. 价值

Value 代表价值，在这里是表示价值密度低，大数据中的 80% 甚至 90% 的数据都是无效数据。以视频为例，在连续不间断的监控过程中，可能有用的数据只有一两秒，而人们难以对此进行预测分析、运营智能、决策支持等计算，我们通常利用价值密度比来描述这一特点。

4. 速度

Velocity 代表大数据产生的速度快、变化的速度快。Facebook 每天产生 25 亿个以上的条目，每天增加数据超过 500TB。这样的变化率产生的数据需要快速存储与处理，进而创造出价值。传统技术不能够完成大数据高速储存、管理和使用，因此，应该研究新的方法与技术。

5. 真实性

Veracity 代表数据的真实性。真实性是指所标识的数据是真实的，而不是假冒的。准确性是真实性的描述，不真实的数据难以辨识，需要在清洗、集成和整合之后获得高质量的数据，而后再进行分析。也就是说，采集来的大数据存在难辨识性，但是大数据分析需要易辨识的数据。越真实的数据，其数据质量就越高。

1.3 大数据处理周期

大数据处理周期是指从数据采集与存储、清洗、集成、挖掘和分析，到获得有价值信息的全过程。

1.3.1 大数据处理的全过程

一般来说，大数据处理的过程可以概括为 5 个步骤，分别是大数据获取与存储管理、大数据抽取与清洗、大数据约简与集成、大数据分析与挖掘、大数据分析结果解释与可视化展现，下面逐一介绍。

1. 大数据获取与存储管理

在从获取数据到获得有价值信息与知识的全过程中，数据获取是最初始的一步。这一步主要完成数据获取，并将获取到的数据存入指定的存储系统中。

2. 大数据抽取与清洗

抽取与清洗是大数据处理周期的第二步，也是预处理的重要一步。大数据抽取是指将在大数据分析与挖掘中所需要的相关数据抽取出来，放到指定的目标系统中的过程。大数据清洗是指清除脏数据（重复、缺失和错误的数据）。

3. 大数据约简与集成

大数据约简是进一步简化数据。数据集成是将相互关联的分布式异构数据源集成到一起，使用户能够以透明的方式访问这些数据源。

4. 大数据分析与挖掘

大数据分析是指用准确适宜的分析方法和工具来分析经过预处理后的大数据，提取具有价值的信息，进而形成有效的结果。大数据挖掘是从大型数据集（可能是不完全的、有噪声的、不确定性的、各种存储形式的)中,挖掘出隐含在其中的、人们事先不知的、对决策有用的知识与信息的过程。

5. 大数据分析结果解释与可视化展现

大数据分析结果解释的目的是使用户理解分析的结果,通常包括检查所提出的假设并对分析结果进行解释,采用可视化技术展现大数据分析结果。

1.3.2　大数据技术的特征

1. 分析全面的数据而非随机抽样

在大数据出现之前,由于缺乏获取全体样本的手段和可能性,提出了随机抽样的小样本方法。在理论上,越是随机抽取的样本,就越能代表整体样本,但获取随机样本的代价极高,而且费时。出现数据仓库和云计算之后,人们可以获取足够大的样本数据,以致获取全体数据变得更为容易并成为可能。因为所有的数据都在数据仓库中,完全不需要以抽样的方式来使用这些数据。获取大数据本身并不是目的,能用小数据解决的问题绝不要故意增大数据量。当年开普勒发现行星三大定律,牛顿发现力学三大定律都是基于小数据。人脑具有强大的抽象能力,是小样本学习的典型。

2. 重视数据的复杂性,弱化精确性

对小数据而言,最基本和最重要的要求就是减少错误、保证质量。由于收集的数据少,所以人们必须保证获取的数据尽量准确。例如,使用抽样数据,就需要保证数据非常精确,在一个 1 亿人口的总样本中随机抽取 1000 人,如果这 1000 人的数据不准确,那么放大到 1 亿人口中将会放大偏差。但如果研究对象是全体样本,虽然数据行存在偏差,但不会放大偏差。

精确的计算是以时间消耗为代价而获得的,在小数据情况中,追求精确是为了避免放大偏差而不得以为之。在样本等于总体大数据的情况下,快速获得一个大概的轮廓和发展趋势,远比严格的精确性更为重要。

大数据的简单算法比小数据更有效,大数据不再期待精确性,也无法实现精确性。

3. 关注数据的相关性,而非因果关系

相关性表明变量 A 与变量 B 有关,或者说变量 A 的变化与变量 B 的变化之间存在一定的比例关系,但这里的相关性并不一定是因果关系。

4. 学习算法复杂度

针对 PB 级以上的大数据,需要更简单的人工智能算法和新的问题求解方法。人们普遍认为,大数据研究不只是几种方法的集成,而应该具有不同于统计学和人工智能的本质内涵。大数据研究是一种交叉学科研究,应体现其交叉学科的特点。

1.4　大数据处理模式

大数据处理模式主要包含离线处理模式、在线处理模式和交互处理模式等。

1.4.1　离线处理模式

1. 大数据离线处理的特点

（1）数据量巨大且保存时间长。

（2）在大量数据上进行复杂的批量运算。

（3）数据在计算之前已经完全到位，不会发生变化。

（4）能够方便地查询批量计算的结果。

2. 批量计算

批量计算是一种适用于大规模并行批处理作业的分布式云服务。批量计算支持海量作业并发规模，系统自动完成资源管理、作业调度和数据加载，并按实际使用量计费。批量计算广泛应用于电影动画渲染、生物数据分析、多媒体转码、金融保险分析和数据处理等领域。

批量计算属于离线计算，大数据批量计算模式如图 1-7 所示。批量计算首先将数据存储到硬盘中，然后对存储在硬盘中的静态数据进行集中计算。Hadoop 是典型的大数据批量计算架构，由 HDFS（Hadoop Distributed File System，Hadoop 分布式文件系统）负责静态数据的存储，并通过 MapReduce 将计算逻辑分配到各数据节点进行数据计算和价值发现。

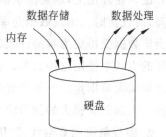

图 1-7　大数据批量计算模式

1.4.2　在线处理模式

流式计算是一种典型的在线计算。大数据流式计算主要对动态产生的数据进行实时计算并及时反馈结果，适用于不要求结果绝对精确的应用场景。大数据流式计算系统的首要设计目标是在数据的有效时间内获取其价值，因此，流式计算通常是当数据到来后，立即对其进行计算，而不是采取存储等待后续全部数据到来之后的批量计算的方式。这种数据密集型应用的特征是：不宜用持久稳定关系建模，而适用瞬态数据流建模。典型应用的实例包括金融服务、网络监控、电信数据管理、Web 应用、生产制造与传感监测等。

传感器的广泛使用使得数据采集更加方便，传感器会连续地产生数据，如实时监控、网络流量监测等。除了传感器源源不断地产生数据外，许多领域都涉及流数据，如经济金融领域中股票价格和交易数据、零售业中的交易数据、通信领域中的数据等都是流数据，这些数据最大的特点就是它们每时每刻都在产生。与其他的大数据不同的是，流数据连续有序，变化迅速，而且对处理分析的响应度要求较高，因此对于流数据的处理和挖掘应该采用特殊的方法。

1. 流式数据的概念

流式数据是指产生的数据不是批量传输过来，而是连续不断地像水一样流过来。流式数据的处理也是连续处理，而不是批量处理。如果等到全部数据收到以后再以批量的方式处理，那么延迟很大，而且在很多场合将消耗大量存储资源。下面通过静态数据、动态数据和实时数据处理方式的说明与比较,来突出流式数据的特点和作用。

1) 静态数据

静态数据是先存储在磁盘上,然后提供给用户使用的数据。静态数据文件更新困难,而且并行更新根本不可能实现。

2) 动态数据

动态数据是流式数据,一部电影就是动态数据,其动态表现不是人们在屏幕上移动,而是屏幕上有源源不断的图像经过,每一张图像都是转眼间就消失了。许多软件应用必须先让数据运动起来,然后才能对其进行处理。数据可以从一种功能流动到另一种功能,从一个线程流动到另一个线程,从一个流程移动到另一个流程,从一台计算机流动到另一台计算机。

为了有效地处理数据,人们应该尽可能地限制静态数据,因为磁盘驱动器是计算机系统最慢的部件。动态数据的另一个优点是在大量的类似数据中,不需要拥有专门的存储机制来优化数据检索。如果需要从静态存储库中检索数据,则需要确定如何进行检索。检索可以通过顺序访问或索引访问来完成。

3) 实时处理

在某些情况下,处理数据所需的处理权限和时间量必须得到环境的保证。为了确保指定的响应时间,不能以任何理由暂停执行程序。在这些情况下,处理必须在专门的操作环境中运行,也就是说要在支持这类调度的特定操作系统下进行。在较宽松的环境中,实时处理表示可以随时随地处理数据,时间范围从瞬间到数分钟甚至数小时不等。而在紧要关头,数据可用与数据创建之间可能存在延迟性。数据可能每隔 15min 突然出现一次,而延迟就是数据突然出现和信息可用之间的时间。

在许多案例中,如社交数据分析,将依靠已定义的延迟水平来确定处理的有效性。项目成功的关键在于可以降低多少延迟时间。

2. 流式数据源

流式数据源种类繁多,在此仅列举以下几种。

1) 传感器数据

传感器产生的数据是流式数据的最重要来源,例如,在大海中的温度传感器,每小时将采集到的海面温度数据以数据流方式传递给网络中的基站。由于其数据传输率较低,并不适于流式数据计算,所以全部流式数据都可以存放在硬盘存储器中,然后进行批量计算。但是如果需要将海表面的高度数据通过 GPS(Global Positioning System,全球定位系统)部件传给基站,考虑到海表面的高度变化迅速,需要每隔 0.1s 将海表面的高度数据传回一次,如果每次传送 4 字节实数,那么一个传感器每天产生的数据量为 3.5MB。为了探索和研究海洋行为,需要部署大量的传感器,如果部署 1000 万个传感器,则每天传回的数据就有 35TB。针对这样大的数据量,因容量有限,不可能都直接全部存入硬盘,所以需要流式数据计算技术。

2) 图像数据

卫星每天向地球传回大量 TB(太字节)级的图像数据;监控摄像机产生的图像分辨率虽然不如卫星,但是在地球上的监视摄像机的数量巨大,而且每台监视摄像机都会产生自己的图像流。

3）互联网及 Web 流量

互联网中的交换节点从很多输入源接收 IP（Internet Protocol，Internet 协议）包流，并将它们路由到输出目标。Web 网站接收的流包括各种类型，大型公司每天接收几亿个查询、数十亿次点击等。

4）流媒体传输

成功的流媒体传输技术也是一种流式处理技术。在网络上传输音/视频（A/V）等多媒体信息主要有下载和流式传输两种方案。A/V 文件一般都较大，所以需要的存储容量也较大，同时由于网络带宽的限制，下载时常常要花数分钟甚至数小时，所以采用下载的处理方法时延较大。采用流媒体传输时，声音、影像或动画等时基媒体由网站服务器向用户计算机连续、实时传送，用户不必等到整个文件全部下载完毕，而只需经过几秒或数十秒传输，待数据达到一定的数量之后即可进行播放，这样可以大大缩短用户的等待时间。当声音等时基媒体在客户机上播放时，文件的剩余部分将在后台从服务器内继续下载。流媒体传输不仅使启动延时十倍、百倍地缩短，而且不需要太大的缓存容量。流媒体传输解决了用户必须等待整个文件全部从互联网上下载后才能观看的难题。

3. 流式数据的特点

1）实时性

由于数据源的种类繁多且复杂，导致了数据流中的数据可以是结构化数据、半结构化数据，甚至是无结构化数据。数据源不受任何接收系统的控制，数据的产生是实时的、连续不断的、不可预知的。也就是说，流式数据是实时产生、实时计算的，其计算结果的反馈也往往需要保证及时性。这就需要系统计算快，计算延迟足够小，在数据价值有效的时间内体现数据的有用性。因此，可以优先计算时效性特别短、潜在价值又很大的数据。

2）易失性

通常数据流到达后立即被计算并使用，只有极少数的数据能被持久地保存下来，大多数数据直接被丢弃。数据的使用通常是一次性的、易失的。即使重放，得到的数据流与之前的数据流通常也不同，这就需要系统具有一定的容错能力，能够充分地利用仅有的一次数据计算的机会，尽可能全面、准确、有效地从数据流中获得有价值的信息。

3）突发性

数据的产生完全由数据源确定。不同的数据源在不同时空范围内的状态不统一且动态变化，导致数据流的速率呈现突发性变化的特征。前一时刻数据速率和后一时刻数据速率可能有巨大的差异，数据的流速波动较大。这就需要系统具有很好的可伸缩性，能够动态适应不确定流入的数据流，并具有很强的系统计算能力和大数据流量动态匹配能力，进而达到在高数据流速的情况下不丢弃数据，也可以识别并选择丢弃部分不重要的数据；在低数据速率的情况下，保证不长时间地过多地占用系统资源。

4）无序性

大数据的无序性是指各数据流之间无序，而同一数据流内部各数据元素之间也无序，其原因如下。

（1）由于各个数据源之间是相互独立的，所处的时空环境也不尽相同，因此无法保证各数据流间的各个数据元素的相对顺序。

（2）即使是同一个数据流,由于时间和环境的动态变化,也无法保证重放数据流和之前数据流中数据元素顺序的一致性。这就需要系统在数据计算过程中具有很好的数据分析和发现规律的能力,不能仅依赖数据流间的内在逻辑或者数据流内部的内在逻辑。

（3）流式数据通常带有时间标签或顺序属性,因此,同一流式数据往往被按序处理,但数据的到达顺序不可预知。由于时间和环境的动态变化,无法保证重放数据流与之前数据流中数据元素顺序的一致性,进而导致了数据的物理顺序与逻辑顺序不一致,即数据流顺序颠倒,或者由于丢失而不完整。

5）无限性

数据实时产生并动态增加,只要数据源处于活动状态,数据就会一直产生和持续增加。潜在的数据量无法用一个具体确定的数据描述,在数据计算过程中,系统无法保存全部数据。这是由于既没有足够大的硬件空间来存储无限增长的数据,也没有合适的软件来有效地管理这么多数据,更无法保证系统长期而稳定地运行。

6）准确性

数据的质量不能保证就是准确性不能保证。在大数据中,将重复数据、异常数据和不完整数据统称为脏数据,由于数据流中含有脏数据的情况不可避免,因此流式数据的处理系统需要对脏数据具有很强大的数据抽取和动态清洗能力,进而获得高质量的数据。

4. 大数据的流式计算模式

基于数据的价值随着时间的流逝而降低的理念,事件出现后必须尽快地对它们进行处理,理想的情况是数据出现时便立刻对其进行处理,发生一个事件进行一次处理,而不是存储起来成批处理。

大数据的计算模式可以分为批量计算、流式计算和交互式计算三种类型。流式计算与批量计算的区别在于流式计算不强调存储过程,注重实时,数据流进来的时候就处理,而不是等数据存储完再处理。进一步说明如下:

1）大数据流式计算模式

大数据流式计算模式如图 1-8 所示,在流式计算中,无法确定数据的到来时刻和到来顺序,也无法将全部数据存储起来,因此,不再进行流式数据的硬盘存储,而是当流动的数据到来之后在内存中直接进行数据的实时输入、实时计算、实时输出。如 Twitter 的 Storm 就是典型的流式数据计算架构,数据在内存中被计算,并输出有价值的信息,而且不存于磁盘。

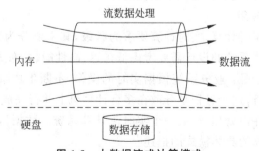

图 1-8　大数据流式计算模式

2）流式计算与批量计算的应用场景

流式计算、批量计算分别适用于不同的大数据应用场景。批量计算适用于对于先存储后计算,实时性要求不高,但对数据的准确性和全面性更为重要的应用场景。流式计算适用于无须先存储,可以直接进行数据计算,实时性要求很严格,但数据的精确度要求较宽松的应用场景。在流式计算中,由于数据在最近一个时间窗口内,所以数据延迟较短,实时性较强,但数据的精确程度较低。流式计算和批量计算具有互补特征,在多种应用场合下可以将两者结合起来,通过发挥流式计算的实时性优势和批量计算的精确性优势来满足多种应用场景的数据计算。

大数据流式计算与批量计算在各个主要性能指标上的比较结果如表 1-6 所示。

表 1-6 大数据流式计算与批量计算的比较

性 能 指 标	大数据流式计算	大数据批量计算
计算方式	实时	批量
常驻空间	内存	硬盘
时效性	短	长
有序性	无	有
数据量	无限	有限
数据速率	突发	平稳
是否可重现	难	稳定
移动对象	数据移动	程序移动
数据精确度	较低	较高

3）流式计算与实时计算的比较

批处理不是流式计算,流式计算是实时计算的子集,实时计算从响应时间来区分计算类型,是请求—响应时间较短的计算技术。流式计算是一种计算模型,这种模型中各个计算单元分布在多个物理节点之上,数据以流的形式在计算单元之间流动而形成整体逻辑。流式计算是实现实时计算的一种优越的方式,在计算实时性要求比较高的场景时能够实时地响应,响应时间一般在秒级。Yahoo 的 S4、Twitter 的 Storm 都属于流式计算模式,与实时计算同属一类,而批量计算就不是流式计算。

5. 流式数据处理应用

对海量数据进行实时计算,实时计算要求为秒级,其主要分为数据的实时入库、数据的实时计算。实时计算系统的设计需要考虑低延迟、高性能、分布式、可扩展、高容错等因素。实时流计算的场景是：业务系统根据实时的操作,不断生成事件(消息/调用),然后引起一系列的处理分析,这个过程是分散在多台计算机上并行完成的,就像事件连续不断地流经多个计算节点并被处理,形成一个实时流计算系统。数据流挖掘是将用户的业务层需求转换为流式计算的具体模式的描述。

1）中间计算

如果需要改变数据中的某一数据，可以利用一个中间值经过计算后改变其值，然后将数据重新输出。这里的中间计算主要指数值比较、求和、求极值和求平均值等。

例如，求极大值的过程为：在存储器中保存一个中间变量 X，可以将 X 设为一个较小的初始值，将读入流式数据的每个数据与 X 相比较，如果大于 X 的值，则将这个数据存入中间变量 X，使得中间变量中始终保存当下最大值。

2）流式查询

流式查询主要有两种方式：一种是指定查询；另一种是即席查询。

（1）指定查询。指定查询是指查询目标永远不变的查询，并在适当时刻产生输出结果。指定查询是流式计算最简单的处理方式。如果进入系统的元素是某个字符串：arg1，arg2，…，指定查询就是将指定的查询字符与字符串比较，将符合要求的字符写入归档存储器，等到需要时再统计结果。又例如查询一个数据流，当超过某个值时系统就发出警报，由于该查询仅仅依赖于最近的那个流元素，因此对其进行处理相当容易。

（2）即席查询。即席查询是指用户在使用系统时，根据自己当时的需求定义的查询。即席查询是为某种目的设置的查询，用户根据自己的需求，灵活地选择查询条件，系统能够根据用户的选择生成相应的统计报表。即席查询与普通应用查询的最大不同之处在于，普通的应用查询是定制开发的，而即席查询是由用户自定义查询条件而进行的查询。

1.4.3　交互处理模式

交互处理模式是一种运行在廉价的商业硬件平台上，通过特定的软件技术实现的超大规模数据的查询的分布式计算系统。例如 Dremel 是典型的交互式处理系统。

大数据交互分析的计算架构主要包括三方面，即数据结构、存储体系和计算模型。在数据结构上，Dremel 采用嵌套数据结构；在存储体系上，Dremel 采用列存储结构；在计算模型上，Dremel 采用了多层服务树架构。

1.5　科学研究第四范式

科学问题是指一定时代的科学认识主体，在已完成的科学知识与科学实践的基础之上，提出的有可能解决的问题，包括求解目标和应答领域。科学发展的历史就是一个不断提出科学问题和不断解决科学问题的历史。科学问题是技术问题的集合，技术问题是科学问题的子集，科学问题具有时代性、混沌性、可解决性、可变异性和可待解性等特征，而科学问题的方法论具有裂变作用、聚变作用与激励作用。研究科学问题的方法论异常重要。

1.5.1　科学研究范式产生与发展

作为万物之灵的人类对外部世界的认识已达到令人惊叹的高度，在宏观上远及亿万光年外的宇宙，在微观上已达原子、夸克级别。从宏观到微观、从自然到社会的观察、感知、计算、仿真、模拟、传播等活动，产生出大数据。科学家不仅通过对广泛的数据实时、动态地监测与分析来解决难以解决或不可触及的科学问题,更是把数据作为科学研究的对象和工具,基于数据来思考、设计和实施科学研究。数据不再仅仅是科学研究的结果,而变成科学研究的活动基础。研究者不仅关心数据建模、描述、组织、保存、访问、分析、复用和建立科学数据基础设施,更关心如何利用泛在网络及其内在的交互性、开放性,利用大数据的可知识对象化、可计算化,构造基于数据的、开放协同的研究与创新模式,进而诞生了数据密集型的知识发现的科学研究第四范式。数据科学家也就成了第四范式的实际践行者。

　　科学范式是科学发现运作的理论基础和实践的规范,是科学工作者共同遵循的普适的世界观和行为方式。范式代表了人类思维的方式和根基,也是科学知识交流时共同遵守的法则。范式的本质是理论体系,范式是一种公认的模型或模式。范式的演变是科学研究的方法及观念的替代过程,科学的发展不是靠知识的积累而是靠范式的转换来完成的,新范式形成表明建立起了常规科学。库恩的模型描述了一种科学的图景:一组观念成为特定科学领域的主流和共识,创造了一种关于这个领域的观念,进而拥有了自我发展的动力和对这个领域发展的控制力。它代表了对观察到的现象的合理解释,这种观念或范式从渐进发展的机制中获得启发和动力,同时被科学家逐渐完善。当现有范式无法解释观察到的现象,或者实验最终证明范式是错误时,那么范式失败,转变范式的机会也就随之到来。大数据的出现是科学研究第四范式出现的导火线。存储、处理、分析大数据的能力是科学必须适应的新事实,数据是这个新范式的核心,它与实验、理论、模拟共同成为现代科学方法的统一体。在科学发展的历史长河中,人类先后经历了实验、理论和计算模拟的三个科学研究范式。前三种范式对科学与技术的发展做出了巨大的贡献,并已成功地将科学的发展引领至今天的辉煌,而且模拟仍是现代科学的核心。毫无疑问,基于现有的范式与技术,科学研究还将获得增量进展,传统的三种科学发现模式已经不能在一些领域进一步发挥有效的作用。如果需要更重大的突破,就需要新的方法,需要开创新范式,科学研究第四范式应运而生。

　　大数据科学将给科学家带来技术挑战,IT技术和计算机科学将在推动未来科学发现中发挥重要作用。

1.5.2　数据密集型科学研究第四范式

　　在20世纪,蕴藏着科学理论的科学数据经常被掩埋在零零散散的实验记录中,只有少数的大项目数据存储在磁介质中,而来自单个的、小型的实验室科学数据很容易丢掉。大数据管理与支持科研群体获取分布保存的数据是一项巨大的挑战。

　　图灵奖获得者、美国计算机科学家詹姆斯·尼古拉斯·吉姆·格雷2007年1月11日在计算机科学与电信委员会上的最后一次演讲中描绘了关于科学研究第四范式的愿景。这个范式成为由实验、理论与模拟所主宰的早期历史阶段的符合逻辑的自然延伸。

　　如果采用传统的第一、第二、第三范式的研究方法来直接研究密集型数据已经无法进行模拟推演,无法通过主流软件工具在合理的时间内抽取、处理、管理并整合成为具有积极价值的服务信息。正是在这样的环境下,提出了科学研究第四范式,该范式是以数据考察为基础,联合理论、实验和模拟一体的数据密集计算的范式。数据被捕获或者由模拟器生成,利用软件处理,信息和知识存储在计算机中,科学家使用数据管理和统计学方法分析数据。数据密集计算、格雷法则和第四范式的核心内容说明如下。

1. 数据密集型计算

数据量的急剧增长以及对在线处理数据能力要求的不断提高,使海量数据的处理问题日益受到关注。源于自然观测、工业生产、产品信息、商业销售、行政管理和客户记录等的海量数据在信息系统中所扮演的角色正在从"被管理者"向各类应用的核心转变,并已经成为企业和机构的最有价值的资产之一。其典型特点是海量、异构、半结构化或非结构化。通过网络提供基于海量数据的各类互联网服务或信息服务,是信息社会发展的趋势。这一趋势为业界和学术界提出了新的技术和研究问题。这类新型服务的重要特征之一是它们都是基于处理海量数据的。在这种背景下,数据密集型计算作为新型服务的支撑技术引起广泛关注。

1) 数据密集型计算的特点

数据密集型计算是指能推动前沿技术发展的对海量和高速变化的数据的获取、管理、分析和理解。数据密集型计算具有下述特点。

(1) 其处理的对象是数据,是围绕数据展开的计算。需要处理的数据量非常巨大,且变化快,是分布的、异构的。因此,传统的数据库管理系统不能满足其需求。

(2) 计算的含义是从数据获取到管理再到分析、理解的整个过程。因此,数据密集型计算既不同于数据检索和数据库查询,也不同于传统的科学计算和高性能计算,是高性能计算与数据分析和挖掘的结合。

(3) 其目的是推动技术前沿发展,目标是实现依靠传统的单一数据源和准静态数据库所无法实现的应用。

2) 数据密集型计算的典型应用

(1) 万维网应用。无论是传统的搜索引擎还是新兴的 Web 2.0 应用,都是以海量数据为基础,以数据处理为核心的互联网服务系统。为支持这些应用,系统需要存储、索引、备份海量异构的万维网(Web)页面、用户访问日志以及用户信息,并且还要保证能快速准确地访问这些数据。这需要数据密集型计算系统的支持,因此 Web 应用成为数据密集型计算的发源地。

(2) 软件即服务应用。软件即服务通过提供公开的软件服务接口,使用户能够在公共的平台上得到定制的软件功能,为用户节省了软硬件平台的购买和维护费用,也为应用和服务整合提供了可能。由于用户的各类应用所涉及的数据具有海量、异构和动态等特性,因此有效地管理和整合这些数据,并在保证数据安全和隐私的前提下提供数据融合和互操作功能,需要数据密集型计算系统的支持。

(3) 大型企业的商务智能应用。大型企业在地理上往往是跨区域分布的,互联网为其提供了统一管理和全局决策的平台。实现企业商务智能需要整合生产、销售、供应、服务、人事和财务等一系列子系统。数据是整合的对象之一,更是实现商务智能的基础。由于这些子系统中的数据包括产品设计、生产过程、计划、客户、订单以及售前后服务等,类型多样,数量巨大,结构复杂和异构,因此数据密集型计算系统是实现跨区域企业商务智能的支撑技术。

3）数据管理

数据密集型计算系统中的数据管理问题是核心问题。与传统的数据管理问题相比，它在应用环境、数据规模和应用需求等方面有本质区别。

数据密集型计算处理的是海量、快速变化、分布和异构的数据，数据量一般是 TB 级甚至是 PB 级的，因此传统的数据存储和索引技术不再适用。地理上的分散性以及模型和表示方式的异构性给数据的获取和集成带来了困难。数据的快速变化特性要求处理必须及时，而传统的针对静态数据库或者数据快照的数据管理技术在处理这些数据的问题上已无能为力。

2. 格雷法则

对于大型科学数据集的大数据工程，吉姆·格雷制定了非正式的法则和规则，如下所述。

1）科学计算日益变得数据密集型

科学数据的爆炸式增长对前沿科学的研究带来了巨大挑战，数据的增长已经超过数十亿字节。计算平台的 I/O 性能限制了观测数据集的分析与高性能的数值模拟，当数据集超出系统随机存储器的能力，多层高速缓存的本地化将不再发挥作用，仅有很少的高端平台能提供足够快的 I/O 子系统。

高性能、可扩展的数值计算也对算法提出了更高要求，传统的数值分析包只能在适合 RAM 的数据集上运行。为了进行大数据的分析，需要对问题进行分解，通过解决小问题以获得大问题的解决的还原论方法是一种重要方法。

2）解决方案为横向扩展的体系结构

对网络存储系统进行扩容并将它们连接到计算节点群中并不能解决问题，因为网络的增长速度不足以应对需要存储逐年倍增的速度。横向扩展的解决方案提倡采用简单的结构单元，在这些结构单元中，数据被本地连接的存储节点所分割，这些较小的结构单元使得 CPU、磁盘和网络之间的平衡性增强。格雷提出了网络砖块的概念，使得每一个磁盘都有自己的 CPU 和网络。尽管这类系统的节点数将远大于传统的纵向扩展体系结构中的节点数，但每一个节点的简易性、低成本和总体性能足以补偿额外的复杂性。

3）将计算用于数据而不是数据用于计算

大多数数据分析以分级步骤进行。首先对数据子集进行获取与存储管理、抽取与清洗、去噪和标准化、约简，然后以某种方式集成高质量的聚合数据。

MapReduce 已经成为分布式数据分析和计算的普遍范式，其原理类似于分布式分组和聚合的能力。根据这一原理构造的 Hadoop 开源软件已成为目前大数据批处理的最好的工具之一，Hadoop 技术成为推动大数据安全计划的引擎。企业使用 Hadoop 技术来收集、共享和分析来自网络的大量结构化、半结构化和非结构化数据。

Hadoop 是一个开源框架，可以通过 MapReduce 算法进行数据处理。对于单词计数来说，首先将数据集分割、分词、排序和合并，然后再进行约简，从而可以快速地返回结果。

Hadoop 具有方便、健壮、可扩展、简单等一系列特性。Hadoop 处理数据是以数据为中心，而不是传统的以程序为中心。在处理数据密集型任务时，由于数据规模太大，数据搬移变得十分困难，Hadoop 强调把程序向数据迁移。也就是说，以计算为中心转变为以数据为中心。

4) 以 20 个询问开始设计

(1) 20 个询问规则。20 个询问规则是一个设计步骤的别称,这一步骤使领域科学家与数据库的设计者可以对话,填补科学领域使用的动词与名词之间,以及数据库中存储的实体与关系之间的语义鸿沟。这些询问定义了领域科学家期望对数据库提出的有关实体与关系方面的精确问题集。这种重复实践的结果是:领域科学家和数据库之间可以使用共同语言。

"20 个询问"启发式规则,是指在完成科研项目时,研究人员要求数据系统回答的 20 个最重要问题。其原因是 5 个问题不足以识别广泛的模式,100 个问题导致重点不突出。这种方法使设计过程聚焦于系统和重要特征,并防止特征的蠕变。

(2) 长尾理论。长尾理论是网络时代兴起的一种新理论。长尾实际上是统计学中幂律和帕累托分布特征的一个通俗的表达。如果用正态分布曲线来描绘,只会关注曲线的头部,而将处于曲线尾部,或者需要更多的精力和成本才能关注到的大多数人或事忽略。例如,在销售产品时,厂商关注的是少数几个 VIP 客户,无暇顾及在人数上居于大多数的普通消费者。而在网络时代,由于关注的成本大大降低,有可能以很低的成本就能关注到正态分布曲线的尾部,而关注尾部产生的总体效益甚至会超过头部。例如,某著名网站是世界上最大的网络广告商,它没有一个大客户,收入完全来自被其他广告商忽略的中小企业。网络时代是关注长尾、发挥长尾效益的时代。

长尾理论是对传统的二八定律的彻底叛逆。人类一直在用二八定律来界定主流,计算投入和产出的效率。它贯穿了整个生活和商业社会。这是 1897 年意大利经济学家帕累托归纳出的一个统计结论,即 20% 的人口享有 80% 的财富。当然,这并不是一个准确的比例数字,但表现了一种不平衡关系,即少数主流的人(或事物)可以造成主要的、重大的影响,以至于在市场营销中,为了提高效率,厂商们习惯于把精力放在那些有 80% 客户去购买的 20% 的主流商品上,着力维护购买其 20% 商品的 80% 的主流客户。在上述理论中被忽略不计的剩下的 80% 就是长尾。

传统的市场曲线是符合二八定律的,为了抢夺那带来 80% 利润的畅销品市场,争夺激烈。但是互联网的出现改变了这种局面,所谓的热门商品正越来越名不副实,使得 99% 的商品都有机会进行销售,市场曲线中那条长长的尾部成为可以寄予厚望的新的利润增长点。

5) 工作版本至工作版本的转移

工作版本至工作版本的转移是一个设计法则。无论数据驱动的计算体系结构变化多么迅速,尤其是当涉及分布数据的时候,新的分布计算模式每年都出现新的变化,使其很难停留在多年的自上而下的设计和实施周期中。当项目完成之时,最初的假设已经变得过时,如果要建立只有每个组件都发挥作用的情况下,才开始运行的系统,那么将永远无法完成这个系统。在这样的背景下,唯一方法就是构建模块化系统。随着潜在技术的发展,这些模块化系统的单一组件可以被代替,现在以服务为导向的体系结构是模块化系统的优秀范例。

3. 科学研究第四范式的核心内容

科学研究的范式不等同于科学知识的各种范式。科学研究的范式是科学家用于科学研究的范式。相比库恩科学动力学理论,网络可以帮助我们更好地理解海量数据策略。

1) 科学研究范式的演化过程

在漫长的科学研究范式进化过程中,最初只有实验科学范式,主要描述自然现象,以观察和实验为依据的研究,又称为经验范式。后来出现了理论范式,是以建模和归纳为基础的理论学科和分析范式,科学理论是对某种经验现象或事实的科学解说和系统解释,是由一系列特定的概念、原理(命题)以及对这些概念、原理(命题)的严密论证组成的知识体系。开普勒定律、牛顿运动定律、麦克斯韦方程式等正是利用了模型和归纳而得到的。但是,对于许多问题,用这些理论模型分析解决会过于复杂,只好走上了计算模拟的道路,提出了第三范式。第三范式是以模拟复杂现象为基础的计算科学范式,又可称为模拟范式。模拟方法已经引领我们走过了 20 世纪后半期的全部时间。现在,数据爆炸又将理论、实验和计算仿真统一起来,出现了新的密集型数据的生态环境。模拟方法正在生成大量数据,同时实验科学也出现了巨大的数据增长。研究者已经不用望远镜来观看,取而代之的是通过把数据传递到数据中心的大规模复杂仪器上来观看,开始研究计算机上存储的信息。

毋庸置疑,科学的世界发生了变化,新的研究模式是通过仪器收集数据或通过模拟方法产生数据,然后利用计算机软件进行处理,再将形成的信息和知识存于计算机中。科学家通过数据管理和统计方法分析数据和文档,只是在这个工作流中的靠后的步骤才开始审视与分析数据。可以看出,这种密集型科学研究范式与前三种范式截然不同,所以将数据密集型范式从其他研究范式中区分出来,作为一个新的、科学探索的第四种范式,其意义与价值重大。

2) 数据密集型科学的基本活动

数据密集型科学由数据的采集、管理和分析三个基本活动组成。数据的来源构成了密集型科学数据的生态环境,特别是高数据通量的大数据,对常规的数据采集、管理与分析工具形成巨大的挑战。为此,需要创建一系列通用工具支持从数据采集、验证到管理、分期和长期保存等的整个流程。

3) 学科的发展

关于学科的发展,格雷认为所有学科 X 都分有两个进化分支,一个分支是模拟的 X 学,另一个分支是 X 信息学。如生态学可以分为计算生态学和生态信息学,前者与模拟生态的研究有关,后者与收集和分析生态信息有关。在 X 信息学中,把由实验和设备产生的、档案产生的、文献中产生的、模拟产生的事实以编码和表达知识的方式都存在一个空间中,用户通过计算机向这个空间提出问题,并由系统给出答案。为了完成这一过程,需要解决的一般问题有数据获取、管理 PB 级大容量的数据、公共模式、数据组织、数据重组、数据分享、查找和可视化工具、建立和实施模型、数据和文献集成、记录实验、数据管理和长期保存等。可以看出,科学家需要更好的工具来实现大数据的捕获、分类管理、分析和可视化。

1.6 大数据应用

1.6.1 大数据应用趋势

随着大数据技术逐渐应用于各个行业,基于行业的大数据分析应用需求也日益增长。未来几年中针对特定行业和业务流程的分析应用将以预打包的形式出现,这将为大数据技术供应商打开新的市场。这些分析应用内容还将覆盖很多行业的专业知识,也将吸引大量行业软件开发公司的投入。

1. 大数据细分市场

大数据相关技术的发展将创造出一些新的细分市场。例如,以数据分析和处理为主的高级数据服务,将出现以数据分析作为服务产品提交的分析,即服务业务;将多种信息整合管理,创造对大数据统一的访问和分析的组件产品;基于社交网络的社交大数据分析;将出现大数据技能的培训市场,用以讲授数据分析课程,培养数据分析专门人才等。

2. 大数据推动企业发展

大数据概念覆盖范围非常广,包括非结构化数据从存储、处理到应用的各个环节,与大数据相关的软件企业也非常多,但是还没有哪一家企业可以覆盖大数据的各个方面。因此,在未来几年中,大型IT企业将为了完善自己的大数据产品线进行并购,首先受到影响的将是预测分析和数据展现企业等。

3. 大数据分析的新方法出现

在大数据分析上,将出现新方法。就像计算机和互联网一样,大数据是新一波的技术革命,现有的很多算法和基础理论将产生新的突破与进展。

4. 大数据与云计算高度融合

大数据处理离不开云计算技术,云计算为大数据提供弹性可扩展的基础设施支撑环境以及数据服务的高效模式,大数据则为云计算提供了新的商业价值,大数据技术与云计算技术必有更完美的结合。同样,云计算、物联网、移动互联网等新兴计算形态,既是产生大数据的地方,也是需要大数据分析方法的领域,大数据是云计算的延伸。

5. 大数据一体设备陆续出现

云计算和大数据出现之后,软硬件一体化设备也层出不穷。在未来几年里,数据仓库一体机、NoSQL一体机以及其他一些将多种技术结合的一体化设备将进一步快速发展。

6. 大数据安全日益得到重视

数据量的不断增加对数据存储的物理安全性要求越来越高,从而对数据的多副本与容错机制提出更高的要求。网络和数字化生活使得犯罪分子更容易获得关于人的信息,也有了更多不易被追踪和防范的犯罪手段,未来可能会出现更高明的骗局。

7. 大数据与人工智能完美结合

大数据为人工智能提供更多的数据,会使系统变得更聪明;人工智能可以用传统的无法处理的方式来处理大数据。

1.6.2　大数据应用评价与应用实例

大数据的成功应用将产生重大价值,需要研究判断大数据应用成功的标志。当前大数据应用的研究关注国计民生的科学决策、应急管理(如疾病防治、灾害预测与控制、食品安全与群体事件)、环境管理、社会计算以及知识经济等应用领域。

1. 判断大数据应用成功的指标

(1) 创造价值。大数据技术的应用能够创造切实的价值,据初步统计,大数据在政府以及医疗、零售、制造产业上拥有万亿的潜在价值。大数据应用的成功实现需要在附加收益、提升客户满意度、削减成本等几个方面来考虑其带来的价值。因此,判断大数据应用成功的主要指标是看其创造的价值。

(2) 有本质提高。在模式上,大数据应用不仅是使渐进式的商务模式改变,更重要的是在本质上的跳跃式突破。

(3) 具备高速度。使用传统数据库技术会降低大数据技术的性能,同时也非常烦琐。一个大数据的成功应用,使用的工具集和数据库技术必须同时满足数据规模与多样性的数据双重需求。一个 Hadoop 集群只需几个小时就可以搭建,搭建完成后就可以提供快速的数据分析。事实上大部分的大数据技术都为开源,这就表明可以根据需求添加支持和服务,同时允许完成快速部署。

(4) 能完成以前做不到的事情。在大数据技术出现之前,许多需求不可能实现,如限时抢购,其原因是限时抢购网站需要每日处理上千万用户的登录,将造成非常高的服务器负载峰值。通过高性能、快速扩展的大数据技术可使这种商业模型成为可能。

综上所述,大数据应用的关键不是系统每秒可以处理多少数据量,而是应用大数据之后创造了多少价值以及是否让业务有突破性的提升。专注业务类型,选择适合用户业务的工具集才是重点关注的领域。

2. 大数据应用实例

大数据技术应用广泛,几乎涉及各个领域,如网络大数据、金融大数据、健康医疗大数据、企业大数据、政府管理大数据、安全大数据等。下面仅列举几个简单的例子来说明。

1) 医疗行业中的应用举例

(1) 医疗保健内容预测分析。利用医疗保健内容分析预测的技术可以找到大量与患者相关的临床医疗信息,通过大数据处理,能够更好地分析患者的信息。

(2) 早产婴儿突发症状的预测分析。在医院,针对早产婴儿,每秒钟有超过 3000 次的数据读取。通过这些数据分析,医院能够提前知道哪些早产婴儿可能出现问题并有针对性地采取措施,避免早产婴儿夭折。

(3) 精确诊断的预测分析。通过社交网络可以收集数据的健康类应用,也许在未来数年后,其搜集的数据可使医生的诊断变得更为精确。例如,在患者服药时,不是采用通用的成人每日三次,一次一片剂量的方法,而是通过检测到人体血液中药剂已经代谢完成之后,自动提醒患者再次服药。

2) 能源行业中的应用举例

(1) 智能电网现在已经做到了终端,通过电网每隔五分钟或十分钟收集一次数据,可以用来预测客户的用电习惯,从而推断出在未来 2~3 个月时间内,整个电网大概需要多少电量。

(2) 风力系统依靠大数据技术对气象数据进行分析,可以找出安装风力涡轮机和整个风电场最佳的地点。以往需要数周的分析工作,现在利用大数据仅需要不到 1 小时便可完成。

3) 通信行业中的应用举例

(1) 利用预测分析软件,通信行业可以预测客户的行为,发现行为趋势,并找出存在缺陷的环节,从而帮助公司及时采取措施,保留客户,以减少客户流失率。此外,网络分析加速器通过提供单个端到端网络、服务、客户分析视图的可扩展平台,可以帮助通信企业制定更科学、更合理的决策。

(2) 电信业透过数以千万计的客户信息,能分析出多种使用者的行为和趋势,继而提供给需要的企业,这是全新的数字经济。

(3) 通过大数据分析,通信行业对企业运营的全业务进行针对性的监控、预警、跟踪。系统在第一时间自动捕捉市场变化,再以最快捷的方式推送给指定负责人,使其在最短的时间内获知市场行情。

(4) 将手机位置信息和互联网上的信息结合起来,为顾客提供附近的餐饮店信息。此外,在接近末班车的时间时,还能提供末班车信息服务。

4) 交通行业中的应用举例

(1) 有效地利用了地理定位数据。为了能在车辆晚点的时候跟踪到车辆的位置和预防引擎故障,在车辆上装有传感器、无线适配器和 GPS。同时,这些设备也方便了公司监督管理员工并优化行车线路。为车辆定制的最佳行车路径是根据过去的行车经验总结而来的。

(2) 运输公司部署了一系列的运输大数据应用,采集上千种数据类型,从油耗、胎压、卡车引擎运行状况到 GPS 信息等,并通过分析这些数据来优化车队管理、提高生产力、降低油耗,每年可节省大量的运营成本。

(3) 赛事车队通过汽车传感器在赛前的场地测试中实时采集数据,结合历史数据,通过预测及分析发现赛车问题,并预先采取正确的赛车调校措施,从而降低事故概率并提高比赛胜率。

(4) 缓解停车难问题。用户利用手机能够跟踪入网城市的停车位,其只需要输入地址或者在地图中选定地点,就能看到附近可用的车库或停车位,以及价格和时间区间,并能够实时跟踪停车位数量变化,实时监控多个城市的停车位。

(5) 缓解道路拥堵的系统方案。基于实时交通报告来侦测和预测拥堵。当交管人员发现某地即将发生交通拥堵时,可以及时调整信号灯让车流以最高效率运行。这种技术对于突发事件也很有用,如帮助救护车尽快到达医院。而且随着运行时间的积累,交管部门还可以通过这种技术学习过去的成功处置方案,并运用到未来的预测中。

5) 零售业中的应用举例

大数据应用的必要条件在于 IT 与经营的融合,经营可以小至一个零售门店的经营,大至一个城市的经营。

（1）售卖化妆品的商家收集社交信息，更深入地理解化妆品的营销模式，得出必须保留两类有价值的客户：高消费者和高影响者。同时，商家希望通过免费化妆服务，让用户进行口碑宣传，这是交易数据与交互数据的完美结合，为业务挑战提供了解决方案。化妆品零售商用社交平台上的数据充实了客户主数据，使其业务服务更具有目标性。

（2）零售商监控客户在店内的走动情况以及与商品的互动情况。将这些数据与交易记录相结合来展开分析，从而在销售哪些商品、如何摆放货品以及何时调整售价上给出意见。此类方法已经帮助某行业领先的零售企业减少了 17% 的存货，同时在保持市场份额的前提下增加了高利润率自有品牌商品的销售比例。

6）金融中的应用举例

（1）银行通过掌握的企业交易数据，借助大数据技术自动分析，判定是否给予企业贷款，全程不出现人工干预。

（2）利用计算机程序分析全球数亿微博账户的留言，进而判断民众情绪，再进行打分。根据打分结果，再决定如何处理手中数以千万元的股票。其判断原则是：如果所有人似乎都高兴，那就买入；如果大家的焦虑情绪上升，那就抛售。

（3）像 VISA 这样的信用卡发行商，站在了信息价值链最佳的位置上。VISA 的数据部门收集和分析了来自 210 个国家的 15 亿信用卡用户的 650 亿条交易记录，用来预测商业发展和客户的消费趋势，然后卖给其他公司。

本 章 小 结

本章主要概括性介绍了数据基础、数据科学、大数据生态环境、大数据的概念、大数据生命周期、Hadoop 大数据处理模式、科学研究范式以及大数据应用等基础性的内容。

第2章
Hadoop 大数据处理平台

知 识 结 构

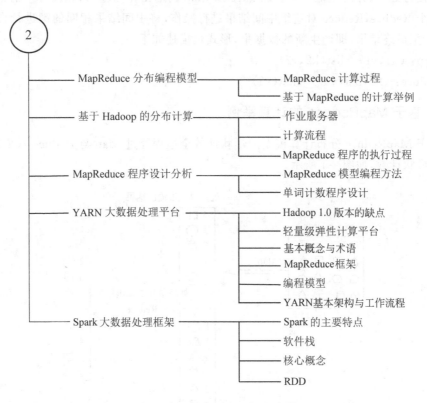

Hadoop 是最早出现的大数据处理平台,其核心为 HDFS 与 MapReduce,其中 HDFS 用于存储与管理数据,MapReduce 用于处理数据。Hadoop 适用于 Map、Reduce 存在的任何场景。

2.1 MapReduce 分布编程模型

MapReduce 是分布计算的编程模型,在 Hadoop 分布计算平台中,利用 MapReduce 模型对任务进行分配,进而使分配后的任务在计算机集群上进行分布并行计算,实现了 Hadoop 对任务的并行处理的功能。

2.1.1　MapReduce 计算过程

MapReduce 由 Map 和 Reduce 两个阶段组成。用户只需要编写 Map 和 Reduce 两个函数就可以完成简单的分布式程序的设计。Map 函数以键值对(Key-Value)作为输入，产生另外一系列键值对作为中间输出写入本地磁盘。MapReduce 框架会自动将这些中间数据按照 key 值进行聚集，将 key 值相同的数据统一交给 Reduce 函数处理。Reduce 函数以 key 及对应的 value 列表作为输入，经合并 key 相同的 value 值后，产生另外一系列键值对作为最终输出写入 HDFS。

MapReduce 以函数方式进行分布式计算。Map 相对独立且并行运行，对存储系统中的文件按行处理，并产生键值对。Reduce 以 Map 的输出作为输入，相同 key 的记录汇聚到同一个 Reduce，Reduce 对这组中间结果进行操作，将中间结果相同的键进行合并及约简，并产生最终结果，即产生新的数据集，形式化描述如下。

Map：$(k1, v1) \rightarrow list(k2, v2)$

Reduce：$(k2, list(v2)) \rightarrow list(v3)$

2.1.2　基于 MapReduce 的计算举例

基于 MapReduce 分布计算模型的形状计数全过程经过 Map 与 Reduce 两步计算，可以完成形状计数，如图 2-1 所示。

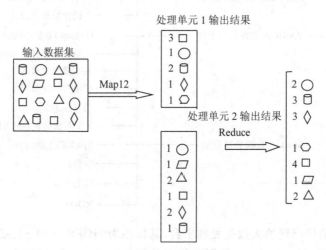

图 2-1　基于 MapReduce 的形状计数

2.2　基于 Hadoop 的分布计算

在 Hadoop 中，将每一次计算请求称为一个作业。一个作业可分为两个步骤完成。第一步，将其拆分成若干个 Map 任务，分配到不同的机器上去执行。每一个 Map 任务将输入文件的一部分作为自己的输入，经过一些计算，生成某种格式的中间文件，这种格式与最终所需的文件格式完全一致,但是仅仅包含一部分数据。因此,等到所有 Map 任务完成后,进入第二步,合并这些中间文件获得最后的输出文件。此时,系统会生成若干个 Reduce 任务,同样也是分配到不同的机器去执行,其目标就是将若干个 Map 任务生成的中间文件汇总到最后的输出文件中,这就是 Reduce 任务。经过如上步骤后,作业完成,生成了所需要的目标文件。该计算增加了一个中间文件生成的流程,大大提高了灵活性,使其分布式扩展性得到了保证。Hadoop 作业与任务的解释见表 2-1。

表 2-1　Hadoop 作业与任务的解释

Hadoop 术语	描　　述
作业(Job)	用户的每一个计算请求
任务(Task)	将作业拆分并由服务器来完成的基本单位
作业服务器(Master)	负责接受用户提交的作业、任务的分配和管理所有的任务的服务器
任务服务器(Worker)	负责执行具体的任务

2.2.1　作业服务器

在 Hadoop 架构中,作业服务器称为 Master。作业服务器负责管理运行在此框架下的所有作业,也是为各个作业分配任务的核心。Master 与 HDFS 的主控服务器类似,简化了负责的同步流程。执行用户定义操作的是任务服务器,每一个作业被拆分成多个任务,包括 Map 任务和 Reduce 任务等。任务是执行的基本单位,它们都需要分配到合适任务的服务器上去执行,任务服务器一边执行一边向作业服务器汇报各个任务的状态,以此来帮助作业服务器了解作业执行的整体情况,以及分配新的任务等。

除了作业的管理者与执行者之外,还需要一个任务的提交者,这就是客户端。与分布式文件系统一样,用户需要自定义所需要的内容,经由客户端相关的代码,将作业及其相关内容和配置提交给作业服务器,并随时监控执行的状况。

与分布式文件系统相比,MapReduce 框架还有一个特点就是可定制性强。文件系统中很多的算法都较为固定和直观,不会由于所存储的内容不同而有太多的变化。而作为通用的计算框架,其需要面对的问题则要更复杂。在不同的问题、不同的输入、不同的需求之间,很难存在一种通用的机制。MapReduce 框架一方面要尽可能地抽取出公共的需求并尽量实现,另一方面要能够提供良好的可扩展机制,满足用户自定义各种算法的需求。

2.2.2　计算流程

一个作业的计算流程如图 2-2 所示。

图 2-2　一个作业的计算流程

每个任务的执行包含输入的准备、算法的执行、输出的生成三个子步骤。沿着这个流程，可以清晰地了解整个 Map/Reduce 框架下作业的执行过程。

1. 作业提交

一个作业在提交之前需要完成所有配置，因为一旦提交到了作业服务器上，就进入了完全自动化的流程。用户除了观望，最多也就能起一个监督作用。用户在提交代码阶段，需要做的主要工作是书写好所有自定的代码，其主要是 Map 和 Reduce 的执行代码。

2. Map 任务的分配和执行

1) 任务的分配

当一个作业提交到了作业服务器上，作业服务器将生成若干个 Map 任务，每一个 Map 任务负责将一部分的输入转换成格式与最终格式相同的中间文件。通常一个作业的输入都是基于分布式文件系统的文件，而对于一个 Map 任务而言，它的输入往往是输入文件的一个数据块，或者是数据块的一部分，但通常不跨越数据块。因为一旦跨越数据块，就可能涉及多个服务器，带来了不必要的复杂性。

当一个作业从客户端提交到了作业服务器上，作业服务器将作业拆分成若干个 Map 任务后，会预先挂在作业服务器中的任务服务器拓扑树上。这是依照分布式文件数据块的位置来划分的，例如，一个 Map 任务需要用某个数据块，这个数据块有三个备份，那么在这三台服务器上都会挂上此任务，我们可以将其视为一个预分配。

任务分配是一个重要的环节，即将作业的任务分配到服务器上，其主要分为以下两个步骤。

(1) 选择作业之后，再在此作业中选择任务。与所有分配工作一样，任务分配也是一个复杂的工作。不当的任务分配可能导致网络流量增加、某些任务服务器负载过重及效率下降等结果。不仅如此，任务分配无一致的模式，不同的业务背景需要不同的分配算法。当一个任务服务器期待获得新的任务时，其将按照各个作业的优先级，从最高优先级的作业开始分配，每分配一个，还为其留出余量，以备不时之需。例如，系统目前有优先级 3、2、1 的三个作业，每个作业都有一个可分配的 Map 任务，一个任务服务器来申请新的任务，它还有能力承载 3 个任务的执行。系统将先从优先级 3 的作业上取一个任务分配给它，然后留出一个任务的余量。此时，系统只能将优先级 2 作业的任务分配给此服务器，而不能分配优先级 1 的任务。这样的策略，基本思路就是一切为高优先级的作业服务。

(2) 确定了从哪个作业提取任务后，分配算法就会尽全力为此服务器分配尽可能好的任务，也就是说，只要还有可分配的任务，就一定会分给它，而不考虑后来者。作业服务器从离它最近的服务器开始，检测是否还挂着未分配的任务(预分配上的)，从近到远。如果所有的任务都已分配，那么再检测有没有开启多次执行，如果已开启，需要将未完成的任务再分配一次。

对于作业服务器来说，把一个任务分配出去了，并不表明作业服务器工作完成。因为任务可能在任务服务器上执行失败，也可能执行缓慢，这都需要作业服务器帮助它们再执行一次。

2）任务的执行

与 HDFS 类似，任务服务器是通过心跳消息向作业服务器汇报此时此刻其上各个任务执行的状况，并向作业服务器申请新的任务。在实现过程中，可以使用池方式。设有若干个固定的槽，如果槽没有满，那么就启动新的子进程，否则就寻找空闲的进程。如果是相同任务就直接放进去，否则"杀死"这个进程，用一个新的进程代替，每一个进程都位于单独线程中。

3. Reduce 任务的分配和执行

Reduce 的分配比 Map 任务简单，当所有 Map 任务完成了，如果有空闲的任务服务器，就为其分配一个任务。因为 Map 任务的结果分布广泛且频繁变化，真要做一个全局优化的算法反而得不偿失。而 Reduce 任务的执行进程的构造和分配流程与 Map 基本一致，但 Reduce 任务与 Map 任务的最大不同是 Map 任务的文件都存于本地，而 Reduce 任务需要到处采集。这个流程是作业服务器经由 Reduce 任务所处的任务服务器，告诉 Reduce 任务正在执行的进程，需要 Map 任务执行过的服务器地址，此 Reduce 任务服务器会与原 Map 任务服务器联系，通过 FTP 服务下载过来。这个隐含的直接数据联系就是执行 Reduce 任务与执行 Map 任务最大的不同了。

4. 作业完成

当所有 Reduce 任务都完成之后，所需数据都写到了分布式文件系统上，整个作业完成。

2.2.3　MapReduce 程序的执行过程

MapReduce 程序的执行过程如图 2-3 所示。

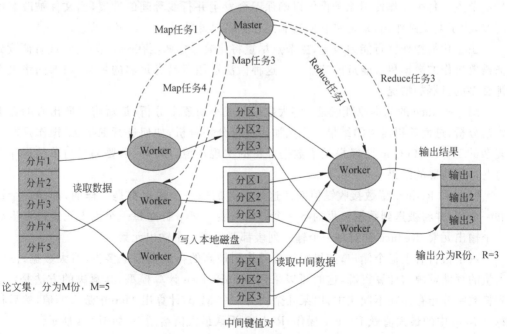

图 2-3　MapReduce 程序的执行过程

（1）用户程序中的 MapReduce 类库首先将输入文档分割成大小为 16～64MB 的文件片段，用户也可以通过设置参数对大小进行控制。随后，集群中的多个服务器开始执行多个用户程序的副本。

（2）由 Master 负责分配任务，分配的原则是 Master 选择空闲的 Worker 并为其分配一个 Map 任务或一个 Reduce 任务。

（3）被分配到 Map 任务的 Worker 读取对应文件片段，从输入数据中解析出键值对，并将其传递给用户定义的 Map 函数。由 Map 函数产生的键值对被存储在内存中。

（4）缓存的键值对被周期性写入本地磁盘，并被分为 R 个区域。这些缓存数据在本地磁盘上的地址被传递回 Master，由 Master 再将这些地址送到负责 Reduce 任务的 Master。

（5）当负责 Reduce 任务的 Master 得到 Master 关于上述地址的通知时，它使用远程过程调用从本地磁盘读取缓冲数据。随后 Worker 将所有读取的数据按键排序，使得具有相同键的键值对排在一起。

（6）对于每一个唯一的键，负责 Reduce 任务的 Worker 将对应的数据集传递给用户定义的 Reduce 函数，这个 Reduce 函数的输出被作为 Reduce 分区的结果添加到最终的输出档中。

（7）当所有的 Map 任务和 Reduce 任务都完成之后，Master 唤醒用户程序。此时，用户程序调用用户的代码返回结果。

MapReduce 模型通过将数据集的大规模操作分发给网络上的各节点实现可靠性，每个节点将完成的工作和状态更新周期性地报告给 Master。如果一个节点保持沉默超过一个预设的时限，主节点会记录下这个节点状态为死亡，并把分配给这个节点的数据发到别的节点。每个操作使用原子操作以确保不会发生并行线程间的冲突，当文件被改名的时候，为了避免副作用，系统将它们复制到任务名以外的另一个名字上去。

由于化简操作并行能力较差，主节点尽量将化简操作调度在一个节点上，或者调度到离需要操作的数据尽可能近的节点上。这种做法适用于具有足够的带宽、内部网络没有那么多的机器的情况。

MapReduce 的基本原理就是：将大数据分成小块逐个分析，最后将提取出来的数据汇总分析，进而获得需要的结果。当然如何进行分块分析，如何进行 Reduce 操作是非常复杂的工作。Hadoop 已经提供了数据分析的实现环境，用户只需要编写简单的程序即可获得所需要的结果。

Map 和 Reduce 函数接收键值对。这些函数的每一个输出都是一样的，都是一个键和一个值，并将被送到数据流程的下一个键值列表。Map 针对每一个输入元素都要生成一个输出元素，Reduce 针对每一个输入列表都要生成一个输出元素。

一个银行有上亿个储户，如果银行希望找到最高的存储金额是多少，对大数据，需要大量的存储资源与计算资源，这时可以采用 MapReduce 计算模型，其解决的方法是：首先将数字分布存储在不同块中，以某几个块为一个 Map，计算出 Map 中最大的值，然后将每个 Map 中的最大值做 Reduce 操作，Reduce 再取最大值给用户，如图 2-4 所示。

MapReduce 是一个分布处理模型，其最大的优点是很容易扩展到多个节点上分布式

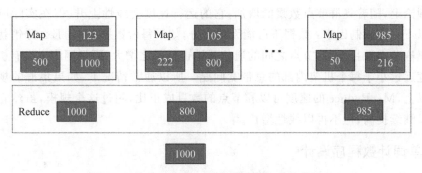

图 2-4　基于 **MapReduce** 模型的最大值计算过程

处理数据。当以 MapReduce 形式设计好一个处理数据的应用程序,仅通过修改配置就可以将其扩展到多台计算机构成的集群中运行。

2.3　MapReduce 程序设计分析

MapReduce 借用函数式编程的思想,通过把海量数据集的常用操作抽象为 Map(映射过程)和 Reduce(聚集过程)两种操作,而不用过多考虑分布式相关的操作。

2.3.1　MapReduce 模型编程方法

MapReduce 是在总结大量应用的共同特点的基础上抽象出来的分布式计算框架,适用的应用场景往往具有一个共同的特点:任务可被分解成相互独立的子问题。基于该特点的 MapReduce 编程模型编程方法步骤如下。

(1) 遍历输入数据,并将之解析成 Key-Value 对。

(2) 将输入 Key-Value 对映射(Map)成另外一些 Key-Value 对。

(3) 依据 key 对中间数据进行分组。

(4) 以组为单位对数据进行归约(Reduce)。

(5) 将最终产生的 Key-Value 对保存到输出文件中。

MapReduce 将计算过程分解成以上 5 个步骤带来的最大好处是组件化与并行化。为了实现 MapReduce 编程模型,Hadoop 提供了一个规范化的 MapReduce 编程接口,用户只需编写 Map 函数和 Reduce 函数。这两个函数都是运行在键值对基础上的,数据的切分和节点之间的通信协调等全部由 Hadoop 框架本身完成。一般当一个作业提交到 Hadoop 集群后会根据输入数据的大小并行启动多个 Map 进程及多个 Reduce 进程来执行。MapReduce 也具有弹性适应性,小数据和大数据仅通过调整节点就可以处理,而不需要用户修改程序。

在 Map 之前是对输入的数据的分片过程,默认分片就是写入数据时的逻辑块,每一个块对应一个分片,一个分片对应一个 Map 进程。在 Map 之后是 shuffle and sort 的过程,shuffle 简单描述就是一个 Map 的输出应该映射到哪个 Reduce 作为输入,sort 就是指在 Map 运行完输出之后会根据输出的键进行排序。

在理论上,随着集群节点数量的增加,它的运行速度会线性上升,但在实际应用时要考虑到以下一些限制因素:数据不可能无限切分,如果每份数据太小,那么开销就会相对变大。集群节点数目增多,节点之间的通信开销也会随之增大,而且网络也会有机架间的网络带宽远远小于每个机架内部的总带宽问题。所以通常情况下,如果集群的规模在百个节点以上,MapReduce 的速度可以和节点的数目成正比,超过这个规模,虽然它的运行速度可以继续提高,但不再以线性增长。

2.3.2　单词计数程序设计

在文本分析中,统计单词出现的次数,再利用可视化技术展现词云图,进而发现关键问题和热点。单词计数是 MapReduce 最典型的应用实例。MapReduce 程序的完整代码可以存于 Hadoop 安装包的 src/example 目录下。

单词计数主要完成的功能是统计一系列文本文件中每个单词出现的次数。如图 2-5 所示,如果输入的数据分别是 HelloHadoop、Hadoop Storm、Storm Hadoop 和 HelloStorm,通过 MapReduce 程序处理,可以得到＜Hello,2＞、＜Hadoop,3＞、＜Storm,3＞的输出结果。

1. 单词计数的 Map 过程

在 Map 过程中,value 值存储的是文本文件中的一行记录(以回车符为结束标记),而 key 值为该行的首字符相对于文本文件的首地址的偏移量。然后将每一行记录拆分成多个单词(简称分词),并统计每个单词出现的次数输出,即输出＜单词,次数＞列表。

1) 按行分割文件

将文件分片,由于测试使用的文件较小,所以可将每个文件假设为一个片,并将文件按行分割成 Key-Value 对,这一步由 MapReduce 框架自动完成,其中偏移量(key 值)包括了回车符所占的字符数。第 1 个文件有两行,第 1 行加上回车符和空格总计 12 个字符数,第 1 行的偏移量为 0,则第 2 行的偏移量为 12。同理,对于第 2 个文件,第 1 行的偏移量为 0,则第 2 行的偏移量为 13,如图 2-6 所示。

图 2-5　统计文本中的每个单词出现的次数　　　　图 2-6　文件按行分割

2) 分词处理

将分割后得到的 Key-Value 对交给 Map 程序进行分词处理,生成新的 Key-Value 键值对如图 2-7 所示。

3) 合并与排序(shuffle and sort)

输出分词的 Key-Value 对之后,将其按照 key 值进行排序。再合并,即将得到相同

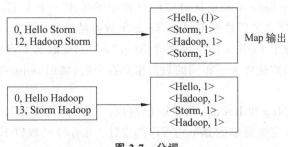

图 2-7 分词

key 键的键值对,shuffle and sort 输出如图 2-8 所示。

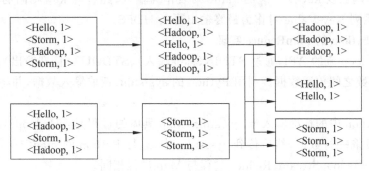

图 2-8 shuffle and sort 输出结果

2. 单词计数的 Reduce 过程

Reduce 将 shuffle and sort 的输出进行约简 Key-Value 对,并作为单词计数的结果输出,如图 2-9 所示。

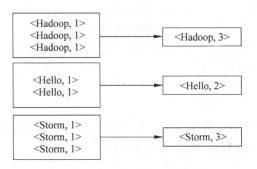

图 2-9 排序结果 Reducer 输出

Reducer 方法的输入参数 key 为单个单词,而 values 是由各 Mapper 上对应单词的计数值所组成的列表,所以只要遍历 values 并求和,即可得到某个单词出现的总次数。

3. WordCount 的程序结构

用户按照一定的规则指定程序的输入和输出目录,并提交到 Hadoop 集群中,作业在 Hadoop 中的执行过程如下所述。

Hadoop 将输入数据切分成若干个输入分片(简称 split),并将每个分片交给一个

MapTask 处理。MapTask 不断地从对应的分片中解析出一个个 Key-Value 对,并调用 map()函数处理,处理完之后根据 ReduceTask 个数将结果分成若干个分片(partition)写入本地磁盘;同时,每个 ReduceTask 从每个 MapTask 上读取属于自己的那个 partition,然后使用基于排序的方法将 key 相同的数据聚集在一起,调用 reduce()函数处理,并将结果输出到文件中。

  MapReduce 由 Map 和 Reduce 两个阶段组成。用户只需要编写 map()和 reduce() 两个函数程序就可以完成简单的分布式程序的设计。map()函数以 Key-Value 对作为输入,产生另外一系列 Key-Value 对作为中间输出写入本地磁盘。MapReduce 框架能够自动将这些中间数据按照 key 值进行聚集,将 key 值相同的数据统一交给 reduce()函数处理。reduce()函数以 key 及对应的 value 列表作为输入,经合并 key 相同的 value 值后,产生另外一系列 Key-Value 对作为最终输出写入 HDFS。

4. 基于 Python 的 MapReduce 实现

  利用 Hadoop 流的 API,通过 STDIN(标准输入)、STDOUT(标准输出)在 Map 函数和 Reduce 函数之间传递数据。利用 Python 的 sys.stdin 读取输入数据,并将输出传送给 sys.stdout。

  调用 Python 中的标准输入流 sys.stdin,Map 具体的过程是:HadoopStream 每次从输入文件中读取一行数据,然后传到 sys.stdin 中,运行 Python 的 map()函数脚本,然后用 print 输出 HadoopStream,Reduce 过程与 Map 过程相同。

  输入文本文件;输出文本(每行包括单词和单词的词频,两者之间用'\t'隔开)

1) Map 过程

Map 过程分为如下两步。

第 1 步:在每个节点上运行用户编写的 Map 程序(多节点同时运行):

```
import sys                      #调用标准输入流
for line in sys.stdin:          #读取文本内容
    lline=lline.strip()         #对文本内容分词,形成一个列表
    words=lline.split()
    for word in words:
        print('%s\t%s'%(word,1))
```

第 2 步:文件从 STDIN 读取文件,把单词切开,并把单词和词频输出 STDOUT。Map 脚本不会计算单词的总数,而是输出 word 1。

2) Reduce 过程

第 1 步:合并过程,把所有节点输出汇总到一个节点,合并并且按照 key 排序。这段合并程序在汇总节点中。

第 2 步:执行 Reduce 函数。

读取 mapper.py 文件的结果作为 reducer.py 的输入,并统计每个单词出现的总次数,把最终的结果输出到 STDOUT。

Reduce 函数程序代码如下:

```
import sys
```

```
#初始化
current_word=None                            #存储前一个单词,用于比较
count=0
word=None
current_count=0                              #每个单词最终的数量

for line in sys.stdin:                       #切分成行
    line=line.strip()                        #除去每行首尾空格
    word, count=line.split('\t', 1)          #key 为第一个 \t 前的值,只截断一次
    try:
        count=int(count)
    except ValueError:                       #如果 count 不是数字的话,抛出异常,直接忽略
        continue
    if current_word==word:                   #上一个是否与当前的相同
        current_count+=count
    else:
        if current_word:                     #不相同且不是第一个则输出
            print("%s\t%s" %(current_word, current_count))
        current_count=count
        current_word=word

if word==current_word:                       #最后的输出
    print("%s\t%s" %(current_word, current_count))
```

例如:

Txt1.txt 文件内容:

```
Hello my name is pan
Hello hadoop
Hello world
123
```

Txt2.txt 文件内容:

```
hello
123
```

假设两个文本文件分别在两个节点上运行,其中节点 1 运行文本 1,节点 2 运行文本 2。

Map 函数运行结果如下。

节点 1 结果:

```
Hello 1
my 1
name 1
is 1
```

```
pan 1
hello 1
Hadoop 1
Hello 1
world 1
123 1
```

节点 2：

```
hello 1
123 1
```

在汇总节点中,利用驻留在汇总节点中的汇总排序程序合并后排序结果为：

```
123 1
123 1
hadoop 1
hello 1
hello 1
hello 1
hello 1
is 1
my 1
name 1
pan 1
world 1
```

Reduce 函数输出结果：

```
123 2
hadoop 1
hello 4
is 1
my 1
name 1
pan 1
world 1
```

2.4　YARN 大数据处理平台

前面介绍的 Hadoop 处理平台是属于 Hadoop 1.0 版本(简称 Hadoop 1.0 框架)。而 YARN 是从 Hadoop 1.0 演变而来的,下面从 Hadoop 的演变来介绍 YARN 的基本概念和术语,YARN 的基本架构和工作流程等。

2.4.1　Hadoop 1.0 版本的缺点

1. 扩展性和稳定性差

在 Hadoop 1.0 中,JobTracker 具有作业控制和状态监控两个功能。

（1）作业控制。将每个应用程序表示成一个作业，每个作业又被分成多个任务。

（2）状态监控。主要包括 TaskTracker 状态监控、作业状态监控和任务状态监控。为容错和任务调度提供决策依据。

由于 JobTracker 的工作量巨大，已成为了系统的一个最大瓶颈，严重制约了集群的扩展性和稳定性。

2. 可靠性差

由于 Hadoop 1.0 采用了主从（Master/Slave）结构，所以存在单点故障问题。一旦 Master 出现故障，将导致整个 Hadoop 集群不可用。而且，随着处理的作业数量增长，任务数量也随着增长，从而导致 JobTracker 的内存消耗过大，因此任务失败的概率也随着增加。

3. 资源利用率低

Hadoop 1.0 的资源分配模型（基于槽位）采用了一种粗粒度的资源划分单位，当一个任务没有用完槽位所对应的所有资源时，其他任务也无法使用这些空闲资源。此外，Hadoop 1.0 将槽位分为 MapSlot 和 ReduceSlot 两种，且不允许它们之间共享，基于上述原因，经常导致一种槽位资源紧张而另外一种槽位闲置情况。例如当一个作业刚提交时，只运行 MapTask，而此时 ReduceSlot 闲置。

4. 无法支持多种计算框架

Hadoop 1.0 计算模式单一，只支持 MapReduce 模式，不能有效地支持 Storm、Spark 等计算框架。

为了克服以上缺点，下一代 MapReduce 计算框架 Hadoop 2.0 应运而生。由于 Hadoop 2.0 将资源管理功能抽象成了一个独立的通用系统 YARN，导致下一代 MapReduce 的核心从单一的计算框架转移为通用的资源管理系统 YARN。Hadoop 2.0 构建了一个以 YARN 为核心的生态系统。

2.4.2 轻量级弹性计算平台

基于数据密集型应用的计算框架不断出现，从支持离线处理的 MapReduce，到支持在线处理的 Storm，从迭代式计算框架 Spark 到流式处理框架 S4，各种框架各自解决了某一类应用问题。考虑到资源利用率、运维成本、数据共享等因素，将所有这些框架都部署到一个公共的集群中，可使用户共享集群的资源，并对资源进行统一使用。同时采用某种资源隔离方案对各个任务进行隔离，这样便出现了 YARN 轻量级弹性计算平台。以 YARN 为核心的弹性计算平台的基本架构如图 2-10 所示。

YARN 是一个弹性计算平台，不再局限于仅支持 MapReduce 一种计算框架，而是面向多种框架进行统一管理的共享集群模式。显然，共享集群的模式具有下述优势。

1. 资源利用率高

如果每个框架一个集群，则由于应用程序数量和资源需求的不均衡性，使得在某段时间内，有些计算框架的集群资源紧张，而另外一些集群资源空闲。共享集群模式则通过多种框架共享资源，使得集群中的资源得到更加充分的共享利用。

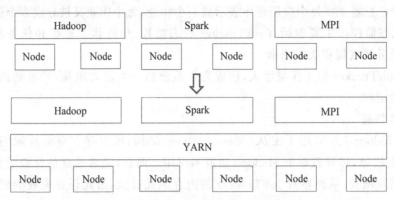

图 2-10   YARN 弹性技术平台基本架构

2. 运维成本低

如果采用一个框架一个集群的模式,则可能需要多个管理员管理这些集群,进而增加运维成本,而共享模式通常需要少数管理员即可完成多个框架的统一管理。

3. 数据共享

对于大数据量来说,跨集群间的数据移动不仅需要更长的时间,且硬件成本也会大增,而共享集群模式可使多种框架共享数据和硬件资源,将显著减少数据移动的成本。

2.4.3   基本概念与术语

1. Hadoop 1.0

Hadoop 1.0 是第一代 Hadoop,主要由分布式存储文件系统 HDFS 和分布式计算框架 MapReduce 组成,HDFS 由一个 NameNode 和多个 DataNode 组成,MapReduce 由一个 JobTracker 和多个 TaskTracker 组成。

2. Hadoop 2.0

Hadoop 2.0 是第二代 Hadoop,是为了克服 Hadoop 1.0 中 HDFS 和 MapReduce 存在的问题而提出的。针对 Hadoop 1.0 中的单 NameNode 制约 HDFS 的扩展性问题,提出了 DFS Federation,可使多个 NameNode 分管不同的目录,进而实现访问隔离和横向扩展,解决了 NameNode 单点故障问题。针对 Hadoop 1.0 中的 MapReduce 在扩展性和多框架支持等方面的不足,它将 JobTracker 中的资源管理和作业控制功能分开,分别由组件 ResourceManager 和 ApplicationMaster 实现。其中,ResourceManager 负责所有应用程序的资源分配,而 ApplicationMaster 仅负责管理一个应用程序,进而出现了全新的通用资源管理框架 YARN。用户可以运行各种类型的应用程序(不再像 Hadoop 1.0 那样仅局限于 MapReduce 一类应用),从离线计算的 MapReduce 到在线计算(流式处理)的 Storm 等。

Hadoop 2.0 具有与 Hadoop 1.0 相同的编程模型和数据处理引擎,唯一不同的是运行环境。它的运行环境不再由 JobTracker 和 TaskTracker 等服务组成,而是变为通用资源管理系统 YARN 和作业控制进程 ApplicationMaster。其中,YARN 负责资源管理和调度,而 ApplicationMaster 仅负责一个作业的管理。简单地说,Hadoop 1.0 仅是一个独立的离线计算框架,而 Hadoop 2.0 则是运行于 YARN 之上的 MapReduce。

　　MapReduce 计算框架主要由三部分组成,分别是编程模型、数据处理引擎和运行环境。基本编程模型是将问题抽象成 Map 和 Reduce 两个阶段。其中 Map 阶段将输入数据解析成 Key-Value,迭代调用 map() 函数处理后,再以 Key-Value 的形式输出到本地目录。而 Reduce 阶段则将 key 相同的 value 进行规约处理,并将最终结果写入 HDFS。它的数据处理引擎由 MapTask 和 ReduceTask 组成,分别负责 Map 阶段逻辑和 Reduce 阶段逻辑的处理。它的运行环境由(一个)JobTracker 和(若干个)TaskTracker 两类服务组成,其中,JobTracker 负责资源管理和所有作业的控制,而 TaskTracker 负责接收来自 JobTracker 的命令并执行它。由于该框架 Hadoop 1.0 在扩展性、容错性和多框架支持等方面存在不足,促进了 Hadoop 2.0 的产生。Hadoop 1.0 与 Hadoop 2.0 的框架结构如图 2-11 所示。

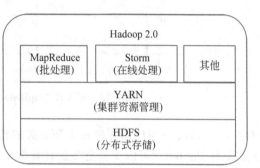

图 2-11　Hadoop 1.0 与 Hadoop 2.0 的框架结构

3. YARN

　　YARN 是 Hadoop 2.0 中的资源管理系统,它是一个通用的资源管理模块,可为各类应用程序进行资源管理和调度。YARN 不仅限于 MapReduce 一种框架使用,也可以供其他框架使用,比如 Tez、Spark、Storm 等。YARN 类似于资源管理系统 Mesos 或更早的 Torque。由于 YARN 的通用性,下一代 MapReduce 的核心已经从简单的支持单一应用的计算框架 MapReduce 转移到通用的资源管理系统 YARN。

4. HDFS Federation

　　Hadoop 2.0 中对 HDFS 进行了改进,使 NameNode 可以横向扩展成多个,每个 NameNode 分管一部分目录,进而产生了 HDFS Federation,该机制的引入不仅增强了 HDFS 的扩展性,也使 HDFS 具备了隔离性。

2.4.4　MapReduce 框架

　　第 1 代 MapReduce 框架的基本架构如图 2-12 所示。

　　第 2 代 MapReduce 框架的基本架构如图 2-13 所示,将 JobTracker 的资源管理和作业控制(包括作业监控、容错等)两个主要功能分拆成两个独立的进程。资源管理进程与具体应用程序无关,它负责整个集群的资源(内存、CPU、磁盘等)管理,而作业控制进程则是直接与应用程序相关的模块,且每个作业控制进程只负责管理一个作业。这样,通过

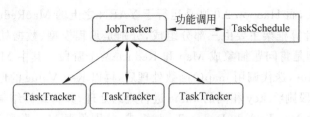

图 2-12　第 1 代 MapReduce 框架基本架构

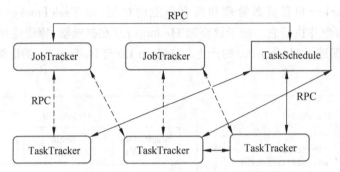

图 2-13　第 2 代 MapReduce 框架基本架构

将原有 JobTracker 中与应用程序相关和无关的模块分开,不仅减轻了 JobTrackerDE1 负载,也使得 Hadoop 2.0 可以支持更多的计算框架。

从资源管理角度看,是在 MapReduce 框架上衍生出了一个资源统一管理平台 YARN,它使得 Hadoop 2.0 不再局限于仅支持 MapReduce 一种计算模型,而是可融入多种计算框架,且对这些框架进行统一管理和调度。

2.4.5　编程模型

Hadoop 1.0 主要由编程模型(由新旧 API 组成)、数据处理引擎(由 MapTask 和 ReduceTask 组成)和运行环境(由一个 JobTracker 和若干个 TaskTracker 组成)三部分组成。为了保证编程模型的向后兼容性,Hadoop 2.0 重用了 Hadoop 1.0 中的编程模型和数据处理引擎,但运行环境需完全重写。

1. 编程模型与数据处理引擎

为了能使用户应用程序平滑迁移到 Hadoop 2.0 中,Hadoop 2.0 应尽可能保证编程接口的向后兼容性。但由于 Hadoop 2.0 本身进行了改进和优化,所以在向后兼容性方面仍存在少量问题。MapReduce 应用程序编程接口有两套,分别是新 API(mapred)和旧 API(mapredue),Hadoop 2.0 可做到以下兼容性:采用 Hadoop 1.0 旧 API 编写的应用程序,可直接使用之前的 JAR 包将程序运行在 Hadoop 2.0 上。但采用 Hadoop 1.0 新 API 编写的应用程序则不可以,需要使用 Hadoop 2.0 编程库重新编译并修改不兼容的参数和返回值,也就是版本向下兼容。

2. 运行环境

如图 2-14 所示,Hadoop 1.0 的运行环境主要由两类服务组成,分别是 JobTracker 和

TaskTracker。其中,JobTracker 负责资源和任务的管理与调度,TaskTracker 负责单个节点的资源管理和任务执行。Hadoop 1.0 将资源管理和应用程序管理两部分混杂在一起,使得它在扩展性、容错性和多框架支持等方面存在明显缺陷。而 Hadoop 2.0 则将资源管理和应用程序管理两部分离,分别由 YARN 和 ApplicationMaster 负责。其中,YARN 专管资源管理和调度,而 ApplicationMaster 则负责与具体应用程序相关的任务切分、任务调度和容错等。

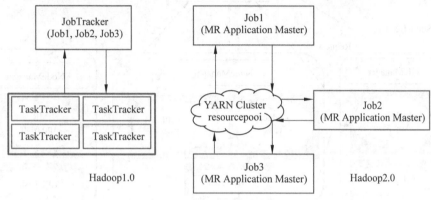

图 2-14　运行环境

2.4.6　YARN 基本架构与工作流程

YARN 是 Hadoop 2.0 中的资源管理系统。

1. YARN 基本架构

YARN 仍然是主从(Master/Slave)结构,在整个资源管理框架中,ResourceManager 为 Master、NodeManager 为 Slave、ResourceManager 对各个 NodeManager 上的资源进行统一管理和调度。YARN 主要由 ResourceManager、NodeManager、ApplicationMaster 组件构成,如图 2-15 所示。

2. YARN 主要组件

1) ResourceManager

ResourceManager(RM)是一个全局的资源管理器,负责整个系统的资源管理和分配。它主要由调度器(Scheduler)和应用程序管理器(ApplicationsManager,ASM)两个组件构成。

(1) 调度器。调度器根据容量、队列等限制条件(如每个队列分配一定的资源,最多执行一定数量的作业等),将系统中的资源分配给各个正在运行的应用程序。该调度器是一个"纯调度器",它不再从事任何与具体应用程序相关的工作,例如不负责监控或者跟踪应用的执行状态等,也不负责重新启动因应用执行失败或者硬件故障而产生的失败任务,这些交由应用程序相关的 ApplicationMaster 完成。调度器仅根据各个应用程序的资源需求进行资源分配,而资源分配单位用"资源容器"(ResourceContainer,简称 Container)表示。Container 是一个动态资源分配单位,它将内存、CPU、磁盘、网络等资源封装在一

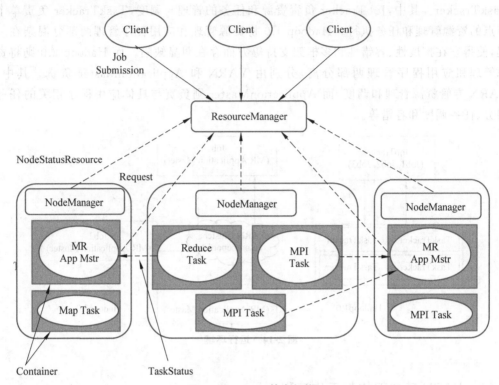

图 2-15 YARN 基本架构

起,从而限定每个任务使用的资源量。此外,该调度器是一个可插拔的组件,用户可根据自己的需要设计新的调度器,YARN 提供了多种直接可用的调度器,例如 FairScheduler 和 CapacityScheduler 等。

(2) 应用程序管理器。应用程序管理器负责管理整个系统中所有的应用程序,包括应用程序提交,与调度器协商资源以启动和监控 ApplicationMaster,并在失败时重新启动等。

2) ApplicationMaster(AM)

用户提交的每个应用程序均包含一个 AM,主要功能包括:

(1) 与 RM 调度器协商以获取资源(用 Container 表示);

(2) 将得到的任务进一步分配给内部的任务;

(3) 与 NM 通信以启动/停止任务;

(4) 监控所有任务运行状态,并在任务运行失败时重新为任务申请资源以重启任务。

当前 YARN 自带了两个 AM 实现:一个是用于演示 AM 编写方法的实例程序 distributedshell,它可以申请一定数目的 Container 以并行运行一个 Shell 命令或者 Shell 脚本;另一个是运行 MapReduce 应用程序的 AM——MRAppMaster。

3) NodeManager(NM)

NM 是每个节点上的资源和任务管理器。一方面,它定时地向 RM 汇报本节点上的资源使用情况和各个 Container 的运行状态;另一方面,它接收并处理来自 AM 的

Container 启动/停止等各种请求。

4) Container

Container 封装了某个节点上的多维度资源,如内存、CPU、磁盘、网络等,当 AM 向 RM 申请资源时,RM 为 AM 返回的资源便是用 Container 表示。YARN 为每个任务分配一个 Container,且该任务只能使用该 Container 中描述的资源。需要注意的是,Container 不同于 Hadoop 1.0 中的 Slot,它是一个动态资源划分单位,是根据应用程序的需求动态生成。YARN 仅支持 CPU 和内存两种资源,且使用了轻量级资源隔离机制 Cgroups 进行资源隔离。

3. YARN 工作流程

运行在 YARN 上的应用程序主要分为两类:短应用程序和长应用程序。其中,短应用程序是指一定时间内(可能是秒级、分钟级或小时级,尽管天级别或者更长时间的也存在,但非常少)可运行完成并正常退出的应用程序,例如 MapReduce 作业等。长应用程序是指不出意外,永不终止运行的应用程序,通常是一些服务,例如 StormService(主要包括 Nimbus 和 Supervisor 两类服务)、HBaseService(包括 Hmaster 和 RegionServer 两类服务)等,而它们本身作为一个框架提供了编程接口供用户使用。尽管这两类应用程序作用不同,一类直接运行数据处理程序,一类用于部署服务(服务之上再运行数据处理程序),但运行在 YARN 上的流程相同。当用户向 YARN 中提交一个应用程序后,YARN 将分下述两个阶段运行该应用程序。

第 1 个阶段启动 ApplicationMaster,第 2 个阶段是创建应用程序,主要包括申请资源、监控整个运行过程,直到运行完成。具体的 YARN 工作流程步骤如下。

(1) 用户向 YARN 中提交应用程序,其中包括 ApplicationMaster 程序、启动 ApplicationMaster 的命令、用户程序等。

(2) ResourceManager 为该应用程序分配第一个容器(Container),并与对应的 NodeManager 通信,它在这个 Container 中启动应用程序的 ApplicationMaster。

(3) ApplicationMaster 首先向 ResourceManager 注册,用户可以直接通过 ResourceManage 查看应用程序的运行状态,然后它将为各个任务申请资源,并监控它的运行状态,直到运行结束,即重复步骤(4)~步骤(7)。

(4) ApplicationMaster 采用轮询的方式通过 RPC 协议向 ResourceManager 申请和领取资源。

(5) 一旦 ApplicationMaster 申请到资源后,便与对应的 NodeManager 通信,要求它启动任务。

(6) NodeManager 为任务设置好运行环境(包括环境变量、JAR 包、二进制程序等)后,将任务启动命令写到一个脚本中,并通过运行该脚本启动任务。

(7) 各个任务通过某个 RPC 协议向 ApplicationMaster 汇报自己的状态和进度,以使 ApplicationMaster 随时掌握各个任务的运行状态,从而可以在任务失败时重新启动任务。在应用程序运行过程中,用户可随时通过 RPC 向 ApplicationMaster 查询应用程序的当前运行状态。

(8) 应用程序运行完成后,ApplicationMaster 向 ResourceManager 注销并关闭。

2.5　Spark 大数据处理框架

Spark 是一个用来实现快速而通用的集群计算平台,适合处理从 GB 到 PB 级别的数据,适用于数据离线分析、数据统计与数据挖掘、在线的存储和 OLAP 系统以及在线的基于内存的高速分析等多种计算模式。

2.5.1　Spark 的主要特点

1. 计算速度快

由于 Spark 在内存中进行计算,所以计算速度快。虽然对于复杂问题必须在磁盘上进行,但 Spark 仍然比 MapReduce 模型更加有效。

2. 适应多种应用场景

Spark 适用于各种不同的分布平台的场景,主要包括批处理、迭代算法、交互式查询、流处理等。Spark 可以简单地将各种处理流程整合在一起,对数据分析有实际意义,极大地减轻了原先需要对各种平台分别管理的负担。

3. 接口极其丰富

Spark 的接口丰富,可以提供基于 Python、Java、Scala 和 SQL 的简单易用的 APIH 和内建的丰富程序库,还可以与其他大数据工具密切配合使用。

4. 含有多个集成组件

Spark 含有多个紧密集成的组件,其核心是一个可对很多任务组成的,运行在对各机器或集群机上的应用进行调度、分发及监控的计算引擎。由于其核心引擎具有速度快和通用性强的特点,因此,Spark 还支持各种不同场景专门设计的高级组件。这些组件关系密切,可以相互调用、组合使用。

5. RDD 持久化

Spark 最重要的一个功能是在不同的操作期间,持久化(或者缓存)一个数据集到内存中。当持久化一个 RDD 时,每一个节点都把它计算的分片结果保存在内存中,并且在对此数据集(或者衍生出的数据集)进行其他动作时重用。这将使后续的动作变得更快。

2.5.2　软件栈

在 Spark 中含有大量的组件来支持 Spark 强大的功能。主要的组件如图 2-16 所示。

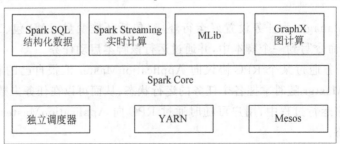

图 2-16　Spark 主要组件

1. Spark Core

Spark Core 提供 Spark 最核心的内容,主要包括以下功能。

(1) Spark Context。通常,Driver Application 的执行与输出都是通过 Spark Context 来完成的。在提交 Application 之前,首先需要初始化 Spark Context。Spark Context 隐藏了网络通信、分布式部署、消息通信、存储能力、计算能力、缓存、测量系统、文件服务、Web 服务等内容,应用程序开发者只需要使用 Spark Context 提供的 API 完成功能开发。Spark Context 内置的 DAG Scheduler 负责创建 Job,将 DAG 中的 RDD 划分到不同的 Stage,提交 Stage 等功能。内置的 TaskScheduler 负责资源的申请,任务的提交及请求集群对任务的调度等工作。

(2) 存储体系。Spark 优先使用各节点的内存存储数据,当内存不足时才使用磁盘,这就极大地减少了磁盘 IO,提升了任务执行的效率,使得 Spark 适用于实时计算、流式计算等场景。此外,Spark 还提供了以内存为中心的高容错的分布式文件系统 Tachyon 供用户进行选择。Tachyon 能够为 Spark 提供可靠的内存级的文件共享服务。

(3) 计算引擎。计算引擎由 Spark Context 中的 DAG Scheduler、RDD 以及节点上的 Executor 负责执行 Map 和 Reduce 任务。DAG Scheduler 和 RDD 虽然位于 Spark Context 内部,但是在任务正式提交与执行之前将 Job 中的 RDD 组织成有向无环图 (DAG),并对 Stage 进行划分,由此决定任务执行阶段任务的数量、迭代计算、shuffle 等过程。

(4) 部署模式。由于单节点不足以提供足够的存储和计算能力,所以作为大数据处理的 Spark 在 Spark Context 的 Task Scheduler 组件中提供了对 Standalone 部署模式的实现和 YARN、Mesos 等分布式资源管理系统的支持。通过使用 Standalone、YARN、Mesos 等部署模式为 Task 分配计算资源,提高任务的并发执行效率。

2. Spark SQL

首先使用 SQL 语句解析器将 SQL 转换为语法树,并且使用规则执行器将一系列规则应用到语法树,最终生成物理执行计划并执行。其中,规则执行器包括语法分析器和优化器。

3. SparkStreaming

SparkStreaming 用于流式计算,支持 Kafka、Flume、Twitter、MQTT、ZeroMQ、Kinesis 和简单的 TCP 套接字等多种数据输入源。输入流接收器负责接入数据。Dstream 是 SparkStreaming 中所有数据流的抽象,Dstream 可以被组织为 Dstream Graph,Dstream 本质上由一系列连续的 RDD 组成。

4. GraphX

GraphX 是 Spark 提供的分布式图计算框架。GraphX 主要遵循整体同步并行计算模式下的 Pregel 模型实现。GraphX 提供了对图的抽象 Graph,Graph 由顶点(Vertex)、边(Edge)及继承了 Edge 的 EdgeTriplet 三种结构组成。GraphX 已经封装了最短路径、网页排名、连接组件、三角关系统计等算法的实现,用户可以选择使用。

5. MLlib

机器学习是一门涉及概率论、统计学、逼近论、凸分析、算法复杂度理论等多领域的交叉学科。MLlib 是 Spark 提供的机器学习框架。MLlib 已经提供了基础统计、分析、回归、决策树、随机森林、朴素贝叶斯、保序回归、协同过滤、聚类、维数缩减、特征提取与转型、频繁模式挖掘、预言模型标记语言、管道等多种数理统计、概率论、数据挖掘方面的数学算法。

6. 集群管理器

Spark 可以运行在各种集群管理器上,并通过集群管理器访问集群中的计算机。Spark 可以提供三种集群管理器,如果只是需要 Spark,可以采用 Spark 自带的独立集群管理器,采用独立部署的模式;如果需要 Spark 部署在其他集群上,使各应用共享集群,可以采用另外两种集群管理器:HadoopYarn 或 ApacheMesos。

1) 独立集群管理器

Spark 独立集群管理器提供在集群上运行应用的简单方法。要使用集群启动脚本,可以按照以下步骤执行。

(1) 将编译好的 Spark 发送到集群的其他节点的相同目录下,例如:/home/opt/spark。

(2) 设置集群的主节点和其他机器的 SSH 免密码登录。

(3) 编辑主节点的 conf/slaves 文件,添加上所有的工作节点的主机名。

(4) 在主节点上运行 sbin/start-all.sh 启动集群,可以在 http://masternode:8080 上看到集群管理界面。

(5) 要停止集群,在主节点上运行 sbin/stop-all.sh。

2) HadoopYarn

YARN 是 Hadoop 2.0 中引入的集群管理器,可以使多个数据处理框架运行在一个共享的资源池中,而且和 Hadoop 的分布式存储系统(HDFS)安装在同一个物理节点上。当 Spark 程序运行在存储节点上时,可以快速地访问 HDFS 中的数据。

3) ApacheMesos

ApacheMesos 是一个通用的集群管理器,既可以运行分析性负载又可以运行长期运行的服务。

2.5.3　核心概念

1. Spark 和 Hadoop 的区别

Spark 是基于 MapReduce 算法实现的分布式计算,拥有 HadoopMapReduce 所具有的优点。但与 MapReduce 不同的是可将 Job 中间输出和结果保存在内存中,从而不再需要再读写 HDFS,因此 Spark 能更好地适用于数据挖掘与机器学习等需要大量迭代的 MapReduce 的算法。Spark 架构如图 2-17 所示。

Spark 的中间数据放到内存中,增强了迭代运算效率。Hadoop 只提供了 Map 和 Reduce 两种操作,但 Spark 的数据集操作类型更多。用户可以利用这些操作进行命名、物化和控制中间结果的分区等。所以 Spark 编程模型比 Hadoop 更灵活,更通用。

2. 适用场景

Spark 是基于内存的迭代计算框架,适用于需要多次操作特定数据集的应用场合。

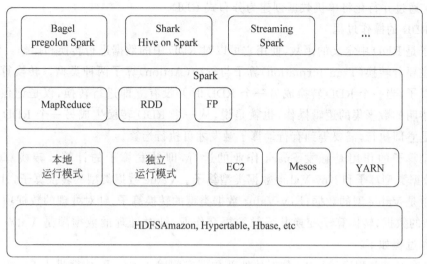

图 2-17 Spark 架构

需要反复操作的次数越多,所需读取的数据量越大,效果越好。对于数据量小,但是计算密集度较大的场合,效果相对较差。由于 RDD 的特性,Spark 不适用异步细粒度更新状态的应用。

2.5.4 RDD

弹性分布式数据集(Resilient Distributed Datasets,RDD)是一种分布式的内存抽象,一个只读的记录分区的集合只能通过其他 RDD 转换而创建。RDD 是 Spark 中的抽象数据结构类型,任何数据在 Spark 中都可以表示为 RDD,各个 RDD 之间存在依赖关系。在程序设计中,RDD 是一个数组。与普通数组的区别是 RDD 中的数据是分区存储,这样可以将不同分区的数据分布于不同的机器上,就可以进行分布并行处理。因此,Spark 应用程序是将需要处理的数据转换为 RDD,然后对 RDD 进行一系列的变换和操作而得到结果。RDD 支持丰富的转换操作,通过转换操作,新的 RDD 则包含了数据处理的中间结果和最后结果。

1. RDD 的特点

(1)它是在集群节点上的不可变的、已分区的集合对象。

(2)通过并行转换的方式来创建,如果失败,则自动重建。

(3)可以控制存储级别(内存、磁盘等)来进行重用。

(4)必须是可序列化的。

(5)是静态类型。

2. RDD 的创建方式

(1)在 Hadoop 文件系统或与 Hadoop 兼容的其他存储系统,如 Hive、Cassandra、HBase 中创建。

(2)从旧 RDD 转换得到新 RDD。

（3）通过并行化将单机数据创建为分布式 RDD。

3. RDD 的操作过程

算子是 RDD 中定义的函数，使用它可以对 RDD 中的数据进行转换和操作。RDD 操作算子主要分转换（Transformation）算子与行动（Action）算子两种类型。转换算子是延迟计算算子，当一个 RDD 转换成另一个 RDD 时并没有立即进行转换，仅是记住了转换算子所指明的数据集的逻辑操作，也就是说，从一个 RDD 转换生成另一个 RDD 的转换操作不是立即执行，需要等到有行动算子触发才可执行运算。

行动算子的作用是触发 Spark 作业的运行，即触发算子的计算。转换算子分为 Value 数据类型算子和 Key-Value 数据类型算子。Value 数据类型的转换算子，针对处理的数据项是 Value 型的数据；Key-Value 数据类型的转换算子，针对处理的数据项是 Key-Value 型的数据，转换算子变换并不触发提交作业，针对处理的数据项是 Value 型的数据。操作过程如下：

（1）在 Spark 程序运行中，数据从外部数据空间输入 Spark，数据进入 Spark 运行转换为 Spark 中的数据块，通过 BlockManager 进行管理。

（2）在 Spark 数据输入形成 RDD 后，可以通过变换算子，如 filter 算子等，对数据进行操作并将 RDD 转换为新的 RDD，通过行动算子，触发 Spark 提交作业。如果数据需要复用，可以通过 Cache 算子，将数据缓存到内存。

（3）程序运行结束之后将输出数据存储到分布式存储中（如 saveAsTextFile 输出到 HDFS），或 Scala 数据集合中（collect 输出到 Scala 集合，count 返回 Scalaint 型数据）。

Spark 的核心数据模型是 RDD，但 RDD 是个抽象类，具体由各子类实现，如 MappedRDD、ShuffledRDD 等子类。Spark 将常用的大数据操作都转换成为 RDD 的子类。

4. SparkStreaming 实时计算模型

SparkStreaming 是实时计算模型，通过将流数据按指定时间片累积为 RDD，然后将每个 RDD 进行批处理，进而实现大规模的流数据处理。其吞吐量能够超越现有主流流式处理框架 Storm，并提供丰富的 ΛPI 用于流数据计算。

SparkStreaming 是一个批处理的流式计算框架，其核心执行引擎是 Spark，适合实时数据与历史数据混合处理的场景，并保证容错性。SparkStreaming 是构建在 Spark 上的实时计算框架，扩展了 Spark 流式大数据处理能力。SparkStreaming 将数据流以时间片为单位进行分割形成 RDD，使用 RDD 操作处理每一块数据，每块数据（也就是 RDD）都会生成一个 SparkJob 进行处理，最终以批处理的方式处理每个时间片的数据，其过程如图 2-18 所示。

5. RDD 算子分类

1）Value 型的数据转换算子

（1）输入分区与输出分区一对一型：map 算子、flatMap 算子、mapPartitions 算子、glom 算子。

（2）输入分区与输出分区多对一型：union 算子、cartesian 算子。

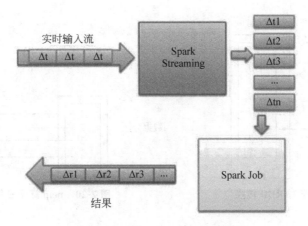

图 2-18　SparkStreaming 生成 Job

（3）输入分区与输出分区多对多型：groupBy 算子。

（4）输出分区为输入分区子集型：filter 算子、distinct 算子、subtract 算子、sample 算子、takeSample 算子。

（5）Cache 型：cache 算子、persist 算子。

2）Key-Value 型数据转换算子

（1）输入分区与输出分区一对一：mapValues 算子。

（2）对单个 RDD 或两个 RDD 聚集：

① 单个 RDD 聚集：combineByKey 算子、reduceByKey 算子、partitionBy 算子。

② 两个 RDD 聚集：Cogroup 算子。

（3）连接：join 算子、leftOutJoin 和 rightOutJoin 算子。

3）行动算子

（1）无输出：foreach 算子。

（2）HDFS：saveAsTextFile 算子、saveAsObjectFile 算子。

（3）Scala 集合和数据类型：collect 算子、collectAsMap 算子、reduceByKeyLocally 算子、lookup 算子、count 算子、top 算子、reduce 算子、fold 算子、aggregate 算子。

6. 常用 RDD 转换算子

1）map 算子

将原来 RDD 的每个数据项通过 Map 中的用户自定义函数 f 映射转变为一个新的元素。源码中 map 算子相当于初始化一个 RDD，新 RDD 叫作 MappedRDD。图 2-19 中每个方框表示一个 RDD 分区，将左侧的分区经过用户自定义函数 $f:V{\rightarrow}U$ 映射为右侧的新 RDD 分区。但是，实际只有等到 Action 算子触发后，这个 f 函数才与其他函数对数据进行运算。在图 2-19 中的第一个分区，将数据记录 V1 输入 f，通过 f 转换输出为转换后的分区中的数据记录 V1′，以此类推。

又例，如果将 RDD 区的每个数据求平方，得到新的数据存于 RDD 区中的 RDD 转换如图 2-20 所示。

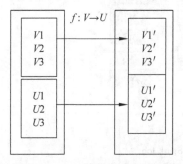

图 2-19　map 算子对 RDD 转换

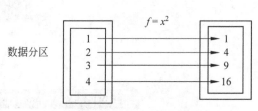

图 2-20　map 算子应用举例

程序如下：

```
Data_01=sc.parallelize([1,2,3,4])           #创建一个并行操作的分布数据集
squared=data_01.map(lambda x:x*x).collect()  #将所有元素搜集到 squqred 数组中
for num in squared:                          #输出 squared 数组内容
    print("% i"%(num))
```

2) flatMap 算子

flatMap 算子与 map 算子相类似，但每个元素输入项都可以被映射到 0 个或多个的输出项，最终将结果扁平化后输出。更进一步说，flatMap 算子可将原来 RDD 中的每个元素通过函数 f 转换为新的元素，并将生成的 RDD 的每个集合中的元素合并为一个集合，在内部创建 FlatMappedRDD。图 2-21 表示 RDD 的一个分区进行 flatMap 函数操作，flatMap 中传入的函数为 $f: T \to U$，T 和 U 可以是任意的数据类型。将分区中的数据通过用户自定义函数 f 转换为新的数据。外部大方框可以认为是一个 RDD 分区，小方框代表一个集合。再以一个集合作为 RDD 的一个数据项，可能存储为数组或其他容器，转换为 $V1'$、$V2'$、$V3'$ 后，将原来的数组或容器结合拆散，拆散的数据形成 RDD 中的

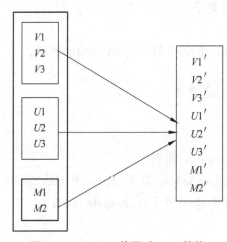

图 2-21　flapMap 算子对 RDD 转换

数据项。

例如，利用 flatmap() 将行数据切分为单词程序如下：

```
data_02=sc.parallelize(["hello spark","hi"])
world=data_02.flatmap(lambda line:line.split(""))
world.frst()          #返回"hello"
```

表 2-2、表 2-3 通过两个实例说明 RDD 的基本转换操作。

表 2-2　对于一个数据为{1,2,3,3}的 RDD 进行基本转换操作

函数名	目　　的	示　　例	结　　果
map()	将函数作用于 RDD 中的每个元素，将返回值构成新的 RDD	rdd.map(x=>x+1)	{2,3,4,4}
flatmap()	将函数作用于 RDD 中的每个元素，将返回的迭代器的所有内容构成新的 RDD，通常用于分词	rdd.flatmap(x=>x.to(3))	{1,2,3,2,3,3,3}
filter()	返回一个通过传给 filter() 的函数的元素组成的 RDD	rdd. filter(x=>x!=1)	{2,3,3}
distinct()	去重	rdd. distinct()	{1,2,3}

表 2-3　对两个数据{1,2,3}和{3,4,5}的 RDD 进行针对两个 RDD 的转换操作

函数名	目　　的	示　　例	结　　果
union()	生成一个包含两个 RDD 中所有元素的 RDD	rdd.union(other)	{1,2,3,3,4,5}
intersetion()	求两个 RDD 共同的元素的 RDD	rdd.intersetion(other)	{3}
subtract()	移除一个 RDD 中的内容（例如移除训练数据）	rdd.subtract(other)	{1,2}
cartest()	与另一个 RDD 的笛卡儿积	rdd.cartest(other)	{(1,3),(1,4),…(3,5)}

7. 常用行动算子

基本的 RDD 最常见的行动算子是 reduce()，它返回接收一个函数作为参数，这个函数要操作两个相同元素类型的 RDD 数据并返回一个同样类型的新元素。例如函数加，可以使用它对 RDD 进行累加。使用 reduce() 可以计算出 RDD 中所有元素的总和、元素个数以及其他类型的聚合操作。

例如，求两个元素之和的 Python 程序如下：

```
sum=rdd.reduce(lambda x,y:x+y)
```

fold() 与 reduce() 类似，接收一个与 reduce() 接收的函数签名相同的函数，再加上一个初始值来作为每个分区第一次调用时的结果。所提供的初始值应该是提供的操作的单位元素，也就是说，使用函数对这个初始值进行多次计算不会改变结果。表 2-4 所示的是常用的行动算子的操作。

表 2-4　对一个数据{1,2,3,3}的 RDD 进行基本的转换操作

函　数　名	目　　的	示　　例	结　　果
collect()	返回 RDD 中的所有元素	rdd.collect()	{1,2,3,3}
count()	RDD 中的元素个数	rdd. count()	4
countByValue()	各元素在 RDD 中出现的次数	rdd.countByValue()	{(1,1),(2,1),(3,2)}

续表

函　数　名	目　的	示　例	结　果
take(num)	从 RDD 中返回 num 个元素	rdd.take(2)	{1,2}
top(num)	从 RDD 中返回最前面的 num 个元素	rdd.top(2)	{3,3}
takeOrdered(num)(orderting)	从 RDD 中按照提供的顺序返回最前面的 num 个元素	rdd.takeOrdered(2)(myorderting)	{3,3}
reduce(func)	并行整合 RDD 中所有数据	rdd.reduce((x,y)=>x+y)	9

8. RDD 应用

1) 词频数统计

(1) 案例描述。词频数统计(WordCount)就是统计一个或者多个文件中单词出现的次数。

(2) 案例分析。可用 Spark 提供的算子来实现词频数统计,首先需要将文本文件中的每一行转换成一个个的单词,其次是对每一个出现的单词计一次数,最后把所有相同单词的计数相加得到最终的结果。

第一步使用 flatMap 算子把一行文本分成多个单词;第二步需要使用 map 算子把单个的单词转换成一个有计数的 Key-Value 对,即 word→(word,1);最后一步统计相同单词的出现次数,即使用 reduceByKey 算子把相同单词的计数相加得到最终结果。

2) 平均值计算

(1) 案例描述。统计一个 1000 万人口的所有人的平均年龄,假设年龄信息都存储在一个文件中,如表 2-5 所示。

表 2-5　案例数据

ID	年龄/岁	ID	年龄/岁
1	18	6	92
2	75	7	8
3	50	8	26
4	38	9	60
5	43	10	12

(2) 案例分析。要计算平均年龄,首先需要对源文件进行 RDD 处理,也就是将它转换成一个只包含年龄信息的 RDD;其次是计算元素个数,即为总人数,然后是把所有年龄数加起来;最后平均年龄=总年龄/人数。

第一步需要使用 map 算子把源文件对应的 RDD 映射成一个新的只包含年龄数据的RDD,需要对在 map 算子的传入函数中使用 split 方法,得到数组后只取第二个元素即为年龄信息;

第二步计算数据元素总数需要对于第一步映射的结果 RDD 使用 count 算子；

第三步则是使用 reduce 算子对只包含年龄信息的 RDD 的所有元素用加法求和；

第四步使用除法计算平均年龄。

3）身高统计

（1）案例描述。如果需要对某个省的 1 亿人口的性别还有身高进行统计并找出男女性别的最高、最低身高，则需要计算出男女人数，男性中的最高和最低身高，以及女性中的最高和最低身高。本例中用到的源文件如表 2-6 所示。

表 2-6　案例数据

ID	性　别	身高/cm	ID	性　别	身高/cm
1	M	174	5	F	163
2	F	165	6	M	176
3	M	175	7	M	171
4	F	160			

（2）案例分析。对于这个案例，需要分别统计男女的信息。首先需要对于男女信息从源文件对应的 RDD 中进行分离，产生两个新的 RDD，分别包含男女信息；其次分别对男女信息对应的 RDD 的数据进行进一步映射，使其只包含身高数据，这样又可以得到两个 RDD，分别对应男性身高和女性身高；最后需要对这两个只包括身高数据的 RDD 进行排序，进而得到最高和最低的男性或女性身高。

第一步是分离男女信息，需要使用 filter 算子，过滤条件就是包含 M 的行是男性，包含 F 的行是女性；

第二步需要使用 map 算子把男女各自的身高数据从 RDD 中分离出来；

第三步需要使用 sortBy 算子对男女身高数据进行排序。

在实现上，需要注意的是，在 RDD 转化的过程中要把身高数据转换成整数，否则 sortBy 算子将它视为字符串，那么排序结果就会受到影响。

4）关键词的最高词频组搜索

（1）案例描述。如果某搜索引擎公司要统计过去一年搜索频率最高的 K 个科技关键词或词组，为了简化问题，假设关键词组已经被整理到一个或者多个文本文件中，并且文档具有以下格式：

```
Hadoop
HDFS
BIG DATA
AI
STORM
Spark
CLOUD COMPUTING
BIG DATA
JAVA
```

```
C++
TECHNOLOGY
Application
DATA MINING
COMPUTER SCIENCE
ALGORITHM
spark
SYSTEM
software
hadware
SPARK
Hadoop
```

（2）案例分析。要解决这个问题,首先需要对每个关键词出现的次数进行计算,在这个过程中需要识别不同大小写的相同单词或者词组,如 Spark 和 spark 需要被认定为同一个单词。首先对于出现次数统计的过程和 wordcount 案例类似;其次需要对关键词或者词组按照出现的次数进行降序排序,在排序前需要把 RDD 数据元素从 Key-Value 对转化成 Value-Key 对;最后取排在最前面的 K 个单词或者词组。

第一步需要使用 map 算子对源数据对应的 RDD 数据进行全小写转化并且给词组计一次数,然后调用 reduceByKey 算子计算相同词组的出现次数;

第二步需要对第一步产生的 RDD 的数据元素用 sortByKey 算子进行降序排序;

第三步再对排好序的 RDD 数据使用 take 算子获取前 K 个数据元素。

本 章 小 结

算法是计算机科学的基石。任何一个计算问题的分析与挖掘,几乎都可以归为算法问题。MapReduce 模型是针对大规模数据处理而提出的分布编程模型,主要应用于大规模数据集的分布并行运算。本章主要介绍了 MapReduce 模型、基于 Hadoop 的分布计算、MapReduce 程序设计分析、YARN 大数据处理平台和 Spark 大数据处理框架等。

第 3 章

大数据采集与存储管理

知 识 结 构

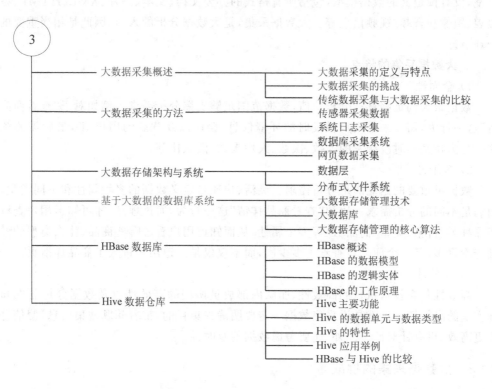

3 — 大数据采集概述 — 大数据采集的定义与特点
大数据采集的挑战
传统数据采集与大数据采集的比较
大数据采集的方法 — 传感器采集数据
系统日志采集
数据库采集系统
网页数据采集
大数据存储架构与系统 — 数据层
分布式文件系统
基于大数据的数据库系统 — 大数据存储管理技术
大数据库
大数据存储管理的核心算法
HBase 数据库 — HBase 概述
HBase 的数据模型
HBase 的逻辑实体
HBase 的工作原理
Hive 数据仓库 — Hive 主要功能
Hive 的数据单元与数据类型
Hive 的特性
Hive 应用举例
HBase 与 Hive 的比较

　　大数据采集是指从真实世界的对象中获得原始数据的过程。不准确的数据采集将影响后续的数据处理并最终得到无效的结果。数据采集方法的选择不但要依赖于数据源的物理性质,还要考虑数据分析的目标。在本章将介绍主要领域的大数据采集和大数据存储管理架构的基本内容,尤其对传感器数据采集和常用的大数据数据库做深入介绍。

3.1　大数据采集概述

　　数据是重要的资源,在数据分析前,找到合适的数据源异常重要。只有具备了合适的大数据,才能够进行分析与挖掘,进而有机会获得重要信息。

3.1.1　大数据采集的定义与特点

1. 大数据采集的定义

数据采集又称数据获取,是利用一种装置,从系统外部采集数据并输入系统内部的一个接口。在互联网行业快速发展的今天,数据采集已经被广泛应用于互联网及分布式处理领域,例如摄像头、麦克风等,都是数据采集工具。

数据采集系统整合了信号、传感器、激励器、信号调理、数据采集设备和应用软件。在数据大爆炸的互联网时代,数据的类型复杂多样,包括结构化数据、半结构化数据、非结构化数据。结构化数据最常见,就是具有模式的数据;非结构化数据是数据结构不规则或不完整,没有预定义的数据模型,包括所有格式的办公文档、文本、图片、XML、HTML、各类报表、图像和音频/视频信息等。大数据采集,是大数据分析的入口,因此是相当重要的一个环节。

2. 大数据采集的特点

1) 全面性

数据量大到足够具有分析价值,数据范围足够支撑分析需求。例如对于"查看商品详情"这一行为,需要采集用户触发时的环境信息、会话以及背后的用户 ID,最后需要统计这一行为在某一时段触发的人数、次数、人均次数、活跃比等。

2) 多维性

数据更重要的是能满足分析需求。灵活、快速自定义数据的多种属性和不同类型,从而满足不同的分析需求。比如"查看商品详情"这一行为,通过埋点,才可知道用户查看的商品种类、价格、类型、商品 ID 等多个属性,从而知道用户看过哪些商品、什么类型的商品被查看得多、某一个商品被查看了多少次,而不仅仅是知道用户进入了商品详情页。

3) 高效性

高效性包含技术执行的高效性、团队内部成员协同的高效性以及数据分析需求和目标实现的高效性。也就是说采集数据一定要明确采集目的,带着问题搜集信息,使信息采集更高效、更有针对性。此外,还要考虑数据的及时性。

3.1.2　大数据采集的挑战

大数据采集是利用数据采集工具,从系统外部采集数据,并存入系统内部的存储资源中。在各个领域,数据采集技术应用广泛。大数据采集的挑战主要包括但不限于以下几个方面。

(1) 面对的数据源多种多样。

(2) 面对的数据量巨大。

(3) 面对的数据变化快。

(4) 保证数据获取的可靠性。

(5) 避免重复数据。

(6) 保证数据的真实性。

(7) 过滤不需要的数据。

（8）利用在线处理技术对数据进行处理。

（9）自动生成元数据。

3.1.3 传统数据采集与大数据采集的比较

传统数据与大数据采集的比较如表 3-1 所示。

表 3-1 传统数据与大数据采集的比较

比 较 项	数据来源	数 据 量	数据类型	使用数据库
传统数据采集	数据来源单一	数据量相对较小	结构单一	关系数据库和并行数据库
大数据采集	数据来源广泛	数据量巨大	包括结构化数据、半结构化数据和非结构化数据	NoSQL、NewSQL 和 OldSQL 数据库

从表 3-1 中可以看出，传统数据采集的数据来源单一，且存储、管理和分析的数据量也相对较小，采用关系型数据库和并行数据库就可以完成处理。在依靠并行计算提升数据处理的速度方面，并行数据库技术追求高度的一致性和容错性。但 CAP 理论指出一个分布式系统不可能同时满足一致性、可用性和分区容错性三个系统需求，最多只能同时满足两个系统需求，即三中取二原则。而大数据的采集，针对大数据特点，存储管理使用了 NoSQL、NewSQL 和 OldSQL 数据库技术，可以完成各种类型数据的存储管理。

3.2 大数据采集的方法

不同应用领域的大数据，其特点、数据量、用户群体均不相同。根据不同领域数据源的物理性质及数据分析的目标采取不同的数据采集方法。常用的大数据采集方法主要可以分为三类：传感器、日志文件、网络爬虫。

3.2.1 传感器采集数据

传感器通常用于测量物理变量，一般包括声音、温度、湿度、距离、电流等，将测量值转换为数字信号，传送到数据采集点，让物体有了"触觉""味觉""嗅觉"等感官，慢慢变得"活"了起来。传感器常用于测量物理环境变量并将其转换为可读的数字信号以待处理。传感器包括声音、振动、化学、电流、天气、压力、温度和距离等类型。通过有线或无线网络，信息被传送到数据采集点。有线传感器网络通过网线收集传感器的信息，这种方式适用于传感器易于部署和管理的场景。

获取的数据是指已被转换为电信号的各种物理量，例如温度、水位、风速、压力等，这些物理量可以是模拟量，也可以是数字量。获取的方法一般是以采样的方式，采样频率遵循奈奎斯特定理。当采样频率大于信号中最高频率的 2 倍时，采样之后的数字信号能够完整地保留原始信号中的信息，进而减少了数据量。

除此之外，无线传感器网络（WSNs）利用无线网络作为信息传输的载体，适合于无电网供电或没有通信基础设施的场景。WSNs 通常由大量微小传感器节点构成，微小传感器由电池供电,被部署在指定的地点收集感知数据。当节点部署完成后,基站将发布网络配置/管理或收集命令,来自不同节点的感知数据将被汇集并转发到基站以待处理。

基于传感器的数据采集系统是一个信息物理系统。实际上,在科学实验中许多用于收集实验数据的专用仪器(如磁分光计、射电望远镜等)可以看作特殊的传感器。基于这个角度,实验数据采集系统同样是一个信息物理系统。

3.2.2　系统日志采集

日志文件数据一般由数据源系统产生,用于记录数据源执行的各种操作活动,例如网络监控的流量管理、金融应用的股票记账和 Web 服务器记录的用户访问行为。

日志是广泛使用的数据采集方法之一,由数据源系统产生,以特殊的文件格式来记录系统的活动。几乎所有在数字设备上运行都非常有用,例如 Web 服务器通常要在访问日志文件中记录网站用户的点击、键盘输入、访问行为以及其他属性。主要有三种类型的Web 服务器日志文件格式用于捕获用户在网站上的活动:通用日志文件格式(NCSA)、扩展日志文件格式(W3C)和 IIS 日志文件格式(Microsoft)。所有日志文件都是 ASCII文本格式。数据库也可以用来替代文本文件存储日志信息,以提高海量日志仓库的查询效率。其他基于日志文件的数据采集包括金融应用的股票记账和网络监控的性能测量及流量管理。与物理传感器相比,日志文件可以看作是"软件传感器",许多用户使用的实现数据采集的软件都属于这类。

很多互联网企业都有自己的海量数据采集工具,多用于系统日志采集,如 Hadoop 的Chukwa、Cloudera 的 Flume、Facebook 的 Scribe 等。这些工具均采用分布式架构,能满足每秒数百 MB 的日志数据采集和传输需求。

3.2.3　数据库采集系统

一些企业使用传统的关系型数据库 MySQL 和 Oracle 等来存储数据,除此之外,Redis 和 MongoDB 这样的 NoSQL 数据库也常用于数据采集。

数据库采集系统直接与企业业务后台服务相结合,将企业业务后台每时每刻都在产生的大量业务记录写入数据库中,最后由特定的处理分析系统进行系统分析。

Hive 是一个支持 PB 级的可伸缩性的数据仓库,这是一个建立在 Hadoop 平台之上的开源数据仓库解决方案。

3.2.4　网页数据采集

网页主要分为静态网页和动态网页。静态网页是网页设计者将网页数据直接写入HTML 中,无法进行数据更新,也就是说静态网页中的所有数据都呈现在 HTML 代码中。动态网页使用 AJAX 动态加载网页的数据动态地出现在 HTML 代码中,因此,动态网页的数据抓取技术更为复杂。

网络爬虫是网络数据采集的主要工具,是下载并存储网页的程序,可以通过网络爬虫等方式从网站上获取数据信息。该方法可以将非结构化数据从网页中抽取出来,将其存储在统一的本地数据文件中,并以结构化的方式存储。它支持图片、音频、视频等文件的采集。

网络爬虫的过程主要分为获取网页、解析网页和存储数据三部分,是按照一定的获取网页规则,自动抓取互联网数据的软件。

网络爬虫获取网页的过程首先是从一个或若干初始网页的 URL 开始,获得初始网页上的 URL,然后再抽取该网页的内容。

网络爬虫抓取一个网页过程如图 3-1 所示,其主要包含种子 URL(统一资源定位符)、待抓取的 URL 队列、已抓取的 URL 和已下载网页库等。

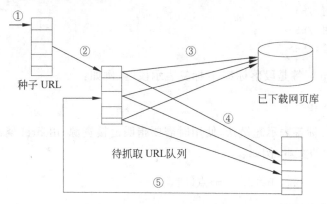

图 3-1　网络爬虫抓取网页过程

(1) 首先人工选取一部分种子 URL。

(2) 将这些 URL 放入待抓取的 URL 队列。

(3) 从待抓取的 URL 队列中取出待抓取的 URL,解析 DNS(Domain Name System,域名系统)得到主机 IP,并将 URL 对应的网页下载下来,存储到自己的网页库中。

(4) 将这些已抓取的 URL 放入已抓取的 URL 队列中。

(5) 分析已抓取网页中的其他 URL,并将 URL 放入待抓取的 URL 队列中,进行下一个循环。

可以看出,网络爬虫从一个或若干初始网页的 URL 开始,获得初始网页上的 URL,在抓取网页的过程中,不断从当前页面上抽取新的 URL 放入队列,直到满足系统的停止条件为止。

1. 网页数据获取基础

HTML 通过标记符号来标记要显示的网页中的各个部分。网页文件本身是一种文本文件,通过在文本文件中添加标记符,可以告诉浏览器如何显示其中的内容,包括文字如何处理、画面如何安排、图片如何显示等。浏览器按顺序阅读网页文件,然后根据标记符解释和显示其标记的内容。一个网页对应一个 HTML 文件,HTML 文件以.htm 或.html 为扩展名。标准的 HTML 文件都具有一个基本的整体结构,即 HTML 文件分为头部与实体两大部分。HTML 的标签可用于描述一个网页的结构,标签分为开始标签与结束标签。例如,<p> </p>需要把网页的数据内容封装到标签中,<p>为开始标签,</p>为结束标签。标签是闭合的,即由开始标签和结束标签组成,两者之间是需要显示的内容。

（1）HTML 常用的标签如下。

① h 标签。在 HTML 中，使用 h1~h6 标签来表示不同级别的标题，其中 h1 级别的标题字体最大，h6 最小，表示方法如下：

```
<h1>一级标题</h1>
<h2>二级标题</h2>
<h3>三级标题</h3>
<h4>四级标题</h4>
<h5>五级标题</h5>
<h6>六级标题</h6>
```

② p 标签。p 标签是段落标签，p 标签表示段落，例如：

```
<p>一个段落</p>
```

③ a 标签。a 标签表示超链接，使用时需要指明链接资源，由 href 属性指定链接的地址，在页面上显示的文本，例如：

```
<a href=http://www.baidu.com>点这里</a>
```

a 标签执行过程如下。

Step1：如果 a 标签的 href 属性值是以 http 开头，那么浏览器立刻启动 http 解释器去解释该网址，首先在本地机器去找一个 hosts 文件，如果在 hosts 文件上没有该域名对应的主机，那么浏览器就去到对应的 DNS 服务器去寻找该域名对应的主机号；如果找到了对应的主机，则该请求就发给对应的主机。

Step2：如果 a 标签的 href 属性值没有以任何协议开头，那么浏览就会启动 file 协议解释器去解释该资源路径。

Step3：如果 a 标签的 href 属性值并不是以 http 开始，而是其他的一些协议，那么这时候浏览器就回到本地的注册表中去查找是否有处理这种协议的应用程序，如果有，则启动该应用程序处理该协议。

④ img 标签。img 标签用来显示图像，使用 src 属性指定图像文件地址。可以使用本地文件，也可以指定互联网上的图片，例如，用来显示 Python ABC.jpg 图像：

```
<imgsrc="Python ABC.jpg "width="200" height="300"/>
```

⑤ table、tr 和 td 标签。在 HTML 中，table 标签用于创建表格，tr 标签用于创建行，td 标签用于创建单元格，例如：

```
<table BigData="1">
<tr>
    <td>第 1 行第 1 列</td>
    <td>第 1 行第 2 列</td>
</tr>
<tr>
```

```
        <td>第 2 行第 1 列</td>
        <td>第 2 行第 2 列</td>
    </tr>
</table>
```

⑥ ul、ol 和 li 标签。ul 标签用来创建无序列表,ol 标签用来创建有序列表,li 标签用来创建其中的列表项。例如:

```
<ulid="colors" name="color">
    <li>红色</li >
    <li>蓝色</li >
    <li>黄色</li >
</ul>
```

⑦ div 标签。div 标签可用于创建一个块,块中可以包含其他标签,例如:

```
<div id="yellowDiv" style="background-color:yellow">
    <ol>
        <li>红色</li >
        <li>蓝色</li >
        <li>黄色</li >
    </ol>
</div>
<div id="reddiv" style="background-color:red">
    <P>第 1 段</p>
    <P>第 2 段</p>
</div>
```

⑧ form 标签。form 标签用于为用户输入创建 HTML 表单。表单能够包含 input 元素,例如文本字段、复选框、单选框、提交按钮等,还可以包含菜单、表格等元素。表单用于向服务器传输数据。例如:

```
<form action="form_action.asp" method="get">
<p>First name: <input type="text" name="fname" /></p>
<p>Last name: <input type="text" name="lname" /></p>
<input type="submit" value="Submit" />
</form>
```

(2) JavaScript 基础

网页是单独的一个页面,网站是一系列相关的页面集合,应用程序可以实现与用户的交互,并完成某种需要的功能。

Java 是服务器端的编程语言,而 JavaScript 的解释器被称为 JavaScript 引擎,是浏览器的一部分。JavaScript 是可以由客户端浏览器解释执行的脚本语言,可以用来控制网页内容,进而为网页增加动态的效果。

可以在 HTML 的标签中直接添加 JavaScript 代码。例如,将下述代码保存在一个 index.html 文件中,并使用浏览器打开,单击"保存"按钮后,网页弹出提示"保存成功"

窗口。

```
<html>
    <body>
        <form>
            <input type "botton"="保存" onClick="alert('保存成功'):">
        </form>
    </body>
</html>
```

如果在网页中使用了 JavaScript 代码,则可以写在<script>标签中。例如,将下述代码保存在 index.html 文件中,并使用浏览器打开,在页面上显示出"动态内容"而不是"静态内容"。在这段代码中,<script></script>一对标签要放在<body></body>标签后面。否则由于页面还没有渲染完,获取指定的 ID 的 div 标签会失败。

```
<html>
    <body>
        <form>
            <input type "botton"="保存" onClick="alert('保存成功'):">
        </form>
    </body>
    <script type "text/javascript"
        document.getElementById("test").innerHTML "动态内容";
    </script>
</html>
```

如果一个网站中使用了较多的 JavaScript 代码,则可以将这些代码按功能分为不同的函数,并将这些函数封装到一个扩展名为 js 的文件中,然后在网页中使用。

2. 网页内容获取程序设计

Python 3.x 标准库 urllib 提供了 urllib.request、urllib.reponse、urllib.parse 和 urllib.error 模块,能够支持网页内容抓取功能。urllib 的 requests 模块可以非常方便地抓取 URL 内容,也就是发送一个 GET 请求到指定的页面,然后返回 HTTP 响应。requests 模块的基本方法如表 3-1 所示。

表 3-1　requests 模块的基本方法

方　　法	说　　明
requests.get()	获取 HTML 网页的主要方法,对应于 HTTP 的 GET
requests.head()	获取 HTML 网页头信息的方法,对应于 HTTP 的 HEAD
requests.post()	向 HTML 网页提交 POST 请求的方法,对应于 HTTP 的 POST
requests.put()	向 HTML 网页提交 PUT 请求的方法,对应于 HTTP 的 PUT
requests.patch()	向 HTML 网页提交局部修改请求,对应于 HTTP 的 PATCH
requests.delete()	向 HTML 页面提交删除请求,对应于 HTTP 的 DELETE

利用 requests 模块获取网页的方法如下。

1）获取网页的 HTML 内容

（1）get 函数。利用 requests 库中的 get 函数获取网页的 HTML 内容的程序如下：

```
import requests
ff=requests.get('http://……')
ff.encoding='utf-8'
print(ff)                #输出结果是指明返回回复数量,而非实际内容
print(ff.text)           #输出网页内容
```

requests. get 获取的内容是一个完整的 HTML 文档,不仅包括网页显示的信息,还包括 HTML 的标签等。requests. get 只适用于 GET 爬取网页的请求方式,可以用浏览器自带的功能进行检查。

（2）urlopen 函数。利用 urlib.request 中的 urlopen 函数获取网页的 HTML 内容,urlopen 函数可以用来打开一个置顶的 URL,打开成功之后,可以像读取文件一样使用 read()方法读取网页上的数据。由于读取的数据是二进制数据,所以需要使用 decode()方法进行正确的解码。利用 urlib.request 中的 urlopen 函数获取网页（网址为）的 HTML 内容程序如下：

```
import urlib.request
ffp=urlib.request. urlopen(r'……')
print(ffp.read(100))
print(ffp.read(100) . decode())
ffp.close()
```

2）BeautifulSoup 扩展库

BeautifulSoup 是一个优秀的 Python 扩展库,可以用来从 HTML 文件中提取数据,并允许指定不同的解释器去掉标签,进而完成网页数据采集。

（1）利用 BeautifulSoup 从 HTML 文件中提取数据。

html_sample 数据如下：

```
html_sample='\
<html>\
    <body>\
    <h1 id="title">hello Python</h1> \
    <a href="#"class="link">This is link1</a>\
    <a href="#"link2"class="link">This is link2</a>\
    </body> \
</html>\'
```

运行下述程序：

```
from bs4 import BeautifulSoup
soup=BeautifulSoup(html_sample,'html_parser')   #指定解析器 html_parser
print(soup)                                      #输出带标签的数据
```

```
print(soup.text)                                    #去掉标签,将其中的数据抽取出来
```

输出结果如下：

```
.<Html>.<body>.<h1 id="title">hello Python</h1><.a class="linkhref="#">
This is link1</a></a><class="link" href="#" link2">This is link2</a></body>
</html>
Hello PythonThis is link1 This is link2
```

（2）使用 select 找出含有 h1 标签的元素：

```
#使用 select 找出含有 h1 标签的元素
from bs4 import BeautifulSoup
html_sample='\
<html>\
    <body>\
    <h1 id="title">hello Python</h1>\
    <a href="#" class="link">This is link1</a>\
    <a href="#link2" class="link">This is link2</a>\
    <body>\
  <html>\'
soup=beautifulsoup(html_sample,'html_parser')       #指定解析器 html_sample
header=soup.select('h1')                             #选择了 h1 标签
print(header)                                        #回传 python 的一个列表
print(header[0])                                     #解开回传的 list,输入[0]时不用
                                                     #输入其两端的中括号

print(header[0].text)                                #只获取其中的文字
```

运行上述程序,输出结果如下：

```
[<h1 id="title">hello Python</h1>]
<h1 id="title">hello Python</h1>]
helloPython
```

（3）使用 select 找出含有 a 标签的元素：

```
soup=beautifulsoup(html_sample,'html_parser')       #指定解析器 html_sample

alinks=soup.select('a')                              #选择带 a 标签内容送至 alinks
print(alinks)                                        #输出带 a 标签的内容
for link in alinks:
    Print(link)                                      #输出带标签、不带方括号的内容
    Print(link.text)                                 #输出不带标签的内容
```

运行程序,输出结果如下：

```
[<a class="link" bref="#">This is link1</a><a class="link" href="#link2">
This is link2/a]
a class="link" href="#" This is link1</a>
```

```
This is link1
<a class="link" href="#link2">This is link2</a>
This is link2
```

（4）使用 select 找出含有 ID 为 title 的元素：

```
soup=BeautifulSoup(html_sample,'html.parser')  #选择 html.parser 解析器
alinks=soup.select('#title')                    #选择 title 标签,ID 前面需要加上#
print(alinks)
[\h1 id "title"/hello Python|\h1/]
```

（5）获取所有 a 标签内的超链接：

```
soup=BeautifulSoup(html_sample,'html.parser')   #选择 html.parser 解析器
alinks=soup.select('a')
for link in alinks:
    print(link)
    print(link['href'])       #用中括号取得其中内容,select 将取得大部分内容包装起来
<a class="link" href="#" This is link1</a>
#link1
<a class="link" href="#link2">This is link2</a>
#link2
```

（6）获得 a 标签中的不同属性值：

```
a='<a href="#" qoo=1234 abc=5678  i am a link </a>'
soup2=BeautifulSoup(a,'html.parser')
print(soup2, select('a'))                #输出 a 标签和 a 标签中的内容
print(soup2, select('a')[0])             #去掉中括号
print(soup2, select('a')[0]['href'])     #输出属性 href 内容#
```

其中 print(soup2，select('a')[0]['href'])的最后一个中括号内可以是两个单引号中的内容。

上面程序中最后一个中括号可以是'abc' 'qoo' 'href'，放入不同的属性名称，可以取得其对应的属性值。

```
[<a abc="5678" href="#" qoo="1234">I am a link</a>]
<a abc="5678" href="#" qoo="1234">I am a link</a>
#
#
```

3）BeautifulSoup 和 requests 结合使用

标准库 urllib 和扩展库 BeautifulSoup 结合使用，功能更强大，使用更灵活。

（1）获取主页信息：

```
import requests
from bs4 import beautifulsoup
ress1=requests. get('http://……')
```

```
ress1.encoding='utf-8'                              #避免中文乱码
ssoup1=beautifulsoup(ress1.text,'html.parser')
for news in ssoup1.select('.right-content')         #提取新闻标题、来源的全部列表
alinks=news.select('a'):
for link in alinks:
    tl=link.next
    a=link['href']
    print(tl,a)                                     #输出标题和超链接
```

（2）获取某篇文章的标题、日期、来源和正文等内容：

```
import requests
from bs4 import Beautifulsoup
ress2=requests. get('http://……')
ress2.encoding='utf-8'
ssoup2=beautifulsoup(ress2.text,'html.parser')

title=ssoup2.select('.main-title')[0].text          #获取标题
datesource=ssoup2.select('.date')[0].text           #获取日期
source=ssoup2.select('.source')[0].text             #获取来源
sourcelink=soup.select('.source')[0]['href']        #获取来源超链接
article=ssoup2.select('.article')[0].text           #获取正文内容
print(title, datesource, source, sourcelink, article)
```

（3）输出字符串型的 date 和时间型的 date：如果需要对时间数据进行类型转换，一个简单的方法是使用 datetime 包中的 strftime 方法。

```
fromdatetime import datetime
datesource="2020 年 5 月 10 日 16:45"
dt1=datetime.strftime(datesource,'% Y年% m月% d% 日% H:% M')
print(dt1)
type(dt1)
```

输出结果如下：

```
2020-05-10 16:45:00
<class'datetime.datetime>
```

4）抓取正文内容

在对网页的文本进行提取时，通常将文本分为多个段落，即有多个标签。例如，某网页的正文存放在 ID 为 artibody 的 div 标签内，每一段分成一个 p 标签。获取该网页正文的全部内容的代码如下：

```
import requests
from bs4 import Beautifulsoup
ress3=requests. get('http://……')
```

```
ress3.encoding='utf-8'
```

```
soup3=Beautifulsoup(ress3.text,'html.parser')
title=ssoup3.select('#artibody')[0].text
print(title)
```

3. 通用网络爬虫

通用网络爬虫又称为全网爬虫,其可将爬行对象从一些种子 URL 扩充到整个 Web,主要为门户站点搜索引擎和大型 Web 服务采集数据。这类网络爬虫的数量和爬行范围巨大,要求爬行速度快和存储空间大,对于爬行页面的顺序要求较低。其通常采用并行工作方式,但需要较长时间才能刷新一次页面。通用网络爬虫适用于搜索广泛的主题,有较强的应用价值。下面进行详细介绍。

1)爬行策略

网页的爬行策略可以分为深度优先搜索策略、广度优先搜索策略、最佳优先搜索策略和反向链接数四种,其中广度优先搜索策略和最佳优先搜索策略是经常使用的方法。

(1)深度优先搜索策略。深度优先搜索策略的搜索过程是从起始网页开始,选择一个 URL 进入,分析这个网页中的 URL,再选择另一个进入,如此一个链接一个链接地抓取下去。深度优先搜索策略的遍历策略是指网络爬虫从起始页开始,一个链接一个链接跟踪下去,处理完这条线路之后再转入下一个起始页,继续跟踪链接。如图 3-2 所示,其遍历的路径为 A→F→G→E→H→I→B→C→D。

深度优先搜索策略设计较为简单,这种策略的抓取深度直接影响抓取命中率以及抓取效率,而抓取深度是该种策略的关键。相对于其他几种策略而言,深度优先搜索策略使用得较少。

(2)广度优先搜索策略。广度优先搜索策略是指在抓取过程中,在完成当前层次的搜索后,才进行

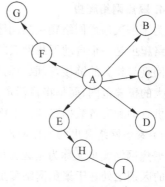

图 3-2　深度优先搜索策略的遍历路径

下一层次的搜索。为了覆盖尽可能多的网页,一般使用广度优先搜索策略。广度优先搜索策略的遍历策略的基本思路是将新下载网页中发现的链接直接插入待抓取 URL 队列的末尾,也就是指网络爬虫会先抓取起始网页中链接的所有网页,然后选择其中的一个链接网页,继续抓取在此网页中链接的所有网页。还是以图 3-2 为例,广度优先搜索策略的遍历路径为 A→B→C→D→E→F→G→H→I。

将广度优先搜索策略应用于爬虫中的基本思想与初始 URL 在一定链接距离内的网页具有主题相关性的概率很大。另外一种应用是将广度优先搜索策略与网页过滤技术结合使用,先用广度优先搜索策略抓取网页,再将其中无关的网页过滤掉。这些方法的缺点是随着抓取网页的增多,大量的无关网页将被下载并过滤,降低了算法的效率。

(3)最佳优先搜索策略。最佳优先搜索策略按照一定的网页分析算法,预选 URL 与目标网页的相似度接近或与主题的相关性强,并选取评价最好的一个或几个 URL 进行抓取,

它只访问经过网页分析算法预测为有用的网页。但是这种方法的问题是在爬虫抓取路径上的很多相关网页可能被忽略。这就表现出最佳优先搜索策略是一种局部最优搜索算法,避免或跳出了局部最优点。

(4)反向链接数策略。反向链接数是指一个网页被其他网页链接指向的数量。反向链接数表示的是一个网页的内容受到其他人的推荐程度,搜索引擎的抓取系统使用这个指标来评价网页的重要程度,从而决定不同网页的抓取先后顺序。

2)通用网络爬虫的问题

通用网络爬虫是一个辅助检索信息的工具,现已成为用户访问互联网的入口,但是通用网络爬虫也存在下述的问题。

(1)不同领域、不同背景的用户具有不同的检索目的和需求,而通用网络爬虫所返回的结果可能含有大量用户并不需要的网页。

(2)通用网络爬虫的目标是获得尽可能大的网络覆盖率,从而造成了有限的网络爬虫服务器资源与无限的网络数据资源之间的冲突。

(3)图片、数据库、音频、视频多媒体等不同类型的非结构化数据大量出现,通用网络爬虫对这些密集数据的获取出现了困难。

(4)通用网络爬虫主要提供基于关键字的检索,难以支持基于语义信息的查询。

4. 聚焦网络爬虫

为了解决通用网络爬虫的问题,定向抓取相关网页资源的聚焦网络爬虫应运而生。聚焦网络爬虫是一个自动下载网页的程序,可以根据既定的抓取目标,有选择性地访问互联网上的网页与相关的链接,获取所需要的信息。聚焦网络爬虫与通用网络爬虫不同,前者并不追求大的覆盖范围,而是将目标定为抓取与某一特定主题内容相关的网页,为面向主题的用户提供查询和准备数据资源。下面进行详细介绍。

1)聚焦网络爬虫的工作原理

聚焦网络爬虫又称为主题爬虫,是面向特定主题的一种网络爬虫程序。它与通用网络爬虫的区别之处在于聚焦网络爬虫在实施网页抓取时要进行主题筛选,尽量保证只抓取与主题相关的网页信息。也就是说,其是有选择性地“爬行”进那些与预先定义好的主题相关页面的网络爬虫。聚焦网络爬虫节省了硬件和网络资源,保存的页面也由于数量少而更新快,可以很好地满足一些特定人群对特定领域信息的需求。

聚焦网络爬虫需要根据网页分析算法过滤掉与主题无关的链接,保留有用的链接,并将其放入等待抓取的 URL 队列,然后根据一定的搜索策略从队列中选择下一步要抓取的网页URL,并重复上述过程,直到达到系统的某一条件时停止。此外,所有被爬虫抓取的网页都将被系统存储,进行一定的分析、过滤,并建立索引,以便之后进行查询和检索。对于聚焦网络爬虫来说,这一过程所得到的分析结果还可能对以后的抓取过程给出反馈和指导。

2)聚焦爬行策略

评价页面内容和链接的重要性是聚焦网络爬虫爬行策略实现的关键,由于不同的方法计算出的重要性不同,导致相关链接的访问顺序也不同。其主要有以下几种爬行策略。

(1)基于内容评价的爬行策略。这是将文本相似度的计算算法引入网络爬虫中而提出的算法,这种算法将用户输入的查询词作为主题,包含查询词的页面与主题相关,利用空间向量模型计算页面与主题的相关度大小。

（2）基于链接结构评价的爬行策略。Web 页面是一种半结构化文档，包含很多结构信息，可用来评价链接的重要性。PageRank 算法最初用于搜索引擎信息检索中，对查询结果进行排序，也可用于评价链接的重要性，具体做法就是每次选择 PageRank 值较大的页面链接来访问。

（3）基于增强学习的爬行策略。该策略将增强学习引入聚焦网络爬虫，利用贝叶斯分类器，根据整个网页文本和链接文本对超链接进行分类，为每个链接计算出重要性，从而决定链接的访问顺序。

（4）基于语境图的爬行策略。可以利用一种通过建立语境图学习网页之间的相关度，训练一个机器学习系统，通过该系统可计算当前页面到相关 Web 页面的距离，距离越近的页面中的链接优先访问。例如，聚焦网络爬虫对主题的定义既不是采用关键词也不是加权矢量，而是一组具有相同主题的网页。它包含两个重要模块：一个是分类器，用来计算所爬行的页面与主题的相关度，确定是否与主题相关；另一个是净化器，用来识别通过较少链接连接到大量相关页面的中心页面。

3）聚焦网络爬虫的类型

聚焦网络爬虫主要分为浅聚焦网络爬虫和深聚焦网络爬虫两大类。这两种网络爬虫与通用网络爬虫的关系如图 3-3 所示。

图 3-3　三种网络爬虫的关系

浅聚焦网络爬虫可以看成是将通用网络爬虫局限在一个单一主题的网站上，通常所说的聚焦网络爬虫大多是指深聚焦网络爬虫。

（1）浅聚焦网络爬虫。浅聚焦网络爬虫是指爬虫程序抓取特定网站的所有信息，其工作方式和通用网络爬虫几乎一样，唯一的区别是种子 URL 的选择确定了抓取内容，因此，其核心是种子 URL 的选择。浅聚焦网络爬虫从一个或若干初始网页的 URL 开始，获得初始网页上的 URL，在抓取网页的过程中，不断从当前页面上抽取新的 URL 放入队列，直到满足系统的停止条件。其工作流程如图 3-4 所示。

浅聚焦网络爬虫的原理与通用网络爬虫的原理相同，其特点是选定种子 URL。例如，要抓取招聘信息，可以将招聘网站的 URL 作为种子 URL。使用主题网站可以保证抓取内容与主题相一致。

（2）深聚焦网络爬虫。深聚焦网络爬虫是指在海量的不同内容网页中，通过主题相关度算法选择与主题相近的 URL 和内容进行爬取，因此，其核心是如何判断所爬取的 URL 和页面内容是否与主题相关。深聚焦网络爬虫主要的特点是主题一致性，常用下述方法来达

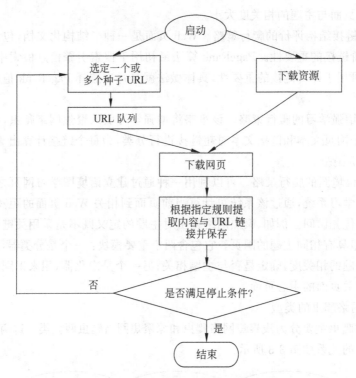

图 3-4　浅聚焦网络爬虫的工作流程

到这个目标。

① 针对页面内容的方法。针对页面内容的方法是不管页面的主题是什么,先将页面爬取下来,然后对页面进行简单的去噪,利用关键字及分类聚类算法等提取策略对处理后的页面内容进行主题提取,最后与设定好的主题相比较。如果与主题一致,或在一定的阈值内,则保存页面,并进一步进行数据清洗。如果主题偏差超过阈值,则直接丢弃页面。这种方式的优点是链接页面全覆盖,不会出现数据遗漏,但缺点是全覆盖的页面有很大一部分是与主题无关的废弃页面,这就拖慢了采集数据的速度。

② 针对 URL 的方法。浅聚焦网络爬虫的核心是选定合适的种子 URL,这些种子 URL 是主题网站的入口 URL。互联网上的网站或者网站的一个模块大部分都有固定主题,并且同一网站中的同一主题的页面 URL 都有一定的规律可循。针对这种情况,可以通过 URL 预测页面主题。此外,页面中绝大部分超链接都带有对目标页面的概括性描述的锚文本,结合对 URL 的分析和对锚文本的分析,就可以提高对目标页面进行主题预测的正确率。由此可见,针对 URL 的主题预测策略可以有效地减少不必要的页面下载,节约下载资源,加快下载速度。然而这种预测结果并不能完全保证丢弃的 URL 都是与主题无关的,因此会出现遗漏。同时,这种方式也无法确保通过预测的页面都与主题相关,因此需要对通过预测的 URL 页面进行页面内容主题提取,再对比设定的主题做出取舍。

通过上面的分析,一般的解决方法是先通过 URL 分析,丢弃部分 URL。下载页面后,对页面内容进行主题提取,与预设定的主题比较来取舍,最后对留下的页面内容进行数据清洗。

5. 数据抓取目标的定义

数据抓取目标的定义是网页分析算法与 URL 搜索策略选择的基础,而网页分析算法和候选 URL 排序算法是决定搜索引擎所提供的服务形式和爬虫网页抓取行为的关键,爬虫对抓取的目标可按照基于目标网页特征、基于目标数据模式和基于领域概念来定义。

1) 基于目标网页特征

(1) 页面类型。网页从爬虫的角度可以将互联网的所有页面分为如图 3-5 所示的五种类型。

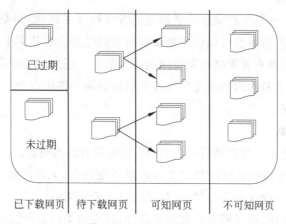

已过期　　未过期

已下载网页　　待下载网页　　可知网页　　不可知网页

图 3-5　五种页面类型

① 已下载未过期网页:顾名思义是指网页已下载,但并没有过期的网页。

② 已下载并且已过期网页:抓取到的网页实际上是互联网内容的一个镜像与备份,互联网是动态变化的,互联网上的一部分内容已经发生了变化,这时,这部分抓取到的网页就已经过期了。

③ 待下载网页:是待抓取的 URL 队列中的页面。

④ 可知网页:还没有抓取下来,也没有在待抓取的 URL 队列中,但是可以通过对已抓取页面或者待抓取的 URL 对应页面进行分析获取到的 URL,被认为是可知网页。

⑤ 不可知网页:这部分网页,爬虫无法直接抓取下载,称为不可知网页。

可以看出,不仅需要分析出需要抓取的网页,还需要确定如何抓取。

(2) 抓取方式。根据种子样本情况,抓取方式可分为以下几种。

① 预先给定的初始抓取种子样本。

② 预先给定的网页分类目录和与分类目录对应的种子样本。

③ 通过用户行为确定的抓取目标样例。

2) 基于目标数据模式

基于目标数据模式的爬虫针对的是网页上的数据,所抓取的数据一般要符合一定的模式,或者可以转化或映射为目标数据模式。

3) 基于领域概念

另一种描述方式是建立目标领域的本体或词典,用于从语义角度分析不同特征在某一主题中的重要程度。

6. 更新策略

互联网实时变化，突显了动态性。网页更新策略主要决定何时更新已经下载的页面，常用的策略有以下三种。

1）历史参考策略

历史参考策略是根据页面的历史来更新数据，预测页面未来何时发生变化，通常是使用泊松过程进行建模与预测。

2）用户体验策略

尽管搜索引擎针对某个查询条件能够返回数量巨大的结果，但是用户往往只关注前几页的结果。因此，抓取系统可以优先更新那些查询结果在前几页中的网页，而后再更新那些后面的网页。这种更新策略也需要用到历史信息。用户体验策略保留网页的多个历史版本，并且根据过去每次内容的变化对搜索质量的影响得出一个平均值，用这个值作为何时重新抓取的依据。

3）聚类抽样策略

前面提到的两种更新策略都有一个前提：需要网页的历史信息。这样就存在两个问题：第一，系统要是为每个系统保存多个版本的历史信息，无疑增加了很多的系统负担；第二，要是新的网页完全没有历史信息，就无法确定更新策略。

在聚类抽样策略中，由于网页具有很多属性，具有相类似属性的网页的更新频率也相类似。要计算某一个类别网页的更新频率，只需要对这一类网页进行抽样，以它们的更新周期作为整个类别的更新周期。聚类抽样策略如图 3-6 所示。

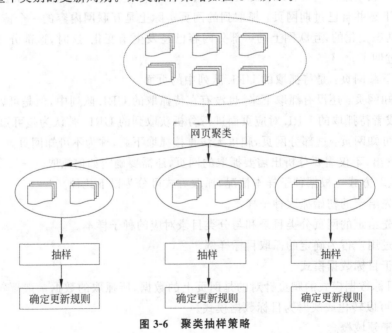

图 3-6 聚类抽样策略

7. 分布式爬虫的系统结构

数据抓取系统需要从整个互联网上数以亿计的网页中采集数据,因此,单一的抓取程序不可能完成这样巨大的任务量,需要多个数据抓取程序并行处理。分布式爬虫的系统结构如图 3-7 所示,其通常是一个分布式的三层结构。基于各服务的分工不同,又可分为主从式结构和对等式结构,如下所述。

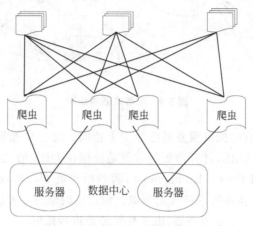

图 3-7　分布式爬虫的系统结构

1）主从式

主从式基本结构如图 3-8 所示。

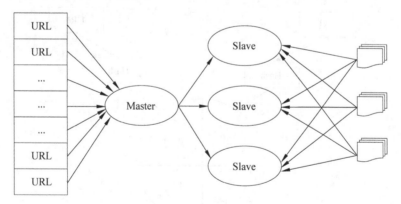

图 3-8　主从式基本结构

对于主从式基本结构,有一台专门的 Master 服务器来维护待抓取的 URL 队列,它负责每次将 URL 分发到不同的 Slave 服务器,而 Slave 服务器则负责实际的网页下载工作。Master 服务器除了维护待抓取 URL 队列以及分发 URL 之外,还要负责调解各个 Slave 服务器的负载情况,以免某些 Slave 服务器过于清闲或者劳累。在这种模式下,Master 往往成为系统瓶颈。

2）对等式

对等式基本结构如图 3-9 所示。

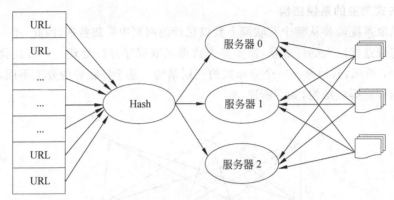

图 3-9   对等式基本结构

在这种模式下,所有的抓取服务器在分工上相同。每一台抓取服务器都可以从待抓取的 URL 队列中获取 URL,计算得到的数就是处理该 URL 的主机编号。

例如,假设对于 URLwww.baidu.com,计算器哈希值 $H=8$,$m=3$,则 H mod m$=2$,因此由编号为 2 的服务器进行该链接的抓取。假设这时候是 0 号服务器拿到这个 URL,那么它将把该 URL 转给 2 号服务器,由 2 号服务器进行抓取。

这种模式的问题在于当有一台服务器死机或者添加新的服务器时,所有 URL 的散列求余的结果就都要变化。也就是说,这种方式的扩展性不佳。对于这种情况的改进方案是用一致性哈希法来确定服务器分工,其基本结构如图 3-10 所示。

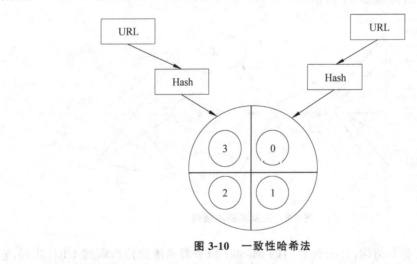

图 3-10   一致性哈希法

一致性哈希将 URL 的主域名进行哈希运算,映射为范围在 $0 \sim 2^{32}$ 的一个数,而将这个范围平均分配给 m 台服务器,根据 URL 主域名哈希运算的值所处的范围判断是哪台服务器来进行抓取。如果某一台服务器出现问题,那么由该服务器负责的网页则按照顺时针顺延,由下一台服务器进行抓取。这样即使某台服务器出现问题,也不会影响其他服务器的工作。

3.3　大数据存储架构与系统

　　大数据存储架构主要有数据采集、清洗建模、大数据存储管理、数据操作(增、删、改、查询和数据同步)等功能。由于大数据处理多层数据源、数据的异构性、非结构化、分布式计算环境等特点,所以大数据的存储系统设计远比关系数据库系统设计复杂。目前的大数据的存储架构主要由数据层、分布式文件系统、大数据库系统和统一数据读取界面组成,如图 3-11 所示。

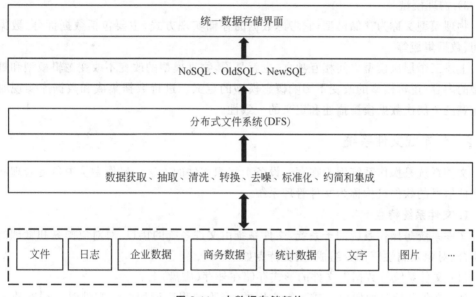

图 3-11　大数据存储架构

3.3.1　数据层

　　数据层主要完成数据采集、预处理和数据建模等工作。

1. 数据预处理

　　基于大数据的 5V 特点使得原始数据很难直接存入数据库,原始数据的格式不能够被数据处理平台识别与处理。而且由于脏数据的存在,数据质量参差不齐等问题,导致在构建数据库或数据仓库之前就需要对原始数据完成预处理,即数据获取、抽取、清洗、转换、去噪、标准化、约简和集成工作等。

2. 数据建模

　　除此之外,数据层的另一项主要工作是数据建模。数据建模是对实体数据(或用户对数据功能的描述)建立一个抽象模型,包括元数据、数据结构属性、值域、关联关系、一致性、时效性等元素。数据模型是数据存储结构设计、数据库设计和计算模型的参考依据。数据模型分为三个层次。

1）概念模型

概念模型主要是基于用户的数据功能需求产生,通过与客户的交流获得对客户业务要素、功能和关联关系的理解,从而定义出该业务领域内对应上述业务要素和功能的实体类。概念建模阶段并不注重实体实现的细节和存储方式,而是注重能够表达反映客户数据需求和支撑业务流程的数据实体及相互间的关联关系。

2）逻辑模型

逻辑模型比概念模型给出更多的数据实体细节,包括主键、外键、属性索引、约束及视图,并以数据表、数据列、值域、面型对象类、XML标签等形式来描述。

3）物理模型

物理模型又称为存储模型,它考虑数据的存储实现方式,主要包括数据拆分、数据表空间、数据集成等。

上述三个层次模型之间相互独立,也就是说,物理模型的改变不改变逻辑模型和概念模型的内容,逻辑模型的改变不影响概念模型的定义。进行数据集成和数据库实现时需要注意三个层次数据模型描述和定义的一致性。

3.3.2 分布式文件系统

文件系统是操作系统用于在存储设备上组织文件的方法。操作系统中负责管理和存储文件信息的软件机构称为文件管理系统。

1. 文件系统特点

文件系统是操作系统的子系统,文件系统由文件系统的接口、对对象操纵和管理的软件集合、对象及属性三部分组成,主要特点如下。

（1）文件系统将数据以文件的形式存储在外存（磁盘）上。

（2）文件系统是面向单个或一组应用的,当不同程序调用同一文件时必须新建一个相对应的文件,进而使数据冗余度增大,如图3-12所示。

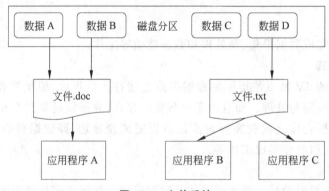

图 3-12　文件系统

（3）文件系统是以文件为单位的共享,这就有可能造成数据间不相融与不一致性。

（4）在数据管理上,文件系统采用基于操作系统的存取方法进行管理。

分布式文件系统是分布操作系统的子系统。分布式文件系统是指文件系统管理的物理存储资源不一定直接连接在本地节点上,而是通过计算机网络与节点相连。分布式文件系统的设计是基于客户机/服务器模式,而且一个典型的网络可能包括多个供多用户访问的服务器,对等特性允许一些系统扮演客户机和服务器的双重角色。例如,用户可以发表一个允许其他客户机访问的目录,一旦被访问,这个目录对客户机来说就像使用本地驱动器一样。HDFS 和 GFS 分布文件系统是常用的分布式文件系统。

分布式文件系统可以有效解决数据的存储和管理问题,可将固定于某个地点的某个文件系统扩展到任意多个地点/文件系统,众多的节点组成一个文件系统网络。每个节点可以分布在不同的地点,通过网络进行节点间的通信和数据传输。用户在使用分布式文件系统时,不必知道数据是存储在哪个节点上,或者是从哪个节点获取的,只需要像使用本地文件系统一样管理和存储文件系统中的数据即可。

2. 分布式文件系统的评价准则

判断一个分布式文件系统的优劣,要依据以下三个因素。

1) 数据的存储方式

例如有 1000 万个数据文件,可以在一个节点存储全部数据文件,在其他 N 个节点上每个节点存储($1000/N$)万个数据文件作为备份;或者平均分配到 N 个节点上存储,每个节点上存储($1000/N$)万个数据文件。数据的存储方式有多种,不同的存储方式,安全和方便程度不同。

2) 数据的读取速率

数据的读取速率包括响应用户读取数据文件的请求,定位数据文件所在的节点,读取实际硬盘中数据文件的时间,不同节点间的数据传输时间以及一部分处理器的处理时间等。分布式文件系统中数据的读取速率不能与本地文件系统中数据的读取速率相差太大。例如,在本地文件系统中打开一个文件需要 2s,而在分布式文件系统中各种因素的影响下用时超过 10s,就严重影响了用户的使用体验。

3) 数据的安全机制

由于数据分散在各个节点中,必须要采取冗余、备份、镜像等方式保证当节点出现故障时,能够迅速完成数据的恢复,确保数据安全。

3. HDFS 文件系统

HDFS 文件系统是最常用的分布式文件系统之一。

1) HDFS 文件系统架构

HDFS 文件系统架构是一个典型的主/从架构,主要包括一个 NameNode 节点(主节点)和多个 DataNode 节点(从节点),并提供应用程序访问接口,如图 3-13 所示。NameNode 节点是整个文件系统的管理节点,它负责文件系统命名空间(Namespace)的管理与维护,同时负责客户端文件操作的控制以及具体存储任务的管理与分配;DataNode 节点提供文件数据的存储服务。

2) HDFS 中的数据

在 HDFS 中有两种类型数据:一种是文件数据;另一种是元数据。

(1) 文件数据。文件数据是指用户保存在 HDFS 上的文件的具体内容,HDFS 将用户保存的文件按照固定大小(用户可设置,通常是 64MB)进行分块(每一块简称为一个

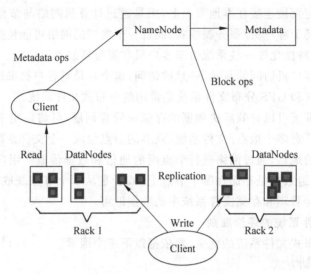

图 3-13　HDFS 文件系统架构

Block),保存在各个 DataNode 上。每一个块可以有多个副本(Replication),具体个数可以由用户指定(通常是 3 个)。相同块对应的副本通常保存在不同的 DataNode 节点上,通过副本机制可以有效保证文件数据的可靠性。

（2）元数据。元数据(Metadata)是指数据的数据,HDFS 与传统的文件系统一样,提供了一个分级的文件组织形式来维护这个文件系统所需的信息(不包括文件的真实内容)就称为 HDFS 的元数据。元数据由 NameNode 进行维护和管理,NameNode 在启动时,将从磁盘加载元数据文件到内存,并且等待 DataNode 上报其他元数据信息,形成最终的元数据结构。由于 NameNode 是单节点,一旦 NameNode 无法正常服务,将导致整个 HDFS 无法正常服务。

3.4　基于大数据的数据库系统

随着结构化数据和非结构化数据量的持续增长,以及数据来源的多样化,现有的关系数据库管理系统已经无法满足大数据存储管理的需要。基于大数据的数据库系统应运而生。大数据存储管理技术与大数据库如下所述。

3.4.1　大数据存储管理技术

在大数据管理技术中,主要有 6 种数据管理技术,即分布式存储与计算、内存数据库技术、列式数据库技术、云数据库、NoSQL 技术、移动数据库技术。其中分布式存储与计算最受关注。

分布式存储与计算成为最受关注的数据管理新技术,使用比例达到 29.86%;其次是内存数据库技术,占到 23.30%;云数据库排名第三,比例为 16.29%。此外,列式数据库技术、NoSQL 技术也获得较多关注。统计结果表明,以 Hadoop 为代表的分布式存储与计算已成为大数据的关键技术。6 种主要的大数据存储管理技术简介如下。

（1）分布式存储与计算可以使大量数据以一种可靠、高效、可伸缩的方式进行处理。因为以并行的方式工作，所以数据处理速度相对较快，且成本较低，Hadoop 和 NoSQL 都属于分布式存储技术。硬件的迅速发展是新的数据库模型的最大推动力。多年来，磁盘存储经历了摩尔定律的发展，现已实现了将数千块几 TB（2^{40} bytes）容量的 PC 硬盘连接起来，建立起 PB（2^{50} bytes）级甚至 EB（2^{60} bytes）级容量的数据库。由于这些硬盘可以通过网络或本地连接，因此促进了分布数据库和联合数据库的发展。

（2）内存数据库技术可以作为单独的数据库使用，还能为应用程序提供即时的响应和高吞吐量。

（3）列式数据库技术的特点是可以更好地应对海量关系数据中列的查询，占用更少的存储空间，是构建数据仓库的理想架构之一。

（4）云数据库可以不受任何部署环境的影响，随意地进行拓展，进而为客户提供满足其需求的虚拟容量，并实现自助式资源调配和使用计量。

（5）NoSQL 技术适合于庞大的数据量、极端的查询量和模式演化。NoSQL 具有高可扩展性、高可用性、低成本、可预见的弹性和架构灵活性的优势。

（6）随着智能移动终端的普及，对移动数据实时处理和管理要求不断提高，移动数据库技术具有平台的移动性、频繁的断接性、网络条件的多样性、网络通信的非对称性、系统的高伸缩性和低可靠性以及电源能力的有限性等特点。

3.4.2　大数据库

基于应用的架构角度出发，可以将数据库归纳为 OldSQL、NewSQL 和 NoSQL 数据库架构。OldSQL 数据库是指传统的关系数据库；NoSQL 是指非结构化数据库；而 NewSQL 是介于 OldSQL 数据库和 NoSQL 两者之间的数据库。其中 OldSQL 适用于事务处理应用，NewSQL 适用于数据分析应用，NoSQL 适用于互联网应用。三种类型数据库的功能如图 3-14 所示。

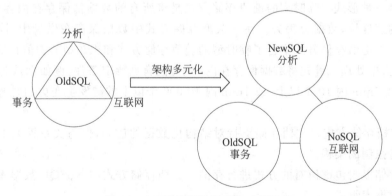

图 3-14　三种类型数据库的功能划分

NoSQL、NewSQL 和不同数据库架构的混合应用模式如下所述。

1. NoSQL

NoSQL 是 Not Only SQL 的英文简写,是不同于传统的关系型数据库的数据库管理系统的统称。NoSQL 出现于 1998 年,主要指非关系型、分布式、不提供 ACID 特性的数据库设计模式。NoSQL 强调键值存储和文档数据库。

NoSQL 代表了一系列的、不同类型的相互关联的数据存储与处理的技术的集合。NoSQL 与 SQL 的数据库显著的区别是 NoSQL 不使用 SQL 作为查询语言。其数据存储不使用固定的表格模式,具有横向可扩展性的特征。

1) NoSQL 数据库特点

CAP 理论、BASE 模型和最终一致性是 NoSQL 数据库存在的三大基石,主要特点如下。

(1) 运行在 PC 服务器集群上。

(2) 不需要预定义数据模式和预定义表结构。

(3) 无共享架构,将数据划分后存储在各个本地服务器上。因为从本地磁盘读取数据的性能往往好于通过网络传输读取数据的性能,从而提高了系统的性能。

(4) 将数据进行分区,分散存储在多个节点。并且分区的同时还要做复制,这样既提高了并行性能,又可以避免单点失效的问题。

(5) 设计了透明横向扩展。可以在系统运行的时候动态增加或者删除节点。不需要停机维护,数据可以自动迁移。

(6) 保证最终一致性。

2) NoSQL 的主要存储方式

在 NoSQL 数据库中,最常用的存储方式有文档存储、列存储、键值存储、对象存储、图形存储和 XML 存储等,其中键值式存储、文档式存储和列存储是最常用的存储方式,下面分别进行介绍。

(1) 键值存储方式。键值存储方式是 NoSQL 数据库中最常用的存储方式,键表示地址,值为被存储的数据。这种存储方式具有极高的并发读写性能,可以分为临时型、永久型和混合型三种形式。临时型的键值存储方式是将所有的数据都保存在内存中,这样存储和读取的速度快,数据会丢失。在永久型存储方式中数据保存在磁盘中,读取的速度慢。混合型的键值存储方式集合了临时型的键值存储方式和永久型的键值存储方式的特点,进行了折中处理。首先将数据保存在内存中,在满足特定条件,例如默认为 15min 内1 个以上,或 5min 内 10 个以上,或 1min 内 10 000 个以上的键发生变更的时候将数据写入硬盘中。

(2) 文档存储方式。文档存储支持对结构化数据的访问,但与关系模型不同的是文档存储没有强制的架构。

文档存储以封包键值对的方式进行存储。文档存储方式的 NoSQL 数据库主要由文档、集合、数据库组成。

例如,文档数据库(MongoDB)中的一个文档为:

```
{
"name":"zhang",
```

```
"scores":[75,99,87.2]
    }
```

（3）列存储方式。列存储方式是以列为单位来存储数据的。其最大的特点是如果列值不存在就不存储，能够避免浪费空间。列存储是从第一列开始，到最后一列结束。列存储的读取是列数据集中的一段或者全部数据，写入时，一行记录被拆分为多列，每一列数据追加到对应列的末尾处。

例如，一张表包含以下各列：名字（name）、邮编（post_code）、性别（gender）信息。

```
Name: liuming
post_code: 100083
gender: male
```

同一张表中的另一组数据：

```
Name: liyong
post_code: 102200
```

第一个数据的行键为 1，第二个数据的行键为 2。数据按列族存储。列族 name 的成员包括列 Name，列族 location 的成员包括 post_code，列族 profile 的成员包括 gender。则底层由 3 个存储桶组成：Name、location 和 profile。

列族 Name 桶的列值：

```
Forrow-key: 1
Name: liuming
Forrow-key: 2
Name: liyong
```

列族 location 桶的列值：

```
Forrow-key: 1
post_code: 100083
Forrow-key: 2
post_code: 102200
```

列族 profile 桶的列值：

```
Forrow-key: 1
gender: male
```

同一行键的所有数据存储在一起。列族可以代表成员列的键，而行键代表整条数据的键。

Cassandra 数据库、HBase 数据库和 Hypertable 数据库都是列存储方式的 NoSQL 数据库。

3）MongoDB 数据库

MongoDB 是一个高性能、开源、无模式自由的文档型数据库，是当前 NoSQL 数据库中最常用的一种数据库，采用了键值存储的存储方式。

MongoDB 主要解决的是海量数据的访问效率问题。根据资料记载,当数据量达到 50GB 以上的时候,MongoDB 的数据库访问速度是 MySQL 的 10 倍以上。但 MongoDB 的并发读写效率不是特别出色,性能测试表明,大约每秒可以处理 0.5 万～1.5 万次读写请求。MongoDB 还自带了一个出色的分布式文件系统 GridFS,可以支持海量的数据存储。

MongoDB 最大的特点是查询语言功能强大,其语法类似于面向对象的查询语言,几乎可以实现类似关系数据库单表查询的绝大部分功能,而且还支持对数据建立索引。MongoDB 是比较常用的一种 NoSQL 数据库。

(1) 主要特点。

① 面向集合存储:文档以分组的方式存储在数据集中,一组称为一个集合。每个集合在数据库中都有一个唯一的标识名,并且可以包含无限数目的文档。集合的概念类似关系型数据库中的表,不同的是它不需要定义任何模式。

② 模式自由:对于存储在 MongoDB 数据库中的文件,不需要知道它的任何结构定义,例如下面两条记录可以存在于同一个集合中:

```
{"welcome":"Big data"}
{"age":25}
```

③ 文档型:存储的数据是键值对的集合,键是字符串,值可以是数据类型集合中的任意类型,包括数组和文档。这个数据格式称作 BSON(Binary Serialized Document Notation)。

(2) MongoDB 的功能。

① 面向集合的存储:适合存储对象及 JSON 形式的数据。

② 动态查询:MongoDB 支持丰富的查询表达式。查询指令使用 JSON 形式的标记,可轻易查询文档中内嵌的对象及数组。

③ 完整的索引支持:包括文档内嵌对象及数组。MongoDB 的查询优化器会分析查询表达式,并生成一个高效的查询计划。

④ 查询监视:MongoDB 包含一系列监视工具用于分析数据库操作的性能。

⑤ 复制及自动故障转移:MongoDB 数据库支持服务器之间的数据复制,支持主从模式及服务器之间的相互复制。复制的主要目标是提供冗余及自动故障转移。

⑥ 高效的存储方式:支持二进制数据及大型对象(如照片或图片)。

⑦ 自动分片:自动分片功能支持水平的数据库集群,可动态添加额外的计算机。

(3) 适用场合。

① 网站数据:MongoDB 非常适合实时插入、更新与查询,并具备网站实时数据存储所需的复制及高度伸缩性的要求。

② 缓存数据:由于性能高,MongoDB 也适合作为信息基础设施的缓存层。在系统重启后,由 MongoDB 搭建的持久化缓存层可以避免下层的数据源过载。

③ 大尺寸、低价值的数据:使用传统的关系型数据库存储一些数据时可能会比较昂贵,在此之前,很多时候程序员往往会选择文件进行存储。

④ 高伸缩性的场景：MongoDB 非常适合由数十或数百台服务器组成的数据库。MongoDB 的路线图中已经包含对 MapReduce 引擎的内置支持。

⑤ 用于对象是 JSON 数据的存储：MongoDB 的 BSON 数据格式非常适合文档化格式的存储及查询。

（4）体系结构。MongoDB 数据库可以看作一个 MongoDB Server，该 Server 由实例和数据库组成。一般情况下，一个 MongoDB Server 上包含一个实例和多个与之对应的数据库，但是在特殊情况下，如硬件投入成本有限或特殊的应用需求，也允许一个 Server 上有多个实例和多个数据库。

MongoDB 中一系列物理文件（数据文件、日志文件等）的集合或与之对应的逻辑结构（集合、文档等）称为数据库。简单来说，数据库由一系列与磁盘有关的物理文件组成。

（5）数据逻辑结构。MongoDB 数据逻辑结构是面向用户的，用户使用 MongoDB 开发应用程序使用的就是逻辑结构。MongoDB 逻辑结构是一种层次结构，主要由文档、集合、数据库组成，与关系数据库逻辑结构对应如下。

① MongoDB 的文档相当于关系数据库中的一条记录；

② 多个文档组成一个集合，集合相当于关系数据库的表；

③ 多个集合逻辑上组织在一起就是数据库；

④ 一个 MongoDB 实例支持多个数据库。

将 MongoDB 与关系型数据库的逻辑结构进行对比，如表 3-2 所示。

表 3-2　MongoDB 与关系型数据库逻辑结构比较

MongoDB	关系型数据库
文档	行
集合	表
数据库	数据库

2. NewSQL 数据库

NewSQL 数据库是指各种新型的可扩展/高性能数据库，这类数据库不仅具有 NoSQL 对海量数据的存储管理能力，还保持了传统数据库的 ACID 和 SQL 等特性。NewSQL 数据库的产生是对传统数据库地位的挑战。

传统数据库的数据类型是整数、浮点数等。但 NewSQL 的数据类型还包括整个文件。NoSQL 数据库是非关系的、水平可扩展、分布式并且是开源的。NoSQL 可作为一个 Web 应用服务器、内容管理器、结构化的事件日志、移动应用程序的服务器端和文件存储的后备存储。

虽然 NoSQL 数据库拥有良好的扩展性和灵活性，但由于不使用 SQL，因此不具备高度结构化查询等特性，不能提供 ACID（原子性、一致性、隔离性和持久性）的操作。另外，不同的 NoSQL 数据库都有自己的查询语言，这使得其很难规范应用程序接口。

NewSQL 系统的特点：支持关系数据模型；SQL 作为其主要的接口。

NewSQL 系统是全新的数据库平台，主要有下述两种架构。一种架构是数据库工作在一个分布式集群的节点上,其中每个节点拥有一个数据子集。将 SQL 查询分成查询片段发送给自己所在的数据的节点上执行,可以通过添加节点来线性扩展。另一种架构是数据库系统有一个单一的主节点的数据源,有一组节点用来做事务处理,这些节点接到特定的 SQL 查询后,将把它所需的所有数据从主节点上取回来后执行 SQL 查询,再返回结果。

大数据导致了数据库的高并发负载,需要达到每秒上万次的读写请求,关系数据库已经无法完成。对于大型的 SNS 网站的关系数据库,SQL 查询效率极其低下乃至不可忍受。此外,在 Web 的架构中的数据库难以进行横向扩展,当一个应用系统的用户量和访问量与日俱增的时候,数据库却没有办法通过添加更多的硬件和服务节点来扩展性能和负载能力。不但如此,对于需要提供 24 小时不间断服务的网站来说,数据库系统升级和扩展非常困难,往往需要停机维护和数据迁移,所以上述问题促使一种新型数据库技术诞生。

3. 不同数据库架构混合应用模式

对于一些复杂的应用场景,单一数据库架构不能完全满足应用场景对大量结构化和非结构化数据的存储管理、复杂分析、关联查询、实时性处理和控制建设成本等多方面的需要,因此不同数据库架构混合部署成为满足复杂应用的必然选择,可以概括为 OldSQL＋NewSQL、OldSQL＋NoSQL、NewSQL＋NoSQL 三种混合模式,下面将分别介绍。

1) OldSQL＋NewSQL 模式

采用 OldSQL＋NewSQL 混合模式构建数据中心,可以发挥 OldSQL 数据库的事务处理能力和 NewSQL 在实时性、复杂分析、即席查询等方面的优势,以及面对海量数据时较强的扩展能力,OldSQL 与 NewSQL 功能互补。

2) OldSQL＋NoSQL 模式

OldSQL＋NoSQL 混合模式能够很好地解决互联网大数据应用对海量结构化和非结构化数据进行存储和快速处理的需求。OldSQL 负责高价值密度结构化数据的存储和事务型处理,NoSQL 负责存储和处理海量非结构化的数据和低价值密度结构化数据。

3) NewSQL＋NoSQL 模式

在行业大数据中应用 NewSQL＋NoSQL 混合模式,NewSQL 承担高价值密度结构化数据的存储和分析处理工作,NoSQL 承担存储和处理海量非结构化数据。

NewSQL、NoSQL 和 OldSQL 三种类型数据库的性能比较与分布、数据价值密度和数据管理能力方面的差异和分布情况如图 3-15 所示。

3.4.3 大数据存储管理的核心算法

在大数据存储管理中,针对大数据采用了键值存储方式,而键的产生是使用了一致性哈希算法,一致性哈希算法是大数据存储管理的核心算法。

1. 哈希算法

1) 传统哈希算法

哈希(Hash)算法可以将任意长度的二进制值映射为较短的固定长度的二进制值,即哈希值。哈希值是一段数据唯一、极其紧凑的数值表示形式。哈希算法基本特点如下。

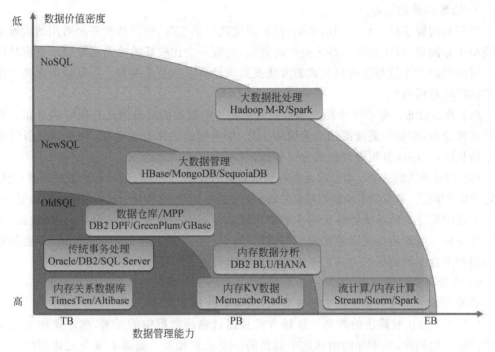

图 3-15　NewSQL、NoSQL 和 OldSQL 三种类型数据库的性能比较与分布

（1）哈希表是根据设定的哈希函数 H（key）和处理冲突的方法将一组关键字映射到一个有限的地址区间上,并以关键字在地址区间中的象作为记录在表中的存储位置,这种表称为哈希表或散列,所得的存储位置称为哈希地址或散列地址。作为线性数据结构与表格和队列等相比,哈希表是查找速度比较快的一种。

（2）通过将单向数学函数应用到任意数量的数据所得到的固定大小的结果。如果输入数据中有变化,则哈希也会发生变化。

（3）哈希算法又称为散列函数。它是一种单向密码体制,即它是一个从明文到密文的不可逆的映射,只有加密过程,没有解密过程。同时,哈希函数可以将任意长度的输入经过变化以后得到固定长度的输出。哈希函数的这种单向特征和输出数据长度固定的特征使得它可以生成消息或者数据。

利用哈希算法可以决定数据存储位置。传统的哈希算法虽然可以实现数据的均匀分布,但是当系统需要伸缩时,即扩容或者从现有系统中删除一个节点时,则引起整个系统的数据迁移,工作量非常之大,然而利用一致性哈希算法就能够很好地解决这个问题。

2）完美的哈希函数

利用泊松分布来分析不同的哈希函数对不同的数据的碰撞率是一种常用的技术。一般来说,对任意一类的数据在理论上都存在一个不发生任何碰撞的完美哈希函数,即没有出现重复的散列值。但是,在现实中很难找到这样一个完美的哈希散列函数,在实践中人们普遍认识到,一个完美哈希函数就是在一个特定的数据集上产生的碰撞数最少哈希函数。

3）哈希函数的选择

现存的问题是有各种类型的数据，例如高度随机数据等，使得找到一个通用的哈希函数变得十分困难，即便是某一特定类型的数据，找到一个比较好的哈希函数也不是容易的事。所能做的工作就是通过启发式的方法找到满足要求的哈希函数。可以从下面两个角度来选择哈希函数。

（1）数据分布。考虑一个哈希函数是否能将一组数据的哈希值进行很好的分布。要进行这种分析，需要知道碰撞的哈希值的个数，如果用链表来处理碰撞，则可以分析链表的平均长度，也可以分析散列值的分组数目。

（2）哈希函数的效率。即哈希函数得到哈希值的效率。一个好的哈希函数必须速度快、稳定并且可确定。通常哈希函数的对象是较小的主键标识符，这样整个过程速度快而稳定。

上述中确立的哈希函数称为简单的哈希函数。通常用于散列（哈希字符串）数据，用来产生一种在哈希表的关联容器使用的键值（key）。这些哈希函数不是安全的，很容易通过颠倒和组合不同数据的方式产生完全相同的哈希值。

4）哈希函数的定义

哈希函数由产生哈希值的方法来定义，主要有两种方法。

（1）基于加法和乘法的散列。这种方式是通过遍历数据中的元素，然后每次对某个初始值进行加操作，其中加的值和这个数据的一个元素相关。通常对某个元素值的计算要乘以一个素数。

（2）基于移位的散列。与加法散列类似，基于移位的散列也要利用字符串数据中的每个元素，但是与加法不同的是，后者更多的是进行移位操作。通常是结合了左移和右移，移的位数也是一个素数。每个移位过程的结果只是增加了一些积累计算，最后移位的结果作为最终结果。

2. 一致性哈希算法

一致性哈希算法是一种分布式哈希实现（DHT）算法，一致性哈希算法克服了简单哈希算法存在的一些问题。一致性哈希算法也是使用取模的方法，是对 2^{32} 取模。

1）一致性哈希算法优劣判定

判定一致性哈希算法优劣的方法如下所述。

（1）平衡性。平衡性是指哈希算法的结果能够尽可能分布到所有的缓冲区中，这样就可以使所有的缓冲空间都得到利用。

（2）单调性。单调性是指如果已经有一些内容通过哈希算法分派到相应的缓冲区中，又有新的缓冲加入到系统中，哈希算法的结果应能够保证原有已分配的内容可以被映射到原有的或者新的缓冲区中，而不仅映射到旧的缓冲集合的其他缓冲区。

（3）分散性。在分布式环境中，终端有可能看不到所有的缓冲，而是只能看到其中的一部分。当终端希望通过哈希算法过程将内容映射到缓冲区时，由于不同终端所见的缓冲范围有可能不同，从而导致哈希算法的结果不一致，最终的结果是相同的内容被不同的终端映射到不同的缓冲区中。这种情况降低了系统存储的效率。分散性的定义描述的就是上述情况发生的严重程度。好的哈希算法应能够尽量避免不一致的情况发生，也就是尽量降低分散性。

（4）负载。负载问题实际上是从另一个角度看待分散性问题。既然不同的终端可能将相同的内容映射到不同的缓冲区中，那么对于一个特定的缓冲区而言，也可能被不同的用户映射为不同的内容。与分散性一样，这种情况也是应当避免的，因此好的哈希算法应能够尽量降低缓冲的负荷。

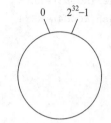

图 3-16　闭合的环形哈希空间

2）环形哈希空间映射

将某对象的哈希值 key 映射到一个具有次方个桶的空间中，即 $0\sim2^{32}-1$ 的数字空间中（哈希值是一个 32 位无符号整形数）。可以将这些数字头尾相连成一个闭合的环形，构成环形哈希空间，如图 3-16 所示。

闭合的环形哈希空间的算法描述如下。

（1）对象-key 值的映射。将对象通过哈希算法处理后映射到环上，例如将 data-1、data-2、data-3、data-4、data-5 通过特定的哈希函数计算出对应的 k1、k2、k3、k4 和 k5 值，然后分布到哈希环上，如图 3-17 所示。

```
Hash(data-1)=k1
Hash(data-2)=k2
Hash(data-3)=k3
Hash(data-4)=k4
Hash(data-5)=k5
```

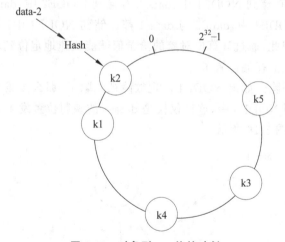

图 3-17　对象到 key 值的映射

（2）NODE-KEY 值的映射。采用一致性哈希算法的分布式集群中将新的机器加入，其原理是通过使用与对象存储一样的哈希算法将机器也映射到环中（一般情况下对机器的哈希计算是采用机器的 IP 或者机器唯一的别名作为输入值），然后以顺时针的方向计算，将所有对象存储到离自己最近的机器中。

假设现有 NODE1、NODE2、NODE3 和 NODE4 四台机器，通过哈希算法得到对应的 KEY 值，映射到环中，如图 3-18 所示。

Hash(NODE1)=KEY1
Hash(NODE2)=KEY2
Hash(NODE3)=KEY3
Hash(NODE4)=KEY4

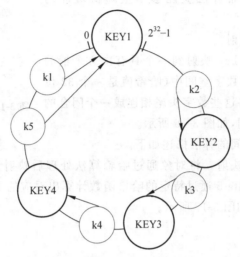

图 3-18   NODE 到 KEY 值的映射

（3）将对象存储到节点中。图 3-18 所示的是对象与机器处于同一哈希空间中，按顺时针转动，将 data-1 存储到 NODE1 中、data-2 存储到 NODE2 中、data-3 存储到 NODE3 中，data-4 存储到 NODE4 中，data-5 与 data-1 都存储到 NODE1 中。在这样的部署环境中，哈希环不变更，因此，通过计算出对象的哈希值就能快速地定位到对应的机器中，这样就可以找到对象真正的存储位置了。

（4）NODE 的删除。如果 NODE4 出现故障被删除了，那么按照顺时针迁移的方法，data-4 将会被迁移到 NODE5 中，这样仅仅是 data-4 的映射位置发生了变化，其他的对象没有任何的改动，如图 3-19 所示。

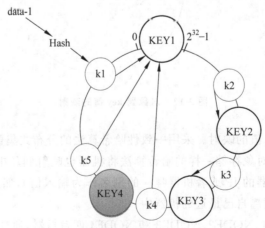

图 3-19   NODE 的删除

（5）NODE 的添加。如果往集群中添加一个新的节点 NODE5,通过对应的哈希算法得到 KEY5,并映射到环中,如图 3-20 所示。

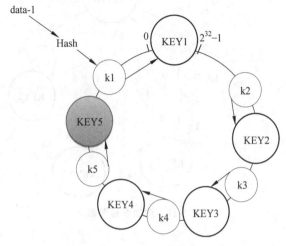

图 3-20　NODE 的添加

通过按顺时针迁移的规则,那么 data-4 被迁移到 NODE4 中,其他对象还保持着原有的存储位置。通过对节点的添加和删除的分析,一致性哈希算法在保持了单调性的同时,还使数据的迁移达到了最小,这样的算法对分布式集群来说非常合适,避免了大量数据迁移,减小了服务器的压力。

（6）虚拟节点。一致性哈希算法需要满足单调性和负载均衡的特性以及分散性,下面介绍一致性哈希算法满足平衡性的方法。哈希算法是不保证平衡的,如上面只部署了 NODE1、NODE2 和 NODE3 的情况（NODE4 被删除）,data-1 存储到 NODE1 中,而 data-2 存储到 NODE2 中、data-3 存储到 NODE3 中。data-4 和 data-5 也都存储到 NODE1 中,这样就造成了非常不平衡的状态。在一致性哈希算法中,为了尽可能地满足平衡性,其引入了虚拟节点。虚拟节点（virtualnode）是实际节点（机器）在哈希空间的复制品,一个实际节点对应了若干个虚拟节点,这个对应个数也成为复制个数,虚拟节点在哈希空间中以哈希值排列。

在本例中只部署了 NODE1、NODE2 和 NODE3 的情况,之前的对象在机器上的分布很不均衡,现在以 2 个副本（复制个数）为例,最后对象映射的关系如图 3-21 所示。

根据图 3-21 的可知对象的映射关系：data-1→NODE1-1,data-2→NODE2,data-3→NODE3-2,data-4→NODE3-1,data-5→NODE1-2。通过虚拟节点的引入,对象的分布就比较均衡了。在实际操作中,对象经历了从 Hash 到虚拟节点,再到实际节点的转换。

虚拟节点的哈希计算可以采用对应节点的 IP 地址加数字后缀的方式。如果假设 NODE1 的 IP 地址为 192.168.1.100。引入虚拟节点之前,计算的哈希值：

```
Hash("192.168.1.100");
```

引入虚拟节点后,计算虚拟节点 NODE1-1 和 NODE1-2 的哈希值：

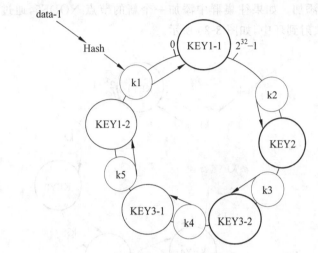

图 3-21   添加虚拟节点

```
Hash("192.168.1.100#1");    //NODE1-1
Hash("192.168.1.100#2");    //NODE1-2
```

3.5   HBase 数据库

HBase 的全称是 Hadoop Database, HBase 在 Hadoop 之上提供了类似于 Bigtable 的功能。

3.5.1   HBase 概述

HBase 是一个高可靠性、高性能、面向列、可伸缩的分布式存储系统,利用它可在廉价的 PC Server 上搭建起大规模结构化存储集群。HBase 使用 HDFS 作为其文件存储系统,并使用 MapReduce 来处理 HBase 中的海量数据。在 Hadoop 生态系统中,HBase 位于结构化存储层,HDFS 为 HBase 提供了高可靠性的底层存储支持, MapReduce 为 HBase 提供了高性能的计算能力,利用 Zookeeper 作为其分布式协同服务。此外,Pig 和 Hive 还为 HBase 提供了高层语言支持,使得在 HBase 上进行数据统计处理变得更为简单。Sqoop 则为 HBase 提供了方便的 RDBMS 数据导入功能,使得从传统数据库数据向 HBase 中迁移非常方便。下面对 HBase 进一步介绍。

1. HBase 的提出

1) 现有的关系型数据库已经无法在硬件上满足数据迅速增长的需要

针对大数据,所需要处理的数据量越来越大,尤其是到达几百万、上千万乃至于亿字节的级别时,查询速度会越来越慢。而 HBase 对亿字节级别数据甚至 TB、PB 级别的数据仍可以高效处理。

2) 基于具体的业务场景需求考虑

针对某些业务对于数据存储事务的要求不是很高,而对于传统的关系型数据库而言一般都具有强数据类型,而 HBase 是无模式的,每行都有一个可排序的主键和任意多的列。列可以根据需要动态地增加,同一张表中不同的行可以有截然不同的列。HBase 中的数据都是字符串,没有类型。所以在这种特定的场景下,可以直接化繁为简避开关系型数据库的深入优化,直接将所有的信息存储到 HBase 中。

3) 基于大量高并发考虑

HBase 可以提供高并发读写操作。为了满足每天上亿字节级别的访问量,HBase 根据行键(Rowkey)进行查询的速度相当快。

2. HBase 特性

HBase 是一个建立在 HDFS 之上的分布式可扩展的 NoSQL 数据库,提供了对结构化、半结构化、甚至非结构化大数据的实时读写和随机访问能力。HBase 提供了基于行、列和时间戳的三维数据管理模型,HBase 中每张表的记录数(行数)可以多达几十亿条甚至更多,每条记录可以拥有多达上百万的字段。HBase 主要特性如下。

1) 高可靠性

高可靠性即数据不会丢失。HBase 是基于 HDFS 的分布式文件系统,HDFS 上有多个备份,保证了数据的可靠性,不会丢失数据。

2) 高性能

HBase 利用 Zookeeper 的分布式协作服务管理,Zookeeper 实时监控集群状态,通过内部选举机制,主从架构模式,在保证自己高可用的同时,也保证了 HBase 集群的高可用性。

3) 面向列

HBase 是基于列存储的,每个列族都由几个文件保存,不同的列族的文件是分离的。面向列表(簇)的存储和权限控制,列(簇)独立检索。每一行都有一个可以排序的主键和任意多的列,列可以根据需要动态增加,同一张表中不同的行可以有截然不同的列。

4) 可伸缩

HBase 集群可大可小,可伸缩。可以根据搭建的节点数来对集群的规模进行设置,可以轻松增加或减少硬件的数量,并且有较高的容错性,而传统数据库通常需要增加中间层才能实现类似的功能。

5) 实时读写的分布式数据库

实时读写体现在 HBase 运行时间基本都是 ms 级。在一般关系型数据库中,处理数据量千万字节级以及上亿字节级别的数据所花费时间很长。但是在 HBase 中,上亿字节级别只是初级,当集群足够大时,Hbase 甚至是处理 TB、PB 等级别的数据都没有问题。

6) 单一的数据类型

HBase 只有简单的字符类型,它只保存字符串。所有的类型都是交由用户自己处理。而关系数据库则具有丰富的类型和存储方式。

7) 简单的数据操作

HBase 只有很简单的插入、查询、删除、清空等操作,表和表之间是分离的,没有复杂的表和表之间的关系,而传统数据库通常有各式各样的函数和连接操作。

8) 插入式数据维护

HBase 的更新操作是插入了新的数据,而传统数据库是替换修改。

3. HBase 的优缺点

1) HBase 的优点

HBase 优点是容量大、面向列、稀疏、无模式、数据多版本、数据类型单一,详述如下。

(1) 一个表可以有上亿行,上百万列。

(2) 面向列表(簇)的存储和权限控制,列(簇)独立检索。

(3) 对于为空(NULL)的列,并不占用存储空间,因此,表的结构非常稀疏。

(4) 每一行都有一个可以排序的主键和任意多的列,列可以根据需要动态增加,同一张表中不同的行可以有截然不同的列。

(5) 每个单元中的数据可以有多个版本,默认情况下,版本号自动分配,版本号就是单元格插入时的时间戳。

(6) HBase 中的数据都是字符串,没有其他类型。

从上述可以看出,HBase 的优势是列可以动态增加,并且列为空就不存储数据,节省存储空间;HBase 自动切分数据,使得数据存储具有自动水平扩展的功能,HBase 可以提供高并发读写操作的支持。

2) HBase 的缺点

(1) 不支持条件查询,只支持按照 Rowkey 查询。

(2) 不适合传统的事物处理程序或关联分析,不支持复杂查询,一定程度上限制了它的使用,但是用它做数据存储的优势也同样非常明显。

(3) 暂时不能支持 Master server 的故障切换,当 Master 宕机后,整个存储系统就会崩溃。

4. HBase 的应用场景

(1) 结构化或非结构化数据。对于数据结构字段不确定或杂乱无章,很难按一个准确概念进行抽取的数据适合使用 HBase。

(2) 记录非常稀疏。因为 HBase 存储的是松散的数据,因此在应用程序中,当数据表每一行的结构有差别时,可以使用 HBase。因为 HBase 的列可以动态增加,并且列为空就不存储数据,所以如果需要经常追加字段,且大部分字段是 NULL 值的,那可以考虑使用 HBase。因为 HBase 可以根据 Rowkey 提供高效的查询。如果数据(包括元数据、消息、二进制数据等)有同一个主键,或者需要通过键来访问和修改数据,则使用 HBase 是一个很好的选择,这样不仅节省了空间,同时还提高了读取性能。

(3) 多版本数据。由于 HBase 可以根据 Rowkey 和 Columnkey 定位到 Value,可以有任意数量的版本值,因此对于需要存储变动历史记录的数据,用 HBase 就非常方便了。比如作者的地址是会变动的,虽然业务上一般只需要最新的值,但有时可能需要查询到历史值。HBase 对多版本数据提供了支持。

(4) 超大数据量。当数据量越来越大,RDBMS 数据库已难以支撑,就出现了读写分离策略。即通过一个 Master 专门负责写操作,多个 Slave 负责读操作,导致服务器成本倍增。随着写操作压力增加,Master 维持不住,这时就要分库,把关联不大的数据分开部署。一些 join 查询不能用了,需要借助中间层。随着数据量的进一步增加,一个表的记录越来越大,查询就变得很慢,于是又得分表,比如按 ID 取模分成多个表以减少单个表的记录数。针对这些问题,采用 HBase 就很方便了,只需要加机器即可。HBase 自动水平切分扩展,与 Hadoop 的无缝集成,保障了其数据的可靠性(HDFS)和海量数据分析的高性能(MapReduce)。

3.5.2 HBase 的数据模型

HBase 进行数据建模的方式与关系型数据库不同,结构化数据是遵守严格规则的数据。HBase 没有严格形态的数据,数据记录可能包含不一致的列、不确定大小的半结构化数据。在逻辑模型中针对结构化或半结构化数据的导向影响了数据系统物理模型的设计。关系型数据库假设表中的记录都是结构化和高度有规律的数据,在物理实现时,可以利用这一点相应优化硬盘上的存放格式和内存的结构。同样,HBase 也可利用所存储数据是半结构化的特点对硬盘上的存储格式和内在的结构进行相应的优化。随着系统发展,物理模型上的不同也将影响逻辑模型。对于这种双向紧密的联系,优化数据系统必须深入理解逻辑模型和物理模型。除了面向半结构化数据的特点外,HBase 的数据建模方式还有另外一个重要考虑因素,即可扩展性。在半结构化逻辑模型中的数据构成是松散耦合的,这一点有利于物理分散存放。HBase 的物理模型在设计上适用于物理分散存放,这也影响了逻辑模型。HBase 放弃了一些关系型数据库具有的特性,不能实施关系约束并且不支持多行事务。

1. 逻辑模型

HBase 的逻辑数据的键值数据库模型是一种有序的映射,使用了坐标系统来标识单元中的数据,其格式如下:

行键,列族,列限定符,时间版本。

下面以从 users 表中取出 Mark 的记录为例,说明映射的概念。从内往外看这些坐标,开始是以时间版本为键、其数据为值建立的单元映射,往上一层以列限定符为键、单元映射为值建立列族映射,最后以行键为 Key、列族映射为值建立表映射。可以描述为:Map<RowKey,Map<ColumnFamily,Map<ColumnQualifier,Map<Version,Data>>>>。

例如,password 单元有两个时间版本。最新时间版本排在稍晚时间版本之前。HBase 按照时间戳降序排列各时间版本,所以最新数据总是在最前面,因此,这种设计可以快速访问最新时间版本。

2. 物理模型

HBase 表由行和列组成,HBase 中列按照列族分组,这种分组在逻辑模型中属于同一层次的。列族也表现在物理模型中,每个列族在硬盘上有自己的 HFile 集合。这种物理上的隔离的结构允许在列族底层的 HFile 层面上分别进行管理。HBase 的记录按照键值对存储在 HFile 中。HFile 自身是二进制文件,不能直接可读。存储在硬盘上的 HFile 中的 Mark 用户数据,在 HFile 中的 Mark 这一行使用了多条记录。每个列限定符和时间版本有自己的记录。另外,文件中没有空记录(NULL)。如果没有数据,HBase 不会存储任何东西。因此列族的存储是面向列的,就像其他列式数据库一样。一行中一个列族的数据不一定存放在同一个 HFile 中。Mark 的 info 数据可能分散在多个 HFile 中,唯一的要求是,一行中列族的数据需要物理地存放在一起。

如果 users 表有了另一个列族,并且 Mark 在那些列中有数据,Mark 的行也会在那些 HFile 中有数据。每个列族使用自己的 HFile,当执行读操作时 HBase 不需要读出一行中所有的数据,只需要读取用到列族的数据。面向列意味着当检索指定单元时,HBase 不需要读占位符记录。这两个物理细节有利于稀疏数据集合以达到高效存储和快速读取。可以增加另外一个列族到 users 表,以存储其他的活动,这就生成了多个 HFile。让 HBase 管理整行的一套工具,HBase 称这种机制为 region。

3.5.3　HBase 的逻辑实体

HBase 的逻辑实体主要包括表、行键、列族、列限定符、单元、时间版本、时间戳、区域等。表 3-3 所示的是 HBase 的一个逻辑实体图,从图中可以看出行键、时间戳、列族的关系。

表 3-3　HBase 的一个逻辑实体图

行　键	时间戳	列　族						
		info			data			
		name	age	sex	addr	tel	pic	……
rk001	t1	wang	20		beijing	1368…	pic	
rk005	t2	Li	20		shanghai	1391…	pic	

列的标识符

1. 表

HBase 用表组织数据。表名是字符串,由在文件系统路径中使用的字符组成。

2. 行键

在表中,数据按行存储,行由行键唯一标识。

（1）行键是字节数组,任何字符串都可以作为行键。

（2）行根据行键进行排序,数据按照行键的排序存储。

（3）行键只能存储 64KB 的字节型数据。

（4）所有对表的访问都要通过行键（单个行键访问、行键范围访问或全表扫描）,与 NoSQL 数据库一样,行键是用来检索记录的主键。访问表中的行,有如下三种方式:

① 通过单个行键访问;

② 通过行键的排列;

③ 全表扫描。

在存储时,数据按照行键的字典序排序存储。设计键时,要充分排序存储这个特性,将经常一起读取的行存储到一起（位置相关性）。字典序对 int 的排序结果是 1,…,10,11,12,13,14,15,16,17,18,19,20,21,…,30,31,32,…,90,91,92,93,94,95,96,97,98,99。要保存整形的自然序,行键必须用 0 进行左填充。行的一次读写是原子操作（不论一次读写多少列）。这个设计决策能够使用户很容易理解程序在对同一个行进行并发更新操作时的行为。

3. 列族

行中的数据按照列族分组,列族也影响 HBase 数据的物理存放,因此,它们必须作为表模式定义的一部分预先给出,表中每行拥有相同列族,尽管行不需要在每个列族中存储数据。列族名字是字符串,由可以在文件系统路径中使用的字符组成。HBase 表中的每个列都归属于某个列族,例如 create'test', 'course'。列名以列族作为前缀,每个“列族”都可以有多个列成员(column),如 course:computer, course:English,新的列族成员(列)可以随后按需、动态加入。权限控制、存储以及调优都是在列族层面进行的。HBase 把同一列族中的数据存储在同一目录下,由几个文件保存。

4. 列限定符

列族中的数据通过列限定符或列来定位。列限定符不必提前定义,也不必在不同行之间保持一致。就像行键一样,列限定符没有数据类型,可以为字节数组 byte[]。

5. 单元

单元由行和列的坐标交叉点决定,行键、列族和列限定符共同确定一个单元。存储在单元中的数据称为单元值。单元格是有版本的,单元格的内容是未解析的字节数组,由〈行键,列(=<family>+<qualifier>), version〉唯一确定的单元。单元中的数据是没有类型的,全部按照字节码形式存储。

6. 时间版本

单元值有时间版本,时间版本用时间戳标识,是一个 long 数据。没有指定时间版本时,当前时间戳作为操作的基础。HBase 保留单元值时间版本的数量基于列族进行配置,默认数量是 3 个。HBase 的每个数据值使用坐标来访问。一个值的完整坐标包括行键、列族、列限定符和时间版本。由于把所有坐标视为一个整体,因此 HBase 可以看作是一个键值 Key-Value 对数据库。

7. 时间戳

在 HBase 中每个 cell 存储单元对同一份数据有多个版本,根据唯一的时间戳来区分每个版本之间的差异,不同版本的数据按照时间倒序排序,最新的数据版本排在最前面。时间戳的类型是 64 位整型。时间戳可以由 HBase(在数据写入时自动)赋值,此时时间戳是精确到 ms 的当前系统时间。时间戳也可以由客户显式赋值,如果应用程序要避免数据版本冲突,就必须自己生成具有唯一性的时间戳。

8. 区域

(1) HBase 自动把表水平(按行)划分成多个区域,每个区域会保存一个表中某段连续的数据。

(2) 每个表一开始只有一个区域,随着数据不断插入表,区域不断增大,当增大到一个阈值的时候,区域就会等分为两个新的区域。

(3) 表中的行不断增多,就会有越来越多的区域。这样一张完整的表被保存在多个区域上。

(4) HRegion 是 HBase 中分布式存储和负载均衡的最小单元。最小单元表示不同

的 HRegion 可以分布在不同的 HRegionServer 上,但一个 HRegion 不会拆分到多个
server 上。

3.5.4 HBase 的工作原理

HBase 的工作原理如图 3-22 所示。

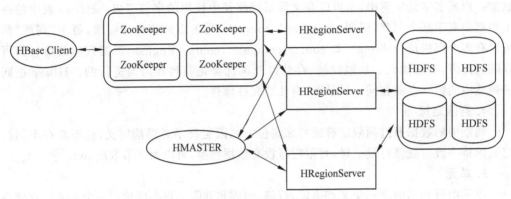

图 3-22 HBase 的工作原理

工作过程如下:

(1) 将 HBaseClient 端连接 ZooKeeper;

(2) 通过 ZooKeeper 组件,client 获取 server 管理-root-区域;

(3) client 访问管理-root-的 server;

(4) 由-root-获取管理元数据的区域 server。

元数据中记录了 HBase 中所有的表信息,根据元数据获取区域分布信息(获取后
client 缓存这个信息),访问 HRegionServer(由于 client 缓存区域信息,因而访问次数多
了之后即使不访问元数据,也可以知道访问了哪个 HRegionServer)。

3.6 Hive 数据仓库

Hive 是一个基于 Hadoop 的开源数据仓库,用于存储和处理海量结构化数据。它将
海量数据存储于 HDFS 文件系统中,而不是存于数据库中,但它提供了一套类数据库的
数据存储和处理机制,并采用 HQL(类 SQL)语言对这些数据进行自动化管理和处理。
我们可以把 Hive 中海量结构化数据看成一个个的表,而实际上这些数据是分布式存储
在 HDFS 中的。Hive 对语句进行解析和转换,最终生成一系列基于 Hadoop 的
MapReduce 任务,通过执行这些任务来完成数据处理。

Hive 产生于 Facebook 的日志分析需求,面对海量的结构化数据,Hive 以较低的成
本完成了以往需要大规模数据库才能完成的任务,并且应用开发灵活而高效。由于
Hadoop 本身在数据存储和计算方面有很好的可扩展性和高容错性,因此使用 Hive 构建
的数据仓库也继承了这些优异特性。

简单来说,Hive 就是在 Hadoop 上架构了一层 SQL 接口,可以将 SQL 自动翻译成

MapReduce 程序后并在 Hadoop 上执行,这样就使得数据开发人员和分析人员很方便地使用 SQL 来完成海量数据的统计和分析,而不必再使用编程语言开发 MapReduce 程序。下面对 Hive 数据仓库进行详细介绍。

3.6.1　Hive 主要功能

Hive 可以使用 HQL 很方便地完成对海量数据的统计汇总、即席查询和分析,除了很多内置函数,还支持开发人员使用其他编程语言和脚本语言来自定义函数。但是,由于 Hadoop 本身是一个批处理、高延迟的计算框架,Hive 使用 Hadoop 作为执行引擎,自然也就有了批处理、高延迟的特点。在数据量很小时,Hive 执行需要消耗较长的时间。这时候,就显示不出它对 Oracle、MySQL 等传统数据库的优势。此外,Hive 对事物的支持不够好,原因是 HDFS 本身就设计为一次写入、多次读取的分布式存储系统,因此,不能使用 Hive 来完成 DELETE、UPDATE 等在线事务处理的需求。Hive 适用于非实时的、离线的、对响应及时性要求不高的海量数据批量计算、即席查询和统计分析等。

3.6.2　Hive 的数据单元与数据类型

1. Hive 的数据单元

（1）Databases：数据库。概念等同于关系型数据库的 Schema。

（2）Tables：表。概念等同于关系型数据库的表。

（3）Partitions：分区。概念类似于关系型数据库的表分区,没有那么多分区类型,只支持固定分区,将同一组数据存放至一个固定的分区中。

（4）Buckets(or Clusters)：分桶。同一个分区内的数据还可以细分,将相同的 key 再划分至一个桶中,类似于哈希分区,只不过这里是哈希分桶,类似子分区。

2. Hive 的数据类型

既然是被当作数据库来使用,除了数据单元,Hive 当然也还有一些列的数据类型。

1) 基本数据类型

（1）整型。

① TINYINT：微整型,只占用 1 字节,只能存储 0～255 的整数。

② SMALLINT：小整型,占用 2 字节,存储范围 -32 768～32 767。

③ INT：整型,占用 4 字节,存储范围 -2 147 483 648～2 147 483 647。

④ BIGINT：长整型,占用 8 字节,存储范围 $-2^{63}～2^{63}-1$。

（2）布尔型。BOOLEAN：TRUE/FALSE。

（3）浮点型。

① FLOAT：单精度浮点数。

② DOUBLE：双精度浮点数。

（4）字符串型。STRING：不设定长度。

2) 复合数据类型

① STRUCT：一组命名的字段,字段类型可以不同,例如：Struct('b',1,0)。

② ARRAY：一组有序字段,字段的类型必须相同,例如：Array(1,2)。

③ MAP：一组无序的键值对，键的类型必须是原子的，值可以是任何数据类型，同一个映射的键和值的类型必须相同，例如：Map('a',1,'b',2)。

3.6.3　Hive 的特性

（1）Hive 和关系数据库存储文件的系统不同，Hive 使用的是 HDFS，关系数据库则是服务器本地的文件系统。

（2）Hive 使用的计算模型是 MapReduce，而关系数据库则是自己设计的计算模型。

（3）关系数据库都是为实时查询的业务进行设计的，而 Hive 则是为海量数据做数据挖掘设计的，实时性很差；实时性的区别导致 Hive 的应用场景和关系数据库有很大的不同。

（4）Hive 很容易扩展自己的存储能力和计算能力，而关系数据库在这个方面要比数据库差得多。

以上都是从宏观的角度比较 Hive 和关系数据库的区别，Hive 和关系数据库的异同还有很多，此处不再赘述。

3.6.4　Hive 应用举例

（1）使用 echo 命令。创建一个普通的文本文件，其中只有一行数据，该行也只存储一个字符串 big data technology，命令如下：

```
echo 'big data technology'>/home/hadoop/test.txt
```

（2）创建一张 Hive 的表 test：

```
Hive-e "create tabletest(valuestring)"
```

（3）加载数据：

```
Load data local inpath 'home/hadoop/test.txt' overwrite into table test
```

（4）最后查询表 test：

```
Hive-e 'select * from test';
```

3.6.5　HBase 与 Hive 的比较

HBase 和 Hive 作为 Hadoop 生态系统中的成员，在大数据架构中处在不同位置，HBase 主要解决实时数据查询问题，Hive 主要解决数据处理和计算问题，二者一般配合使用。

HBase 和 Hive 区别如下。

（1）HBase：HBase 是基于 Hadoop 数据库的一种 NoSQL 数据库，主要适用于海量明细数据（十亿、百亿）的随机实时查询，如日志明细、交易清单、轨迹行为等。

（2）Hive：Hive 是 Hadoop 的数据仓库，严格来说，不是数据库。主要是让开发人员能够通过 SQL 来计算和处理 HDFS 上的结构化数据，适用于离线的批量数据计算。

　　通过元数据来描述 HDFS 上的结构化文本数据，通俗地说，就是定义一张表来描述 HDFS 上的结构化文本，包括各列数据名称、数据类型等，方便我们处理数据，当前很多 SQL on Hadoop 的计算引擎均用 Hive 的元数据，如 Spark SQL、Impala 等。

　　基于第一点，通过 SQL 来处理和计算 HDFS 的数据，Hive 会将 SQL 翻译为 MapReduce 来处理数据。

　　而在大数据架构中，Hive 和 HBase 是协作关系，数据流一般如图 3-23 所示，具体流程如下。

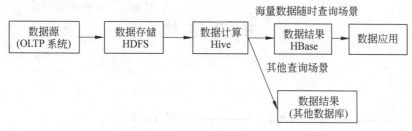

图 3-23　数据流

　　（1）通过 ETL 工具将数据源抽取到 HDFS 存储。

　　（2）通过 Hive 清洗、处理和计算原始数据。

　　（3）Hive 清洗处理后的结果，如果是面向海量数据随机查询场景的可存入 HBase。

　　（4）数据应用从 HBase 查询数据。

本 章 小 结

　　本章主要由两部分组成：一部分是大数据采集方法，尤其对常用的互联网数据采集工具网络爬虫做了较详细的介绍；另一部分是大数据存储管理技术。第一部分主要介绍了大数据采集的概念与方法。第二部分主要介绍了大数据存储架构、基于大数据的数据库系统。对 OldSQL、NewSQL 和 NoSQL 三种类型的数据库进行了比较性的介绍，介绍了一致性哈希算法，以及 HBase 数据库和 Hive 数据仓库。这些内容为后续章节学习建立了基础。

第4章

大数据抽取

知 识 结 构

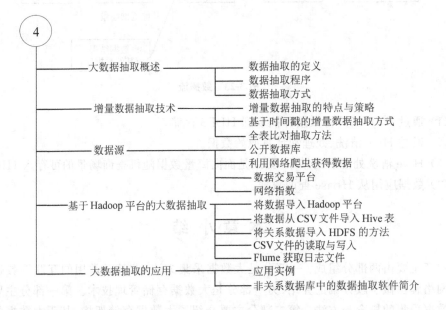

没有高质量的数据就不可能有高质量的分析结果。为了得到一个高质量的适于分析的数据集,一方面需要通过数据清洗来消除脏数据,另一方面也需要针对分析目标进行数据选择。例如,为了了解某地的旱情,需要将来自卫星、飞机和地面传感器的诸多类型数据融合起来,以便更好地了解水的动态分布,需要用计算方法来整合并归约数据。其目的是辨别出需要分析的数据集合,缩小处理范围,提高数据分析的质量,从而理解其意义。数据选择可以使后面的数据分析工作聚焦到和分析任务相关的数据集中。这样不仅提高了分析效率,而且也保证了分析的准确性。数据选择可以采用对目标数据加以正面限制或条件约束,挑选那些符合条件的数据。也可以通过对不感兴趣的数据加以排除,只保留那些可能感兴趣的数据。必须深入分析应用目标对数据的要求,以确定合适的数据选择和数据过滤策略,才能保证目标数据的质量。除此之外,还必须将被挑选的数据整理成合适的存储形式才能被分析算法所使用。本章主要介绍增量抽取方法、数据源和基于Hadoop平台的大数据抽取。

4.1 大数据抽取概述

数据获取阶段已经将采集的数据存于各种类型的存储系统中,应用抽取技术可以将经过选择、需要分析的相关数据提取出来,为后续的数据约简与集成作准备。

4.1.1 数据抽取的定义

数据抽取是从数据源中抽取数据的过程。数据抽取过程是搜索全部数据源,按照某种标准选择合乎要求的数据,并将被选中的数据传送到目的系统中存储。简单地说,数据抽取过程就是从数据源中抽取数据并传送到目的数据系统中的过程。数据源可以是关系型数据库或非关系型数据库,数据可以是结构化数据、非结构化数据和半结构化数据。在数据抽取之前,需要清楚数据源的类型和数据的类型,以便根据不同的数据源和数据类型采取不同的抽取策略与方法。

4.1.2 数据抽取程序

完成数据抽取的程序称为数据抽取程序,又称为包装器。构建数据抽取程序的条件如下。

1. 抽取数据对象的类型

数据源中的数据对象繁多、千差万别,从简单的字符串到线性表、树形结构和有向图等结构。如果在数据模型中描述了数据源中数据对象的结构,那么就能够使数据抽取程序可以抽取任意数据对象类型的数据,从而使数据抽取程序具有通用性。

2. 在数据源中寻找所需的数据对象的方法

可以应用搜索规则驱动一个通用的搜索算法在数据源中搜索与抽取规则相匹配的数据对象。

3. 为已找到的数据选择组装格式

应用符合某个数据库模式的格式来组装已经找到的数据对象,对于结构化数据可以使用关系数据库格式;对于非结构化数据可以使用文档数据库或键值数据库等格式;对于半结构化数据可以应用关系数据库格式和文档数据库或键值数据库相结合的格式。

4. 将找到的数据对象组装到数据库中的方法

可以用一组映射规则来描述数据类型与数据库字段之间的关系,当找到一个数据对象之后,先用映射规则根据数据对象所属的数据类型找到所对应的数据库字段,然后将这些数据对象组装在这个字段中。

5. 生成和维护数据抽取过程所需的元数据

元数据是数据的数据,元数据是数据抽取模型、抽取规则、数据库模式和映射规则的参数,元数据能够使抽取和组装算法正常工作。在数据仓库系统中的元数据定义为数据仓库管理和有效使用的任何信息。一个数据源需要用一套元数据进行描述,由于数据集成系统包含大量数据源和元数据,所以维护这些元数据的工作量巨大。

6. 一般不单独设计组装算法

一般不单独设计组装算法,而是设计能够完成数据抽取与组装功能的算法。

4.1.3 数据抽取方式

不同数据类型的源和目标抽取方法不同,常用的数据抽取方法简述如下。

1. 同构同质数据抽取

同构同质数据库是指同一类型的数据模型、同一型号的数据库系统。如 MySQL 数据库与 SQL Server 数据库就是同构同质数据库。如果数据源与组装的目标数据库系统是同构同质的,那么目标数据库服务器和原业务系统之间在建立了直接的链接关系之后,就可以利用结构化查询语言的语句访问,进而实现数据迁移。

2. 同构异质数据抽取

同构异质数据库是指同一类型的数据模型、不同型号的数据库系统。如果数据源组装的目标数据库系统是同构异质的,对于这类数据源可以通过 ODBC(Open Database Connectivity,开放数据库连接)的方式建立数据库链接,如 Oracle 数据库与 SQL Server 数据库可以建立 ODBC 连接。

3. 文件型数据抽取

如果抽取的数据在文件中,则这些数据有结构化数据、非结构化数据与半结构化数据。如果是非结构化数据与半结构化数据,那么就可以利用数据库工具,以文件为基本单位将这些数据导入指定的数据库,然后借助工具从这个指定的文档数据库完成抽取。

4. 全量数据抽取

全量数据抽取类似于数据迁移或数据复制,它将数据源中的表或视图的数据原封不动地从数据库中抽取出来,并转换成抽取工具可以识别的格式。

5. 增量数据抽取

当源系统的数据量巨大时,或在实时的情况下装载业务系统的数据时,实现完全数据抽取几乎不太可能,为此可以使用增量数据抽取。增量数据抽取是指在进行数据抽取操作时,只抽取数据源中发生改变的地方的数据,没有发生变化的数据不再进行重复地抽取。我们也可将增量数据抽取看作时间戳方式,抽取一定时间戳前所有的数据。

4.2 增量数据抽取技术

要实现增量数据抽取,关键是如何准确快速地捕获变化的数据。增量数据抽取机制能够将业务系统中变化的数据按一定的频率准确地捕获到,同时不对业务系统造成太大的压力,也不影响现有业务。相对全量数据抽取,增量数据抽取的设计更复杂。下面做详细介绍。

4.2.1 增量数据抽取的特点与策略

1. 增量数据抽取的特点

(1) 只抽取发生变化的数据。

（2）相对于全量抽取更为快捷，处理量更少。

（3）采用增量数据抽取需要在与数据装载时的更新策略相对应。

2. 增量数据抽取策略

（1）时间戳：扫描数据记录的更改时间戳，比较时间戳来确定被更新的数据。

（2）增量文件：扫描应用程序在更改数据时所记录的数据变化增量文件，增量文件是指数据发生的变化的文件。

（3）日志文件：日志文件与增量文件一样，日志文件的目的是实现恢复机制，因此日志文件记载了各种操作的影响。

（4）修改应用程序代码：修改应用代码以产生时间戳、增量文件、日志等信息，或直接推送更新内容，达到增量更新目标数据的目的。

（5）快照比较：在每次抽取前首先对数据源快照，并将该快照与上次抽取时建立的快照相互比较，以确定对数据源所做的更改，并逐表、逐个记录进行比较，抽取相应更改内容。

在数据抽取中，根据转移方式的不同，可以将数据转移分两个阶段，即初始化转移阶段和增量转移阶段。初始化转移阶段采用全量抽取的方式，增量转移阶段按照上述的增量数据抽取方式进行有选择地抽取。

4.2.2 基于时间戳的增量数据抽取方式

1. 时间戳方式

时间戳方式是一种基于快照比较的变化数据捕获方式，在原表上增加一个时间戳字段，当系统中更新修改表数据时，同时也修改时间戳字段的值。当进行数据抽取时，通过比较上次抽取时间与时间戳字段的值来决定抽取数据。有的数据库的时间戳支持自动更新，即表的其他字段的数据发生改变时，其自动更新时间戳字段的值。有的数据库不支持时间戳的自动更新，在更新业务数据时，需要手动更新时间戳字段。

时间戳方式的优点是性能优异，系统设计清晰，数据抽取相对简单，可以实现数据的递增加载。时间戳方式的缺点是需要由业务系统来完成时间戳的维护，业务系统需要加入额外的时间戳字段，特别是对不支持时间戳的自动更新的数据库，还要求业务系统进行额外的更新时间戳操作。此外，时间戳方式无法捕获对时间戳以前数据的删除和刷新操作，数据准确性受到了一定的限制。

2. 基于时间戳的数据转移

时间戳方式是指增量数据抽取时，抽取进程通过比较系统时间与抽取源表的时间戳字段的值来决定抽取哪些数据。

当需要抽取一定时间戳前的所有数据时，可以采用基于时间戳的增量数据抽取方式进行抽取，如图4-1所示。

4.2.3 全表比对抽取方法

1. 消息摘要算法

MD5消息摘要算法（MD5 Message-Digest Algorithm）是一种被广泛使用的密码散

图 4-1　基于时间戳的数据转移

列函数算法,可以产生一个 128 位(16 字节)的散列值,用于确保信息传输完整一致。

MD5 算法以 512 位分组来处理输入的信息,且每一分组又被划分为 16 个 32 位子分组,经过一系列的处理后,算法的输出由 4 个 32 位分组组成,将这 4 个 32 位分组级联后将生成一个 128 位散列值。

MD5 算法的工作过程如下。

首先需要对信息进行填充,使其位长对 512 求余的结果等于 448。因此,信息的位长将被扩展至 $N\times512+448$,N 为一个非负整数,N 可以是 0。填充的方法如下,在信息的后面填充一个 1 和无数个 0,直到满足上面的条件时才停止用 0 对信息的填充。然后,在这个结果后面附加一个以 64 位二进制表示的填充前信息长度。经过这两步的处理,信息的位长为 $N\times512+448+64=(N+1)\times512$,即长度恰好是 512 的整数倍。这样做是为了满足后面处理中对信息长度的要求。

2. 全表比对抽取方式

全表比对抽取方式是指在增量数据抽取时,逐条比较源表和目标表的记录,将新增和修改的记录读取出来。优化之后的全部比对方式是采用 MD5 校验码,需要事先为要抽取的表建立一个结构类似的 MD5 临时表,该临时表记录源表的主键值以及根据源表所有字段的数据计算出来的 MD5 校验码。每次进行数据抽取时,对源表和 MD5 临时表进行 MD5 校验码的比对,如果不同,则进行刷新操作。如目标表不存在该主键值,表示该记录还没有被抽取,则进行插入操作,然后还需要对在源表中已不存在但目标表仍保留的主键值执行删除操作。

当下载文件之后,如果需要知道下载的这个文件与网站的原始文件是否相同,就需要给下载的文件做 MD5 校验。如果得到的 MD5 值和网站公布的值相同,可确认下载的文件完整。如有不同,则说明下载的文件不完整,其原因可能是在网络下载的过程中出现错误,或此文件已被别人修改。为防止他人更改该文件时放入病毒,应不使用不完整文件。

如果用 E-mail 给好友发送文件,可以将要发送文件的 MD5 值告诉对方,这样好友收到该文件以后即可对其进行校验,来确定文件是否安全。又如在刚安装好系统后可以给系统文件做 MD5 校验,过一段时间后如果怀疑某些文件被人换掉,那么就可以给那些被怀疑的文件做 MD5 校验,如果与从前得到的 MD5 校验码不相同,就可以肯定出现了问题。

MD5 方式的优点是对源系统的侵入性较小(仅需要建立一个 MD5 临时表),但缺点也是显而易见的。与触发器和时间戳方式中的主动通知不同,MD5 方式是被动地进行全表数据比对,其性能较差。当表中没有主键或唯一列且含有重复记录时,MD5 方式的准确性较差。

4.3 数　据　源

在大数据抽取过程中,数据源是抽取的数据之源,可以来自下述几方面。

4.3.1 公开数据库

常用数据公开网站中的公开数据库是大数据的重要来源之一,如下几例。

1. 经典数据集

现存的经典机器学习数据集、数据挖掘数据集,主要包含分类、聚类、回归等问题下的多个数据集。虽然比较古老,但依然经常使用。

2. 国家数据

国家数据来源自中华人民共和国国家统计局,包含了我国经济民生等多个方面的数据,并且在月度、季度、年度都有覆盖,既全面又权威。

3. 亚马逊云数据平台

来自亚马逊(Amazon)的跨学科云数据平台,主要包含化学、生物、经济等多个领域的数据集。

4. figshare 平台

figshare 是一个能够免费展现研究成果且内容不局限于传统出版形式的共享平台。figshare 是研究成果共享平台,在这里可以找到来自全世界的研究成果分享,并获取其中的研究数据。figshare 有以下几点优势。

(1) figshare 的创立可以使全球学者更好地以创新的形式展示研究图表、数据、视频等内容,而且也可以有新的方式提升研究内容的价值,充分体现了引述、搜寻、共享、发现的先进理念。

(2) figshare 接受研究者上传图表、多媒体、海报、论文(包括预印本)和多文件、数据集等,提供了当前学术出版所不具备的一种文件共享模式。采用 CreativeCommons 许可协议共享数据,减少版权纠纷,使全球科学家可以存取、共享信息。

(3) figshare 的特点是易于发现,安全且易进入,易于管理;可以共享,快速、便捷地上传数据,各种研究文件类型都可以接受;所有内容以云数据为基础,发表的成果可以被引用,安全储存,任何地点都可以存储;功能强大,公共空间不设限,提供 1GB 的私人空间,可以存储暂时不想公开的数据;鼓励发表负面数据和图表,体现开放科研的理念,成为科学研究的新工具以及现有科技出版模式的有益补充,可了解研究内容的全部计量统计,易于发现研究亮点。

5. GitHub 平台

GitHub 是一个非常全面的数据获取渠道,包含各个细分领域的数据库资源,自然科学和社会科学的覆盖都很全面,适合研究和数据分析人员获取资源。GitHub 是一个面向开源及私有软件项目的托管平台,因为只支持 Git 作为唯一的版本库格式进行托管,故名 GitHub。在 GitHub 中,用户可以十分轻易地找到海量的开源代码。

4.3.2 利用网络爬虫获得数据

我们可以使用网络爬虫来抓取网站上的数据,在某些网站上也给出获取数据的 API 接口。抓取的数据主要包括财经数据、网贷数据、公司年报、创投数据、社交平台、就业招聘、餐饮食品、交通旅游、电商平台、影音数据、房屋信息、购车租车、新媒体数据、分类信息等。

4.3.3 数据交易平台

由于现在数据的需求很大,也催生了很多做数据交易的平台,当然,包括除去付费购买的数据,在这些平台,也有很多免费的数据可以获取,如下几例。

(1)优易数据:由国家信息中心发起,拥有国家级信息资源数据,是国内领先的数据交易平台,有 B2B、B2C 两种交易模式,包含政务、社会、社交、教育、消费、交通、能源、金融、健康等多个领域的数据资源。

(2)数据堂:专注于互联网综合数据交易,提供数据交易、处理和数据 API 服务,包含语音识别、医疗健康、交通地理、电子商务、社交网络、图像识别等方面的数据。

4.3.4 网络指数

1. 百度指数

利用百度指数查询平台可以根据指数的变化查看某个主题在各个时间段受关注的情况,对进行趋势分析、舆情预测有很好的指导作用。除了关注趋势之外,还有需求分析、人群画像等精准分析的工具,对于市场调研来说具有很好的参考意义。同样,另外两个搜索引擎搜狗、360 也有类似的产品,都可以作为参考。

2. 阿中指数

利用国内权威的商品交易分析工具可以按地域、按行业查看商品搜索和交易数据,基于淘宝、天猫和 1688 平台的交易数据基本能够看出国内商品交易的概况,对于趋势分析、行业发展有很重要的观察意义。

3. 友盟指数

友盟在移动互联网应用数据方面具有较为全面的统计和分析,对于研究移动端产品,做市场调研,分析用户行为很有帮助。除了友盟指数,友盟的互联网报告同样是了解互联网趋势的优秀读物。

4.4　基于 Hadoop 平台的大数据抽取

本节将介绍基于 Hadoop 平台的非结构化数据和结构化数据抽取方法与过程。

4.4.1 将数据导入 Hadoop 平台

利用传统的数据库或数据仓库方法将数据添加到数据库中需要将数据转换为预定义

的模式,然后才将数据加载到数据库中,即完成抽取、转换、加载过程。这种方法明显的缺点如下。

(1) 消耗大量时间、精力和费用。

(2) 如何使用数据的决定必须在抽取、转换、加载过程中进行,后续的变化将导致成本高昂。

(3) 如果数据不适合现有数据格式定义,则在抽取、转换、加载过程中经常被丢弃,或被认为是不需要或对下游是没有价值的数据。

1. HDFS 分布文件系统存储的优点

HDFS 分布文件系统是 Hadoop 的所有存储空间,其中所有数据都以原始格式存储,并且当数据由 Hadoop 应用程序处理时,可以执行抽取、转换和加载步骤所构成的读取模式,所以需要程序员和用户在访问数据时定义一个结构以满足处理的要求。传统的数据仓库采用了写入模式的方法,但是这种方法需要更多的前期设计并要预测数据最终的使用方式。HDFS 分布文件系统存储与传统方法比较的优势如下:

(1) 所有的数据都是可用的,不用对未来的使用数据做出任何假设。

(2) 所有数据都是共享的。多个业务单位或研究人员可以使用所有可用的数据,但其中一些数据可能由于独立系统上的数据隔离而导致不可用。

(3) 所有读取方式都可用。可以使用任意处理引擎(MapReduce、Spark)或应用程序(Hive、Pig)来检查数据并根据需要进行处理。

(4) 当一个 Hadoop 应用程序使用 HDFS 中的数据时,只要数据在 HDFS 中就可以使用。

2. 数据导入 HDFS 的过程

1) 将数据导入 Hadoop 平台的 HDFS 过程

利用 HDFS 命令就可以将数据移入或移出 HDFS。cp、ls、mv 等命令仅适用于本地文件移动,如果需要将文件 test1 从本地文件系统移入 HDFS 中,则使用下述 put 命令:

```
$hdfs dfs -put test1
```

如果需要在 HDFS 中查看文件,可使用 ls-l 命令,获得一个类似本地执行的 ls-l 命令的完整列表:

```
$hdfs dfs -ls
-rw-r--r--2 username hdfs        497 2018-08-16 14:30 test1
```

2) 将文件从 HDFS 复制到本地文件系统

如果需要将文件 test2 从 HDFS 复制到本地文件系统,可以使用 get 命令:

```
$hdfs dfs -get test2
```

其他 HDFS 命令的使用方法,可以参考相关文献。

4.4.2 将数据从 CSV 文件导入 Hive 表

通常将数据从电子表格或数据库中导出文本的文件导入到 Hive 的表中,这些文件格式通常包括制表符分隔值(TSV)、逗号分隔值(CVS)、原始文本、JSON 等。将它们存储在 Hive 表中之后,可以方便数据分析与挖掘。

一旦数据被导入后成为一个表,就可以使用 Hive 的 SQL 查询处理,使用 Pig 或 Spark 等工具处理这些数据。

Hive 支持两种表,即内部表和外部表,其中内部表完全由 Hive 管理,如果删除一个内部表,则在 Hive 中的定义和数据都将被删除。内部表是以 ORC 等优化格式存储的,所以性能优秀。外部表不受 Hive 管理,外部表只使用元数据描述来访问原始数据。如果删除了外部表,则只有 Hive 中的定义被删除,而实际数据没有被删除。当数据在 Hive 之外,或者在删除表之后的原始数据页需要保留在底层位置时,通常使用外部表。

下面以实例说明以逗号分隔的 CSV 文本文件导入 Hive 表中的方法。设输入文件(CSV 文件)有 4 个字段,其含义分别是员工 ID、名字、职务、使用的计算机类型,文件的前六行如下:

```
100,Li,Manager,PC
101,Wang,Programmer,PC
102,Zhang,Sales,MAC
103,Yang,Programmer,MAC
104,Liu,Engineer,MAC
105,Chen,Professor,PC
```

(1) 由于 Hive 输入是基于目录的,也就是说,操作是应用于给定目录中的所有文件,首先在 HDFS 中创建一个 names 目录来保存该文件。

```
$ hdfs dfs -mkdir names
```

在这个例子中,只使用了一个文件。但实际上,任何数量的文件都可以放在输入目录中。

(2) 将 name.cvs 文件移动到 HDFS names 目录中。

```
$ hdfs dfs -put name.cvs names
```

(3) 如果文件已在 HDFS 中,则首先将数据加载为外部 Hive 表,通过在命令提示符下输入 hive 启动一个 hive shell 并输入下面命令。应说明的是,一些非必要的 Hive 输出,如运行时间、进度条等,已从 Hive 中删除。

```
hive>CREATE EXTERNAL IF NOT EXTSTS Names_text(
    >EmloyeeID INT,FistName STRING,Title STRING,Computer type STRING)
    >COMENT'Employee Names'
    >ROM FORMAT DELMITED
    >FIELDS TERMINATED BY ','
    >STOREDS AS TEXTFILE
    >LOCATION '/user/username/names';
OK
```

(4) 如果该命令起作用,则将输出一个 OK。各个字段、逗号分隔符在命令中已有声明。其中最后的 LOCATION 语句指明 Hive 查找输入文件的位置。可以通过列出表中的前 6 行来验证是否将 name.csv 文件导入：

```
hive>Select * from Names_text limit 6;
OK
100,Li,Manager,PC
101,Wang,Programmer,PC
102,Zhang,Sales,MAC
103,Yang,Programmer,MAC
104,Liu,Engineer,MAC
105,Chen,Professor,PC
```

（5）将外部表移动到内部表。内部表必须使用类似命令来创建。但是 STORED AS 格式提供了新选项。除了基本的文本格式之外，还有下述主要的文件格式。

① 文本文件：所有数据都使用 Unicode 标准以原始文本形式存储。

② 序列文件：数据以二进制键值对存储。

③ ORC 文件：一种优化的行列格式，可以提高 Hive 的性能。

④ Parquet：一种列式格式，可以为其他的 Hadoop 工具（Hive、Pig 等）提供可移植性。

⑤ RCFile：所有数据都以列优化格式（不是行优化）存储。

格式的选择取决于数据和分析的类型，但在大多数情况下，使用 ORC 和 Parquet 格式，这是由于他们为大多数数据类型提供了最佳的压缩比和处理速度。

（6）创建一个使用 ORC 格式的内部 Hive 表。

```
hive>CREATE TABLE IF NOT EXI NAMES(
    >EmployeeID INT,FiestNames STRING,Title STRING
    >State STRING,Laptop STRING)
    >COMMIT 'Employee Names'
    >STORED AS ORC
```

如果使用其他格式之一创建表，可以更改 SRORED AS 命令以反映新的格式。

（7）创建表之后，就可以使用下述命令将外部表中的数据移动到内部表中：

```
hive>INSERT OVERWRITE TABLE Names SELECT * FROME Names_TEXT;
```

与外部表一样，可以使用以下命令验证内容：

```
hive>Select * from Names limit 6;
OK
100,Li,Manager,PC
101,Wang,Programmer,PC
102,Zhang,Sales,MAC
103,Yang,Programmer,MAC
104,Liu,Engineer,MAC
105,Chen,Professor,PC
```

Hive 也支持分区。通过分区可以将表分成多个逻辑部分,这样可以更有效地查询部分数据。例如,以前创建的内部 Hive 表也可以使用基于状态字段的分区来创建。以下命令创建了一个分区表。

```
hive>CREATE TABLE IF NOT EXISTS Names_part(
    >EmployeeID INT,
    >FirstName STRING,
    >Title STRING,
    >Computer type STRING)
    >COMMIT 'Employee Names'
    >STORED AS ORC
OK
```

该方法要求每个分区键被单独选择和加载。当潜在的分区数据量很大时,可能导致数据输入不方便。为了解决这个问题,Hive 支持动态分区插入(或多分区插入),该插入动态确定扫描输入表时创建和填充哪些分区。

4.4.3　将关系数据导入 HDFS 的方法

许多数据获取之后,存于关系数据库系统中,在进行数据分析与挖掘时,需要将这些数据抽取到 HDFS 中。

Apache Sqoop 是一个用于在 Hadoop 与关系数据库之间传输数据的工具,其主要功能是:用户利用它可以将关系数据库中的数据导入 Hadoop 的 HDFS 中,也可以将 HDFS 数据导回关系数据库中。Apache Sqoop 可以与任何 JDBC 兼容的数据库一起使用。

Sqoop 是一种开源的工具,主要用于在 Hadoop 与传统的数据库间进行数据的传递,可以将一个关系型数据库(例如 MySQL、SQL Server、Oracle 等)中的数据导入 Hadoop 的 HDFS 中,也可以将 HDFS 的数据导入关系型数据库中。对于某些 NoSQL 数据库,它也提供了连接器。Sqoop 使用元数据模型来判断数据类型并在数据从数据源转移到 Hadoop 时保证类型安全的数据处理。Sqoop 主要用于大数据批量传输,能够分割数据集并创建 Hadoop 任务来处理每个区块。

1. 数据的导入与导出

在这里,首先介绍 Apache Sqoop 导入与导出的基本过程,然后再结合实例进一步说明全过程。

1) 导入过程

如图 4-2 所示,导入过程分为两步,首先 Sqoop 检查确认数据库已收集需要导入数据的必要元数据,然后 Sqoop 提交给集群 Map(无 Reduce)的 Hadoop 作业,这是使用上一步中捕获的元数据进行实际数据传输的工作。应说明的是,每个执行导入操作的节点都必须有权访问数据库。

导入的数据保存在 HDFS 中,Sqoop 将使用该目录的数据库名称,或者用户可以指定应该填充文件的任何替代目录。在默认的情况下,这些文件包含逗号分隔的字段,其中换行符分隔不同的记录。用户可以通过明确指定字段分隔符和记录终止符来轻松覆盖被

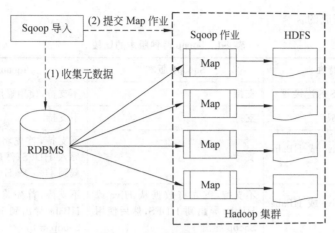

图 4-2　Sqoop 数据导入方法

复制的格式。当数据导入 HDFS 之后，数据就可以进一步处理，包括清洗、约简、分析、挖掘和可视化展示等。

2）导出过程

从集群中导出数据也分两步完成，如图 4-3 所示。第一步是检查数据库中的元数据，然后导出。第二步是通过 Hadoop 的 Map（无 Reduce 作业）的作业将数据导入目标数据库。Sqoop 将输入数据集划分为多个分区，然后使用单独的映射任务将分区推送到数据库，这个过程假定 Map 任务可以访问数据库。

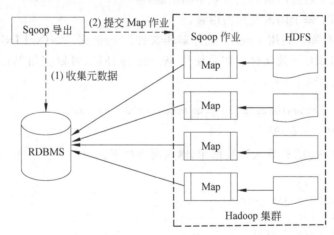

图 4-3　Sqoop 数据导出过程

2. Sqoop 版本的说明

在 Hadoop 中经常使用两种 Sqoop 版本，即 Sqoop1 版本和 Sqoop2 版本。虽然 Sqoop2 版本比 Sqoop1 版本高，但 Sqoop1 版本仍然在使用，这是由于许多用户发现版本 2 中被删除的部分功能很有用，并继续使用版本 1。两种版本的比较如表 4-1 所示。

从表 4-1 可以看出，Sqoop1 版本不支持专门的连接器或者 Hive 或 HBabe 与之间直接的传入与导出。在版本 2 中有更多的通用方法来完成这些任务。而导入和导出都是通过 JDBC 接口完成的。

表 4-1　Sqoop 两种版本的比较

比较的特性	Sqoop1 版本	Sqoop2 版本
所有主要 RDBMS 的连接器	支持	不支持,使用通用 JDBC 连接器
Kerberos 安全集成	支持	不支持
从 RDBMS 到 Hive 或 HBabe 的数据	支持	不支持,首先将数据从 RDBMS 导入 HDFS,然后手动将数据加载到 Hive 或 HBabe
将数据从传输 Hive 或 HBabe 传输到 RDBMS	不支持,首先将数据从 Hive 或 HBabe 导出到 HDFS,然后使用 Sqoop 导出	不支持,首先将数据从 Hive 或 HBabe 导出到 HDFS,然后使用 Sqoop 导出

3. 举例

下面通过一个实例来说明利用 Sqoop 数据从 MySQL 数据库迁移到 HFDS 和从 HFDS 迁移到 MySQL 数据库的方法。

1) 下载一个 MySQL 样本数据库

在这个例子中,MySQL 安装在 Sqoop 节点上,并可使用 MySQL 站点中的范例数据库 World,该数据库有三个表:

- 国家:具有世界各国的信息;
- 城市:关于这些国家的一些城市的信息;
- 国家语言:每个国家使用的语言。

(1) 获取数据库。利用 wget 下载并解压文件。wget 是 UNIX/LINUX 的命令行工具,可以直接从 URL 下载文件。如果使用 Windows 环境,可以使用 Winwget 或浏览器下载。

```
$ wget http://downloads.mysql.com/docs/world.sql.gz
$ gunzip world.sql.gz
```

(2) 登录 MySQL,并导入该数据库,输入命令如下。

```
$mysql -u root -p
mysql>CREATE DATABASE world;
mysql>USE world;
mysql>SOURCE world.sql;
mysql>SHOW TABLES;
```

(3) 输入下述 MySQL 命令可以看到每个表的细节。

```
mysql>SHOW CREATE TABLE Country;
mysql>SHOW CREATE TABLE City;
mysql>SHOW CREATE TABLE CountryLanguage;
```

2) 为本地机器和集群添加 Sqoop 用户权限

由于 Sqoop 经常与 Hadoop 集群中的 MySQL 进行交互,因此需要获得 MySQL 权限。根据安装情况,用户可能根据请求来源的位置(主机或 IP 地址),为 Sqoop 请求添加多个权限。例如,该示例分配了以下权限。

```
mysql>GRANT ALL FRIVILEGE ON world.* To 'sqoop'@' localhost 'IDENTIFIED BY 'sqoop'
mysql>GRANT ALL FRIVILEGE ON world.* To 'sqoop'@' -HOSTAME_'IDENTIFIED BY 'sqoop'
mysql>GRANT ALL FRIVILEGE ON world.* To 'sqoop'@' -SUBNET_'IDENTIFIED BY 'sqoop'
mysql>FLU SH PRIVILEGES;
mysql>quit
```

_HOSTNAME_是用户登录主机的名称。_SUBNET_是集群的子网。上述权限允许集群中的任何节点以 Sqoop 用户执行 MySQL 命令。

3) 使用 Sqoop 导入数据

为了检验 Sqoop 读取 MySQL 数据库的能力,可以使用 Sqoop 来列出数据库。

(1) 输入下述命令之后,获得的结果在输出末尾的警告后面。其中,在 JDBC 语句中使用本地_HOSTNAME_。额外的信息已从输出中删除,并以省略号表示。

```
$sqoop list-database --connect jdbc:mysql://_HSTNAME_/world-- username sqoop--
password sqoop
...
information_achema
test
world
```

(2) 以相同的方式,可以将 Sqoop 连接到 MySQL,并给出 world 数据库中的表格。

```
$sqoop list-tables-connect jdbc:mysql://_HSTNAME_/world--username sqoop--
password sqoop
...
city
country
countryLanguage
```

(3) 为了导入数据,要在 HDFS 中创建一个目录。

```
$hdfs dfs -mkdir sqoop_mysql-import
```

(4) 以下命令将 Country 表导入 HDFS 中。

```
$sqoop import-connect jdb:mysql://_HSTNAME_/world--username
sqoop--password sqoop--table Country -m1--target-dir/user/ username/
sqoop-musql/country
```

--table 表示要导入的表,--target-dir 是上面创建的目录,m1 指明 sqoop 使用一个单一的 map 任务导入数据。

(5) 通过检查 HDFS 来确认导入的情况。

```
$hdfs dfs sqoop-mysql-import/country
found 2 items
```

```
-rw-r—r--     2 username hdfs   0 2019-12-01 12:52 sqoop-mysql import/world/
-SUCCESS
-rw-r—r--     2 username hdfs  31490 2020--02-01 12:52 sqoop-mysql import/
world/part-m-00000
```

（6）使用 hdfs -cat 命令查看文件。

```
$hdfs dfs -cat sqoop-mysql-import/country/part-m-00000
...
```

可以在 Sqoop 命令中创建和使用配置文件。这些配置文件将有助于避免重写相同的选项，减少冗余。例如，名为 world-options.txt 的配置文件包括内容如下：

```
import
--connect
jdbc:mysql://_HOSTNAME_/world
--username
sqoop
--password
sqoop
```

在导入步骤中也可以包括一个 SQL 查询。例如，只需要获取某国的城市：

```
SELECT ID,Name from City WHERE CountryCode='国名'
```

然后可以在 Sqoop 导入请求中包含-guery 选项。在以下查询示例中，使用-ml 选项指定一个映射器（mapper）任务。

```
sqoop -optins-file world-optins.txt -m 1 -target-dir
/user/username/sqoop-mysql-import/国名-city -query
"SELECT ID.Name from City
WHERE CountryCode='国名' AND \SCONDITIONS"
```

检查结果显示了只导入了某国城市。

由于只有一个映射器进程，因此只需要在数据库上运行一个查询副本，结果也以单个文件报告的形式导出。如果使用选项，则可以使用多个映射器来处理查询。选项是一种并行化 SQL 查询方法，每个并行任务运行主查询的一个子集，结果由 Sqoop 推断的边界条件分区。

4）使用 Sqoop 导出数据

使用 Sqoop 导出数据的第一步是在数据库系统中为导出的数据库创建表。实际上每个导出的表格都需要两个表格：第一个是导出数据的表格；第二个是用于展示导出数据的表格。具体步骤如下。

（1）使用 MySQL 命令创建表格。

（2）创建上面创建的文件的配置文件，这里使用 export 命令而不是 import 命令。将上面导入的城市数据导入 MySQL 中。

下面介绍几个 MySQL 简捷的清理命令。

- 删除一个表：

```
mysql>Drop table 'CityExportStaging';
```

- 删除表中的数据：

```
mysql>delete from 'CityExportStaging';
```

- 清理导入的文件：

```
$hdfs dfs -rm-r -skipTrash sqoop-mysql-import/(country,city,Canada-city)
```

4.4.4　CSV 文件的读取和写入

CSV 文件是以逗号分隔符分隔的文本格式，已广泛应用。Python 标准库提供了写入和读出 CSV 文件的对象。例如一个简单学籍 CSV(students.csv)格式文件如下：

学号	姓名	性别	班级	语文	数学	英语
1001	李勇	男	一班	85	83	92
1002	王永	男	一班	85	80	90
1033	陈燕	女	二班	82	85	91
1064	鲁胜	男	三班	78	81	86
1005	杨莉	女	一班	74	84	79
1036	张力	男	二班	77	80	83
1067	赵萍	女	三班	83	85	88

1. 使用 csv.reader 对象完成 CSV 文件的读取

可以使用 csv.reader 对象从 CSV 文件中读取数据，读取的数据格式为列表对象。其构造方法为：

```
csv.reader(csvfile,dialect='excel',**fmtpparams)
```

其中，csvfile 是文件对象或 list 对象；dialect 指定 csv 的格式模式，不同程序输出的 csv 格式会有细微的差别；fmtpparams 指定特定格式，以覆盖 dialect 格式。

csv.reader 对象是一个可以迭代的对象，主要包含下述属性。

- csvreader.dialect：返回其 dialect。
- csvreader.line_num：返回读入的对象。

例如，读取 CSV 文件：

```
#example 13.15
import csv
def readcsvl(csvfilepath):
    with open(csvfilepath,newline='') as f          #打开文件
        f_csv=csv.reader(f)                          #创建 csv.reader 对象
        headers=next(f_csv)                          #标题
        print(headers)                               #打印标题(列表)
        for row in f_csv                             #循环打印各行(列表)
```

```
        print(row)
if_ _name_ _=='_ _main_ _':
    readcsvl(r'scores.csv')
```

2. 使用 csv.writer 对象完成 CSV 文件的写入

使用 csv.writer 对象可以将列表对象数据写入到 CSV 文件中,其方法为:

```
csv.writer(csvfile,dialect='excel',**fmtpparams)
```

其中,csvfile 是支持 writer()方法的对象,通常为文件对象,dialect 指定 CSV 的格式模式,不同程序输出的 CSV 格式存在微小的差别,fmtpparams 指定特定格式,用于覆盖 dialect 格式。

csv.writer 对象支持下列方法与属性。

- csvwriter.writerow(row):写入一行数据。
- csvwriter.writerow(rows):写入多行数据。
- csvwriter.dialetct:只读属性,返回其 dialect。

例如,CSV 文件的写入:

```
#example 13.16
import csv
def writecsv(csvfilepath):
    headers=['学号','姓名', '性别', '班级', '语文', '数学', '英语']
    row=[('1001','李勇','男','一班' f:,'85','83','92'),
        ('1002','王永','男','一班','85','80','90')]
    with open(csvfilepath, 'w',newline='') as f:         #打开文件
        f_csv=csv.writer(f)                               #创建 csv.writer 对象
        f_csv.writerow(headers)                           #写入一行数据
        f_csv.writerow(rows)                              #写入多行数据
if_ _name_ _=='_ _main_ _':
    writecsv1(r'scores1.csv')
```

3. 使用 csv.DictReader 对象完成 CSV 文件的读取

使用 csv. reader 对象从 CSV 文件读取数据,其结果是列表对象 row,需要通过索引 row[i]访问。如果希望通过 CSV 文件的首行标题字段名访问,则可以使用 csv. DictReader 对象的构造函数,以返回 Map:

```
csv.DictReader(csvfile, filenames=None, restkey=None, restval=None, dialect=
'excel', * args,{**kwds)
```

csvfile:文件对象或 list 对象。

filenames:用于指定字段名,如果没有指定,则第一行为字段名,可以选择 restkey 和 restval,用于指定字段名和数据个数不一致时所对应的字段名或数据值。其他参数与 reader 对象相同。

除了支持 csv.reader 对象的方法和属性,DictReader 还包括下列属性:

```
csv.reader.filedname                        #返回标题字段名
import csv
def readcsv2(csvfilepath):
    with open(csvfilepath,newline='') as f:   #打开文件
        f_csv=csv.reader(f)                     #创建 csv.reader
        headers=next(f_csv)                     #标题
        print(header)                           #输出标题(列表)
        for row in f_csv:                       #循环输出各行(列表)
            print(row)
if __name__=='__main__':
    readcsv2(r'scores.csv')
```

4. 使用 csv.DictWriter 对象完成 CSV 文件的写入

如果需要写入 Map 数据到 CSV 文件中,那么可以使用如下的 csv.DictWriter 对象的构造函数:

```
csv.DictWriter(csvfile,filenames,restval='',extrasaction='raise',dialect=
'excel', 'args',++kwds)
```

其中 csvfile 是文件对象或 list 对象;filenames 用于指定字段名;可选的 restval 用于指定默认数据。可选 extrasaction 用于指定多余字段的操作;其他参数与 writer 对象相同。除了支持 csv.writer 对象的方法和属性,csv.DictWriter 还包括如下方法。

```
DictWriter.writeheader()               #写入标题字段名(构造函数中的参数)
```

例如,使用 DictWriter 对象写入 CSV 文件:

```
import csv
def readcsv2(csvfilepath):
    headers==['学号','姓名', '语文', '数学', '英语']
    row=[{'学号':'1001','姓名':'李勇','语文':'85','数学':'83','英语':'92'}
        {'学号':'1002','姓名':'王永','语文':'85','数学':'80','英语':'90'}]
    with open(csvfilepath, 'w',newline='') as f:      #打开文件
        f_csv=csv.DictWriter(f, header)                #创建 csv.DictWriter 对象
        f_csv.writerheader()                            #写入标题
        f_csv.writerrows(rows)                          #写入多行数据
if __name__=='__main__':
    writecsv2(r'scores2.csv')
```

5. 文件处理程序举例

1) 读取与解析文件程序

将读取的文件存入内存,然后根据字符串进行处理,将数据转换成数组,最后使用 dataframe 解析数据。

```
import pandas as pd
```

```
#获取文件的内容
def get_contends(path):
    with open(path) as file_object:
        contends=file_object.read()
    return contends
#将一行内容变成数组
def get_contends_arr(contends):
    contends_arr_new=[]
    contends_arr=str(contends).split(']')
    for i in range(len(contends_arr)):
        if (contends_arr[i].__contains__('[')):
        index=contends_arr[i].rfind('[')
        temp_str=contends_arr[i][index +1:]
        if temp_str.__contains__('"'):
            contends_arr_new.append(temp_str.replace('"', ''))
        #print(index)
    #print(contends_arr[i])
    return contends_arr_new
if __name__=='__main__':
    path='event.txt'
    contends=get_contends(path)
    contends_arr=get_contends_arr(contends)
    contents=[]
    for content in contends_arr:
        contents.append(content.split(','))
    df=pd.DataFrame(contents,columns=['shelf_code','robotid','event','time'])
    print(df)
```

也可以使用 json 读取数组数据：

```
import pandas as pd
import json

file=open("event.txt")
context=file.readline()
data=json.loads(context)
data=data['data']
pd.DataFrame(data, columns=['shelfCode', 'robotId', 'action', 'time'])
```

在上面介绍了两种读取数据的方法，可以看出，第二种方法比较简洁，更适合于实际环境。

2）多个文件中的内容合并到一个新的文件

利用简单的文件读写操作，将多个文件中的内容合并到一个新的文件中。

```
def main():
    filePath=input(r"输入文件所在地址：")
    fileName=input(r"输入文件名称：")
    start=input(r"输入开始合并的页码：")
    end=input(r"输入结束合并的页码：")
    filePath=filePath.replace(" ","")
    fileName=fileName.replace(" ","")
    text=""
    for i in range(eval(start),eval(end)):
        fr=open(filePath +"\\" +fileName +r"_"+str(i)+r".txt")
        text=text+fr.read()
    fr.close()
    fw=open(filePath +"\\" +fileName +r"_"+start+"-"+end+r".txt", 'a')
    fw.write(text)
    fw.close()
main()
```

生成的 TXT 文件在原来的 TXT 文件夹中。

4.4.5　Flume 获取日志文件

Flume 是 Cloudera 提供的一个高可用的、高可靠的、分布式的海量日志采集、聚合和传输的系统。Flume 支持在日志系统中定制各类数据发送方，用于收集数据。同时，Flume 提供对数据进行简单处理，并写到各种数据接收方（可定制）的能力。Flume-og 采用多 Master 的方式。为了保证配置数据的一致性，Flume 引入了 ZooKeeper，用于保存配置数据。ZooKeeper 本身可保证配置数据的一致性和高可用性，另外在配置数据发生变化时，ZooKeeper 可以通知 Flume Master 节点。Flume Master 间使用 gossip 协议同步数据。Flume-ng 最明显的改动就是取消了集中管理配置的 Master 和 Zookeeper，变为一个纯粹的传输工具。Flume-ng 另一个改动是读入数据和写出数据由不同的工作线程处理（称为 Runner）。在 Flume-og 中，读入线程同样做写出工作（除了故障重试）。如果写出慢（不是完全失败），它将阻塞 Flume 接收数据的能力。这种异步的设计使读入线程可以顺畅地工作而无须关注下游的任何问题。

日志文件是一种常见的数据源，通常来自多个源机器的流式增量文件。为了将这种类型的数据用于 Hadoop 平台，需要将这些数据提取到 HDFS 中。Flume 可以将数据流进行收集、传输和存储到 HDFS 中。数据传输使用了 Flume 代理，利用 Flume 代理可将一系列机器和位置串联起来。Flume 系统通常用于日志文件、社交媒体生成的数据、电子邮件等。

1. Flume 代理

Flume 代理由以下三部分构成，如图 4-4 所示。

1）信源

信源接收数据并将其发送到信道，可以将数据发送到多个信道。输入数据可以来自实时来源（例如网络日志）或另一个 Flume 代理。

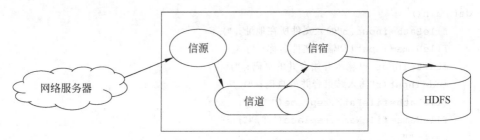

图 4-4　Flume 代理的构成

2）信道

信道将源数据转发到信宿目标的数据队列，它是管理输入源和输出源流量的缓冲区。

3）信宿

信宿将数据传送到 HDFS、本地文件或其他 Flume 代理等目标。

Flume 代理可以具有多个信源、信道和信宿，但必须至少定义三个组件中的一个。信源可以写入多个信道，但信宿只能从单个信道获取数据。写入信道的数据保留在信道中，直到信宿删除数据。默认情况下，信道中的数据保存在内存中，但为了防止网络故障时丢失数据，也可以存储在磁盘上。

Flume 代理可以放在一个管道中，这种配置通常用于在一台机器（例如网络服务器）上收集数据并将数据发送到可访问 HDFS 的另一台机器的情况，如图 4-5 所示。

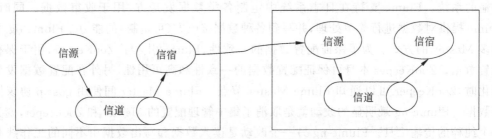

图 4-5　通过连接 Flume 代理创建管道

在 Flume 管道中，将来自一个代理的信宿连接到另一个代理的信源。Flume 通常使用的数据除数格式称为 ApacheAvro，主要有以下功能：Avro 是一个使用紧凑二进制格式的数据序列化系统/反序列化系统；Avro 还使用远程调用（RPC）发送数据，也就是说，Avro 信宿将联系 Avro 信源发送数据。

用如图 4-6 所示的配置可以在将数据提交到 HDFS 之前合并多个数据源。

构建 Flume 传输网络还有多种方法，此处不再赘述。

2. 网络日志存入 HDFS 中的过程

下面介绍利用 Flume 将来自本地机器的网络日志存入 HDFS 中的过程。

首先配置 Flume，需要下述两个文件：

• web-server-target-agent.conf：将数据写入 HDFS 的目标 Flume 代理；

• web-server-source-agent.conf：捕获 Web 日志数据的源 Flume 代理。

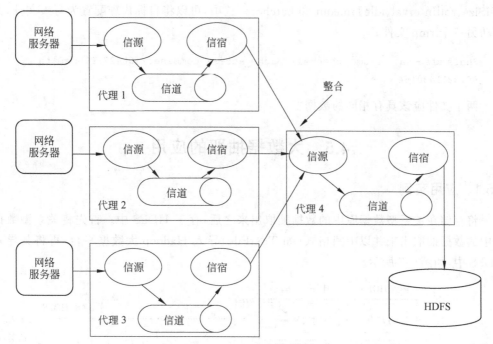

图 4-6　Flume 整合网络

1）以 root 身份创建目录

```
#mkdie/var/log/flume-hdfs
#chownhdfs:hadoop/var/log/flume-hdfs
```

2）在 HDFS 中创建一个 Flume 数据目录

```
$hdfs dfs -mkdir/user/hdfs/flume-channel/
```

3）以用户 HDFS 的形式启动 Flume 目标代理

```
$flume-ng agent -c cont -f web-server-target-agent.cont -n collector
```

该代理将数据写入 HDFS,并在源代理之前启动读取 Web 日志。

源代理可以用 root 用户启动,启动之后它将把网络日志数据提供给目标代理。源代理可以在另一台机器上。

```
# flume-ng agent -c cont -f web-server-source-agent.cont -n source-agent
```

需要查看 Flume 是否正在工作,可以使用 tail 命令查看本地日志。另外检查一下确保 Flume-ng 代理不报任何错误。

```
$tail -f /var/log/flume-hdfs/1430164482581-1
```

Flume-hdfs 下的本地日志的内容应该与写入 HDFS 的内容相同。可以使用 hdfs-tail 命令检查文件。在运行 Flume 时,HDFS 中最新的文件可能会附加一个.tmp 文件,.tmp 表示该文件仍由 Flume 编写。通过设置配置文件中的部分或全部 rollCount、 rollSize、rollInterval、idleTimeout 和 batchSize 选项,可以将目标代理配置为写入文件,并启动另一个.tmp 文件。

```
$hdfs dfs -tail flume-channel/apache_access_combined/150427/FlumeData.
9013811430164
```

两个文件应该具有相同的数据。

4.5　大数据抽取的应用

4.5.1　应用实例

将存储在关系型数据库中的数据抽取出来之后,存于 HDFS 中。首先将关系型数据库中的数据抽取出来并以中间格式(如 TextFile)导入 Hadoop 大数据平台,再将其导入 HDFS 中,如图 4-7 所示。

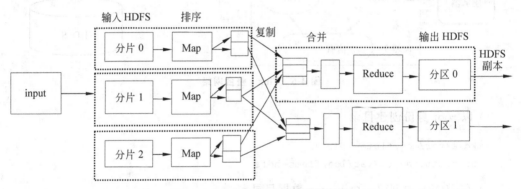

图 4-7　MapReduce 分布计算的过程

MapReduce 分布计算的过程如下:

(1) 首先,确定有一份大数据量输入;

(2) 通过分片之后,变成了若干的分片(Split),每个分片交给一个 Map 处理;

(3) Map 处理完后,tasktracker 把数据进行复制和排序,然后通过输出的 key 和 value 进行 partition 的划分,并把 partition 相同的 Map 输出,合并为相同的 Reduce 的输入;

(4) Reduce 通过处理输出数据,每个相同的 key 一定在一个 Reduce 中处理完,每一个 Reduce 至少对应一份输出。

4.5.2　非关系数据库中的数据抽取软件简介

数据源除了关系数据库外,还可能是文件,例如 TXT 文件、Excel 文件、XML 文件等。对文件数据的抽取一般是进行全量抽取,一次抽取前可保存文件的时间戳或计算文件的 MD5 校验码,下次抽取时进行比对,如果相同则可忽略本次抽取。

DMCTextFilter 是纯文本抽出通用程序库,可以从各种各样的文档格式的数据中或从插入的 OLE 对象中,完全删除特殊控制信息,快速抽出纯文本数据信息。便于用户实现对多种文档数据资源信息进行统一管理、编辑、检索和浏览。DMC 文本抽出支持 Office 所有软件的各个版本的文本提取以及邮件中的附件、压缩文件中的压缩文件、嵌入文件中的文件以及 PDF 的文本提取。

DMCTextFilter 采用了先进的多语言、多平台、多线程的设计理念,支持多国语言(英语、汉语、日语、韩语等),多种操作系统(Windows、Solaris、Linux、IBM AIX、Macintosh、HP-UNIX 等),多种文字集合代码(GBK、GB18030、Big5、ISO-8859-1、KS X 1001、Shift_JIS、WINDOWS31J、EUC-JP、ISO-10646-UCS-2、ISO-10646-UCS-4、UTF-16、UTF-8 等);提供了多种形式的 API 功能接口,如文件格式识别函数、文本抽出函数、文件属性抽出函数、页抽出函数、设定 User Password 的 PDF 文件的文本抽出函数等,方便用户使用。用户可以十分便利地将本产品组装到自己的应用程序中,进行二次开发。通过调用本产品提供的 API 功能接口,实现从多种文档格式的数据中快速抽出纯文本数据。归纳本软件的主要功能如下。

1. 文件格式自动识别功能

通过解析文件内部的信息,能够自动识别生成文件的应用程序名和版本号,不依赖文件的扩展名,能够正确识别文件格式和相应的版本信息,可以支持 Microsoft Office、RTF、PDF、Visio、Outlook EML、MSG、Lotus1-2-3、HTML、AutoCAD DXF、DWG、IGES、PageMaker、ClarisWorks、AppleWorks、XML、WordPerfect、Mac Write、Works、Corel Presentations、QuarkXpress、DocuWorks、WPS、压缩文件的 LZH/ZIP/RAR,以及一太郎、OASYS 等文件格式的识别。

2. 文本抽出功能

即使系统中没有安装文件的应用程序,也可以从指定的文件或插入文件中的 OLE 中抽出文本数据。

3. 文件属性抽出功能

从指定的文件中,抽出文件属性信息。

4. 页抽出功能

从文件中,抽出指定页中的文本数据。

5. 对加密的 PDF 文件文本抽出功能

从设有打开文档口令密码的 PDF 文件中抽出文本数据。

6. 流(Stream)抽出功能

从指定的文件或是嵌入文件中的 OLE 对象向流里抽取文本数据。

7. 支持的语言种类

可以支持英语、汉语、日语、韩语等语言。

8. 支持的字符集合的种类

抽出文本时,可以指定以下的字符集合作为文本文件的字符集(也可指定任意特殊字符集,但需要另行定制开发):GBK、GB18030、Big5、ISO-8859-1、KS X 1001、Shift_JIS、WINDOWS31J、EUC-JP、ISO-10646-UCS-2、ISO-10646-UCS-4、UTF-16、UTF-8 等。

本 章 小 结

  在大数据处理过程中,经常需要从多个数据源中抽取各类数据导入数据仓库中,然后分析与挖掘。本章主要介绍了大数据抽取的概念与方法,尤其对于增量数据抽取、数据源做了较深入介绍;以具体实例说明了将数据从关系数据库 MySQL 导入 HDFS 分布文件系统的方法,以及从 HDFS 中导入 MySQL 的方法;介绍了将数据从 CSV 文件中导入 Hive 的方法。

第 5 章

大数据清洗

知 识 结 构

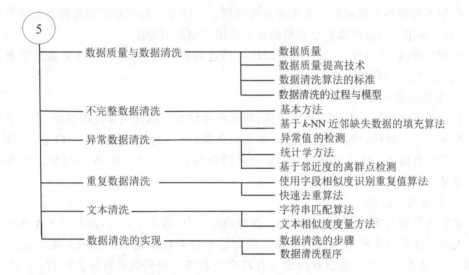

数据清洗是数据预处理的重要部分,主要的工作是检查数据的完整性及数据的一致性,对其中的噪音数据进行平滑,对丢失的数据进行填补和对重复数据进行消除等。

5.1 数据质量与数据清洗

如何把繁杂的大数据变成一个完备的高质量数据集,清洗处理过程尤为重要。只有通过清洗之后,才能分析得到可信的、可用于支撑决策的信息。高质量的数据有利于通过数据分析得到准确的结果。

高质量的数据能够使数据分析更简单有效。统计分析关注数据的共性,利用数据的规律性进行处理;而数据清洗则关注数据的个性,针对数据的差异性进行处理。有规律的数据便于统一处理,存在差异的数据难以统一处理,所以从某种意义上说,数据清洗比统计分析更费时间、更困难。对现有的数据进行有效的清洗、合理的分析,使之能够满足决策与预测服务的需求。数据质量与数据清洗的有关概念介绍如下。

5.1.1 数据质量

数据是信息的载体,高质量的数据是通过数据分析获得有意义结果的基本条件。数据丰富、信息贫乏的一个原因就是缺乏有效的数据分析技术；而另一个重要原因则是数据质量不高，如数据不完整、数据不一致、数据重复等，导致数据不能有效地被利用。数据质量管理如同产品质量管理一样贯穿于数据生命周期的各个阶段，提高数据质量涉及统计学、人工智能和数据库等多个领域。

1. 数据质量的定义与表述

数据是进行数据分析的最基本资源，高质量的数据是保证完成数据分析的基础。尤其是大数据具有数据量巨大、数据类型繁多和非结构化等特征。为了快速而准确地获得分析结果，提供高质量的大数据尤其重要。数据质量与绩效之间存在着直接关联，高质量的数据可以满足需求，有益于获得更大价值。

数据质量评估是数据管理面临的首要问题。一种定义是数据质量是数据适合使用的程度；另一种定义是数据质量是数据满足特定用户期望的程度。

利用准确性、完整性、一致性和及时性来描述数据质量，通常将其称为数据质量的四要素，下面将逐一介绍。

1）数据的准确性

数据的准确性是数据真实性的描述，即是所存储数据的准确程度的描述，数据不准确的表现形式是多样的，例如字符型数据的乱码现象、异常大或者异常小的数值、不符合有效性要求的数值等。由于发现没有明显异常错误的数据十分困难，所以对数据准确性的监测也是一项困难的工作。

2）数据的完整性

完整性是数据质量最基础的保障。在源数据中，可能由于疏忽，甚至为了保密使系统设计人员无法得到某些数据项的数据。假如这个数据项正是知识发现系统所关心的数据，那么对这类不完整的数据就需要填补缺失的数据。缺失数据可分为两类：一类是这个值实际存在但是没有被观测到；另一类是这个值实际上根本就不存在。应尽一切努力避免缺失数据，或至少使这种现象最小化。

3）数据的一致性

数据的一致性主要包括数据记录规范的一致性和数据逻辑的一致性。

（1）数据记录规范的一致性。数据记录规范的一致性主要是指数据编码和格式的一致性，例如网站的用户 ID 是 15 位的数字，商品 ID 是 10 位数字，商品包括 20 个类目，IP 地址一定是用"."分隔的 4 个 0～255 的数字组成等，都遵循确定的规范，所定义的数据也遵循确定的规范约束。例如完整性的非空约束、唯一值约束等。这些规范与约束使得数据记录有统一的格式，进而保证了数据记录的一致性。

（2）数据逻辑的一致性。数据逻辑的一致性主要是指标统计和计算的一致性，例如 $PV \geqslant UV$，新用户比例在 0～1 等。具有逻辑上不一致性的答案可能以多种形式出现，例如，许多调查对象说自己开车去学校，但又说没有汽车；或者调查对象说自己是某品牌的重度购买者和使用者，但同时又在熟悉程度量表上给了很低的分值。

在数据质量中，保证数据逻辑的一致性比较重要，但也是比较复杂的工作。

4）数据的及时性

数据从产生到可以检测的时间间隔称为数据的延时时间。虽然分析数据的实时性要求并不是太高,但是如果数据延时时间需要两三天,或者每周的数据分析结果需要两周后才能出来,那么分析的结论可能已经失去时效性。如果某些实时分析和决策需要用到的延时时间为小时或者分钟级的数据,这时对数据的时效性要求就更高。所以及时性也是衡量数据质量的重要因素之一。

2. 数据质量的提高策略

可以从不同的角度考虑来提高数据质量,下面介绍从问题的发生时间或者提高质量所需的相关知识这两个角度来考虑提高数据质量的策略。

1) 基于数据的整个生命周期的数据质量提高策略

(1) 从预防的角度考虑,在数据生命周期的任何一个阶段,都应有严格的数据规划和约束来防止脏数据的产生。

(2) 从事后诊断的角度考虑,由于数据的演化或集成,脏数据逐渐涌现,需要应用特定的算法检测出现的脏数据。

2) 基于相关知识的数据质量提高策略

(1) 提高策略与特定业务规则无关,例如数据拼写错误、某些缺失值处理等,这类问题的解决与特定的业务规则无关,可以从数据本身寻找特征来解决。

(2) 提高策略与特定业务规则相关,相关的领域知识是消除数据逻辑错误的必需条件。

由于数据质量问题涉及多方面,成功的数据质量提高方案必然要综合应用上述各种策略。目前,数据质量的研究主要围绕数据质量的评估和监控,以及从技术的角度保证和提高数据质量来展开。

3. 数据质量评估

数据质量评估和监控是解决数据质量问题的基本问题。尽管对数据质量的定义不同,但一般认为数据质量是一个层次分类的概念,每个质量类都分解成具体的数据质量维度。数据质量评估的核心是具体地评估各个维度,数据质量评估的 12 个维度如下。

1) 数据规范

数据规范是对数据标准、数据模型、业务规则、元数据和参考数据进行有关存在性、完整性、质量及归档的测量标准。

2) 数据完整性

数据完整性准则是对数据进行存在性、有效性、结构、内容及其他基本数据特征的测量标准。

3) 重复性

重复是对存在于系统内或系统间的特定字段、记录或数据集重复的测量标准。

4) 准确性

准确性是对数据内容正确性进行测量的标准。

5) 一致性和同步性

一致性和同步性是对各种不同的数据仓库、应用和系统中所存储或使用的信息等价程度的测量,以及使数据等价的处理流程的测量标准。

6）及时性和可用性

及时性和可用性是在预期时段内数据对特定应用的及时程度和可用程度的测量标准。

7）易用性和可维护性

易用性和可维护性是对数据可被访问和使用的程度，以及数据能被更新、维护和管理程度的测量标准。

8）数据覆盖性

数据覆盖是对数据总体或全体相关对象数据的可用性和全面性的测量标准。

9）质量表达性

质量表达性是进行有效信息表达以及如何从用户中收集信息的测量标准。

10）可理解性、相关性和可信度

可理解性、相关性和可信度是数据质量的测量标准，以及对业务所需数据的重要性、实用性及相关性的测量标准。

11）数据衰变性

数据衰变性是对数据负面变化率的测量标准。

12）效用性

效用性是数据产生期望业务交易或结果程度的测量标准。

在评估一个具体项目的数据质量时，首先需要选取几个合适的数据质量维度，再针对每个所选维度制定评估方案，选择合适的评估手段进行测量，最后分析和合并所有质量评估结果。

5.1.2 数据质量提高技术

数据质量提高技术可以分为实例层和模式层两个层次。在数据库领域，关于模式层的应用较多，而在数据质量提高技术的角度主要关注根据已有的数据实例，重新设计和改进模式的方法，即主要关注数据实例层的问题。数据清洗是数据质量提高技术的主要技术，数据清洗的目的是为了消除脏数据，进而提高数据的可利用性，主要消除异常数据、清除重复数据、保证数据的完整性等。数据清洗的过程是指通过分析脏数据产生的原因和存在形式，构建数据清洗的模型和算法来完成对脏数据的清除，进而实现将不符合要求的数据转化成满足数据应用要求的数据，为数据分析与建模建立基础。

基于数据源数量的考虑，数据质量问题可分为单数据源的数据质量问题和多数据源的数据质量问题，并进一步分为模式和实例两个方面，如图 5-1 所示。

1. 单数据源的数据质量

单数据源的数据质量问题可以分为模式层和实例层两类问题。

1）模式层

一个数据源的数据质量取决于控制这些数据的模式设计和完整性约束。例如，由于对数据的输入和存储没有约束，可能会造成错误和不一致。因此，出现模式相关的数据质量问题是因为缺乏合适的特定数据模型和特定的完整性约束。单数据源的模式层质量问题如表 5-1 所示。

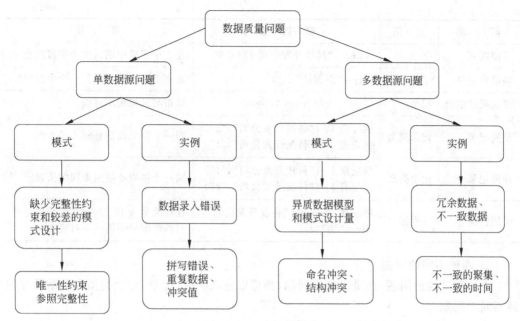

图 5-1　数据质量问题分类

表 5-1　单数据源的模式层质量问题

问　　题	范　围	脏　数　据	原　　因
不合法值	字段	Birthday＝155.3.2.36	超出值域范围
违反属性依赖	记录	Age＝404.Birthday＝155.2.6.36	Age 与 Birthday 应保持 Age＝当前年－Birth 依赖关系
违反唯一性	记录类型	Provider1：name＝"A1"，No＝"G001" Provider2：name＝"A2"，No＝"G001"	供应商号不唯一
违反参照完整性	数据源	Provider：name＝"A1"，CITY＝"101"	编号为 101 的城市不存在

2）实例层

与特定实例问题相关的错误和不一致错误等不能在模式层得到预防，例如拼写错误。
不唯一的模式层约束也不能够防止重复的实例，例如同一现实实体的记录可能以不同的
字段值输入两次。单数据源的实例级质量问题举例如表 5-2 所示。

表 5-2　单数据源的实例级质量问题

问　　题	范　围	脏　数　据	原　　因
空值	字段	Birth＝dd/mm/yy	该属性没有输入相应值
拼写错误	字段	City＝"----"	一般为数据录入错误
模糊的值缩写	字段	Position＝"DBProg"	DBProg，意义不明

续表

问 题	范 围	脏 数 据	原 因
多值嵌入	字段	Name="科技开发公司 123456"	在一个字段中输入多个字段的值
字段值错位	字段	City="海淀区"	某一个属性值输入另一个字段中
违反属性依赖	记录	City="天津"zip=3760000	城市与其邮编不对应
重复记录	记录类型	供应商1:("科技开发公司","1") 供应商2:("科技开发公司","1")	同一个供应商信息输入了2次
冲突记录	记录类型	供应商1:("科技开发公司","1") 供应商1:("科技开发公司","2")	同一个供应商使用不同的值表示
引用错误	数据源	供应商:Name="科技开发公司",city="10"	存在编号为10的城市,但是供应商与城市编号不能一一对应

3）四种不同的问题

无论模式层的问题,还是实例层问题,都可以分成字段、记录、记录类型和数据源等四种不同的问题。

（1）字段：错误仅局限于单个字段值中。

（2）记录：错误表现在同一个记录中不同字段值之间出现的不一致。

（3）记录类型：错误表现同一个数据源中不同记录之间的不一致关系。

（4）数据源：错误表现同一个数据源中的某些字段和其他数据源中相关值的不一致关系。

2. 多数据源的质量问题

在多个数据源情况下,上述问题表现更为严重。这是因为每个数据源都是为了特定的应用而单独开发、部署和维护,进而导致数据管理、数据模型、模式设计和产生的实际数据不同。每个数据源都可能包含脏数据,而且多个数据源中的数据可能出现不同的表示、重复和冲突等。多数据源的数据质量问题也可以分为模式层和实例层两类问题。

1）模式层

在模式层,模式设计的主要问题是命名冲突和结构冲突。

（1）命名冲突。命名冲突主要表现为不同的对象使用同一个命名和同一对象可能使用多个命名。

（2）结构冲突。结构冲突存在许多不同的情况,一般是指不同数据源中同一对象有不同的表示,如不同的组成结构、不同的数据类型、不同的完整性约束等。

2）实例层

除了模式层冲突,也出现了许多实例层冲突,即数据冲突。

（1）由于不同的数据源中的数据表示可能不同,单数据源中的问题在多数据源中都可能出现,例如重复记录、冲突的记录等。

（2）在整个的数据源中,尽管有时不同的数据源中有相同的字段名和类型,但仍可能存在不同的数值表示,例如对性别的描述。数据源 A 中可能用 0/1 来描述;数据源 B 中可能用 F/M 来描述;或者对一些数值的不同表示,例如数据源 A 采用米作为度量单位,而数据源 B 采用厘米作为度量单位。

(3) 不同数据源中的信息可能表示在不同的聚集级别上,例如一个数据源中信息可能指的是每种产品的销售量,而另一个数据源中信息可能指的是每组产品的销售量。

3. 实例层数据清洗

数据清洗主要研究如何检测并消除脏数据,以提高数据质量。数据清洗的研究主要是从数据实例层的角度考虑来提高数据质量。

数据清洗是利用有关技术,如数理统计、数据挖掘或预定义的清洗规则将脏数据转化为满足数据质量要求的数据,如图 5-2 所示。

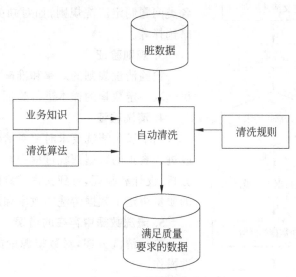

图 5-2 数据清洗的流程

5.1.3 数据清洗算法的标准

数据清洗是一项与领域密切相关的工作,由于各领域的数据质量不一致、充满复杂性,所以还没有形成通用的国际标准,只能根据不同的领域制定不同的清洗算法。数据清洗算法的衡量标准主要包含下述几方面。

1. 返回率

返回率是指重复数据被正确识别的百分率。

2. 错误返回率

错误返回率是指错误数据占总数据记录的百分比。

3. 精确度

精确度是指算法识别出的重复记录中的正确的重复记录所占的百分比,计算方法如下:

$$精确度＝100\%－错误返回率$$

5.1.4　数据清洗的过程与模型

数据清洗的基本过程如图 5-3 所示，主要步骤如下：

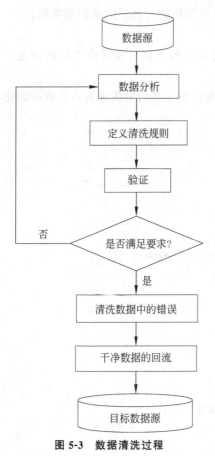

图 5-3　数据清洗过程

1. 数据分析

在数据清洗之前，对数据进行分析，对数据的质量问题有更为详细的了解，有利于选取更好的方法来设计清洗方案。

2. 定义清洗规则

通过数据分析，掌握了数据质量的信息后，针对各类问题制定清洗规则，如对缺失数据进行填补策略选择等。

3. 规则验证

检验清洗规则的效率和准确性。在数据源中随机选取一定数量的样本进行验证。

4. 清洗验证

当不满足清洗要求时要对清洗规则进行调整和改进。真正的数据清洗过程中需要多次迭代地进行分析、设计和验证，直到获得满意的清洗规则。它们的质量决定了数据清洗的效率和质量。

5. 清洗数据中存在的错误

执行清洗方案，对数据源中的各类问题进行清洗操作。

6. 干净数据的回流

执行清洗方案后，将清洗后符合要求的数据回流到数据源中。

5.2　不完整数据清洗

不完整数据的清洗是指对缺失值的填补，准确填补缺失值与填补算法密切相关，在这里介绍常用的不完整数据的清洗方法。

5.2.1　基本方法

1. 删除对象的方法

如果在信息表中含有缺失信息属性值的对象（元组，记录），那么将缺失信息属性值的对象删除，从而得到一个不含有缺失值的完备信息表。这种方法虽然简单易行，但只有在被删除的含有缺失值的对象与信息表中的总数据量相比非常小的情况下有效。这种方法是通过减少历史数据来换取信息的完备，会导致资源的大量浪费，因为丢弃了大量隐藏在这些对象中的信息。在信息表中的对象很少的情况下，删除少量对象将严重影响信息表信息的客观性和结果的正确性。当每个属性空值的百分比变化很大时,它的性能将变得非常差。因此,当缺失数据所占比例较大,特别当缺失数据非随机分布时,这种方法可能导致数据发生偏离,从而引出错误的数据分析与结论挖掘。

2. 数据补齐方法

数据补齐方法是用某值去填充空缺值,从而获得完整数据的方法。通常基于统计学原理,根据决策表中其余对象取值的分布情况来对一个缺失值进行填充,例如用其余属性的平均值或中位值等来进行填充。缺失值填充方法主要分单一填补法和多重填补法。其中单一填补法是指对缺失值构造单一替代值来填补,常用的方法有取平均值或中间数填补法、回归填补法、最大期望填补法、近补齐填补法等,采用与有缺失的观测最相似的那条观测的相应变量值作为填充值。单值填充方法不能反映原有数据集的不确定性,会造成较大的偏差。多重填补法是指用多个值来填充,然后用针对完整数据集的方法进行分析得出综合的结果,比较常用的有趋势得分法等。这类方法的优点在于通过模拟缺失数据的分布,可以较好地保持变量间的关系;其缺点在于计算复杂。填补缺失值主要是为了防止数据分析时,由于空缺值导致的分析结果偏差。但这种填补方法,对于填补单个数据,只具有统计意义,不具有个体意义。下面介绍几种数据补齐的方法。

1）特殊值填充

特殊值填充是将空值作为一种特殊的属性值来处理,它不同于其他的任何属性值。例如所有的空值都用未知填充,这可能导致严重的数据偏离,一般不使用。

2）平均值填充

平均值填充将信息表中的属性分为数值属性和非数值属性来分别进行处理。如果空值是数值型的,就根据该属性在其他所有对象中取值的平均值或中位数来填充该缺失的属性值;如果空值是非数值型的,就根据统计学中的众数原理(众数是一组数据中出现次数最多的数值),用该属性在其他所有对象中取值次数最多的值(即出现频率最高的值)来补齐该缺失的属性值。另外有一种与其相似的方法叫条件平均值填充法。在该方法中,缺失属性值的补齐同样是靠该属性在其他对象中的取值求平均得到,但不同的是用于求平均的值并不是从信息表所有对象中取,而是从与该对象具有相同决策属性值的对象中取得。这两种数据的补齐方法,其基本的出发点都是一样的,以最大概率可能的取值来补充缺失的属性值,只是在具体方法上有一点不同。与其他方法相比,它是用现存数据的多数信息来推测缺失值。

3）就近补齐

就近补齐对于一个包含空值的对象,在完整数据中找到一个与它最相似的对象,然后用这个相似对象的值来进行填充。不同的问题可能选用不同的标准来对相似进行判定。该方法简单,利用了数据间的关系来进行空值估计,但这个方法的缺点在于难以定义相似标准,主观因素较多。

4）K 最近距离邻填充

K 最近距离邻法填充首先是根据欧式距离或相关分析来确定距离具有缺失数据样本最近的 k 个样本,将这 k 个值加权平均来估计该样本的缺失数据。这种方法与均值插补的方法一样,都属于单值插补,不同的是它用层次聚类模型预测缺失变量的类型,再以该类型的均值插补。假设 $X=(x_1,x_2,\cdots,x_p)$ 为信息完全的变量，Y 为存在缺失值的变量，那么首先对 X 或其子集行聚类，然后按缺失个案所属类来插补不同类的均值。

5）回归法

基于完整的数据集来建立回归模型。对于包含空值的对象，将已知属性值代入方程来估计未知属性值，以此估计值来进行填充。当变量不是线性相关或预测变量高度相关时会导致有偏差的估计。

回归法使用所有被选入的连续变量为自变量，存在缺失值的变量为因变量建立回归方程，在得到回归方程后使用此方程对因变量相应的缺失值进行填充，具体的填充数值为回归预测值加上任意一个回归残差使它更接近实际情况。当数据缺失比较少、缺失机制比较明确时可以选用这种方法。

5.2.2　基于 k-NN 近邻缺失数据的填充算法

k-NN 近邻缺失数据的填充算法是一种简单快速的算法，它利用本身具有完整记录的属性值实现对缺失属性值的估计，应用了欧氏距离计算。

（1）设 k-NN 分类的训练样本用 n 维属性描述，每个样本代表 n 维空间的一个点，所有的训练样本都存放在 n 维模式空间中。

（2）给定一个未知样本，k-NN 分类法搜索模式空间，找出最接近未知样本的 k 个训练样本。这表明 k 个训练样本是未知样本的 k 个近邻。临近性用欧氏距离定义，二维平面上两点 $a(x_1,y_1)$ 与 $b(x_2,y_2)$ 间的欧氏距离：

$$d_{12}=\sqrt{(x_1-x_2)^2+(y_1-y_2)^2}$$

三维空间两点 $a(x_1,y_1,z_1)$ 与 $b(x_2,y_2,z_2)$ 间的欧氏距离：

$$d_{12}=\sqrt{(x_1-x_2)^2+(y_1-y_2)^2+(z_1-z_2)^2}$$

两个 n 维向量 $\boldsymbol{a}(x_{11},x_{12},\cdots,x_{1n})$ 与 $\boldsymbol{b}(x_{21},x_{22},\cdots,x_{2n})$ 间的欧氏距离：

$$d_{12}=\sqrt{\sum_{k=1}^{n}(x_{1k}-x_{2k})^2}$$

也可以表示成向量运算的形式：

$$d_{12}=\sqrt{(\boldsymbol{a}-\boldsymbol{b})(\boldsymbol{a}-\boldsymbol{b})^{\mathrm{T}}}$$

（3）设 z 是需要测试的未知样本，所有的训练样本 $(x,y)\in D$，未知样本的最临近样本集设为 D_z。

基于 k-NN 近邻缺失数据填充算法描述如下。

1. 基于 k-NN 近邻缺失数据的填充算法描述

（1）k 是最临近样本的个数，D 是训练样本集。通过对数据做无量纲处理（标准化处理），来消除量纲对缺失值清洗的影响。也是对原始数据的线性变换，使结果映射到 $[0,1]$ 区间。

对序列 $x_1,x_2,\cdots,x_n$ 进行变换：

$$y_i=\frac{x_i-\min_{1\leqslant i\leqslant n}\{x_j\}}{\max_{1\leqslant i\leqslant n}\{x_j\}-\min_{1\leqslant j\leqslant n}\{x_j\}}$$

则新序列 $y_1, y_2, \cdots, y_n \in [0,1]$ 且无量纲。一般的数据需要时都可以考虑先进行规范化处理。

（2）计算未知样本与各个训练样本 (x, y) 之间的欧氏距离 d，得到距离样本 z 最临近的 k 个训练样本集 D_z。

（3）当确定了测试样本的 k 个近邻后，就根据这 k 个近邻相应的字段值的均值来替换该测试样本的缺失值。

2. 采集数据缺失值填充示例

在数据采集过程中，由于数据产生环境复杂，缺失值的存在不可避免。例如，表 5-3 是一组采集数据，可以发现序号 2 及序号 4 在字段 1 上存在缺失值，即出现了"♯"。在数据集较大的情况下，往往对含缺失值的数据记录做丢弃处理，但可以使用上述的基于 k-NN 近邻缺失数据的填充算法来填充这一缺失值。

表 5-3　带有缺失值的采集数据集（♯:缺失值）

序　　号	字　段　1	字　段　2	字　段　3
1	86	7 300 487	73
2	♯	4 013 868	67
3	189	173 228 617	75
4	♯	15 300 886	64
5	66	16 186 008	69
6	151	17 015 021	69
7	203	19 464 726	63
8	128	2 089 545	64
9	400	4 555 990	69
10	303	49 001 008	69
…	…	…	…
9547	87	9 286 467	63
9545	388	17 339 129	130

（1）首先对这个数据集各个字段值做非量纲化处理，消除字段间单位不统一的影响，得到标准化的数据矩阵，如表 5-4 所示。

表 5-4　非量纲化的采集数据集

序　　号	字　段　1	字　段　2	字　段　3
1	4.12E-05	0.139 455	2.58E-06
2	♯	0.076 673	2.36E-06
3	9.1E-05	0.331 013	2.65E-06
4	♯	0.292 279	2.43E-06
5	3.15E-05	0.309 187	2.22E-06
6	7.26E-05	0.325 023	2.43E-06

续表

序　号	字　段　1	字　段　2	字　段　3
7	9.78E-05	0.371 817	2.22E-06
8	6.15E-05	0.973 619	2.25E-06
9	0.000 193	0.371 817	2.43E-06
10	0.000 146	0.936 023	0.000146
…	…	…	…
9547	4.16E-05	0.177 391	2.22E-06
9545	0.000 187	0.331 214	4.62E-06

（2）取 k 值为 5，计算序号 2 与其他不包含缺失值的数据点的距离矩阵，选出欧氏距离最小的 5 个数据点，即 D_5，如表 5-5 所示。

表 5-5　选出欧氏距离最小的 5 个数据点

序　号	欧式距离（升序）
7121	3.54E-12
3616	3.54E-12
5288	3.56E-12
812	3.58E-12
356	3.58E-12
…	…

（3）对含缺失值"♯"的序号 2 数据做 k 近邻填充，用这 5 个近邻的数据点对应的字段均值来填充序号 2 中的"♯"值。得到序号 2 的完整数据如表 5-6 所示。

表 5-6　序号为 2 的完整数据

2	58	4 013 868	67

5.3　异常数据清洗

当个别数据值偏离预期值或大量统计数据值结果时，如果将这些数据值和正常数据值放在一起进行统计，可能会影响实验结果的正确性。如果将这些数据简单地删除，又可能忽略了重要的实验信息。数据中异常值的存在十分危险，对后面的数据分析危害巨大，应该重视异常数据的检测，并分析其产生的原因之后，做适当的处理。当异常值被检测出来后，就可以采用缺失值补齐的值来替换，下面主要介绍异常值的检测方法。

5.3.1　异常值的检测

1. 异常值产生的原因

（1）某个数据对象可能不同于其他数据对象（即出现异常值），又称为离群点，它属于不同的类型或类。离群点定义为一个观测值，它与其他观测值的差别巨大，以至于怀疑它是由另外的机制产生的。

（2）许多数据集可以用统计分布建模，如正态（高斯）分布建模，其中数据对象的概率随对象到分布中心距离的增加而急剧减少。换言之，大部分数据对象靠近中心（平均对象），数据对象显著地不同于这个平均对象的似然性很小。

（3）数据收集和测量过程中的误差是另一个异常产生之源。

2. 异常检测方法分类

（1）许多异常检测技术首先是建立一个数据模型。异常是那些同模型不能完美拟合的对象。

（2）通常可以在对象之间定义邻近性度量，并且许多异常检测方法都基于邻近度。异常对象是那些远离大部分其他对象的对象，这一邻域的许多技术都基于距离，称作基于距离的离群点检测技术。

（3）对象的密度估计可以直接计算，特别是当对象之间可以进行邻近度度量时。在密度区域中相对远离近邻的对象可能被看作异常。

5.3.2　统计学方法

统计学方法是基于模型的方法，即为数据创建一个模型，并且根据对象拟合模型的情况来评价所建立的模型。离群点检测的统计学方法是基于构建一个概率分布模型，并考虑对象有多大可能符合该模型。统计判别法是给定一个置信概率，并确定一个置信限，凡超过此限的误差，就认为它不属于随机误差范围，并将其视为异常值删除。

1. 基于拉依达准则的异常值检测

拉依达准则是一种统计方法，利用这种方法可以找出异常数据。

拉依达准则又称为 3σ 准则，首先假设一组检测数据只含有随机误差，对其进行计算处理得到标准偏差，按一定概率确定一个区间，凡超过这个区间的误差，就不属于随机误差而是粗大误差，含有粗大误差的数据应予以删除。

正态曲线是一条中央高，两侧逐渐下降、低平，两端无限延伸，与横轴相靠而不相交，左右完全对称的钟形曲线。正态分布曲线的特点是靠近均数分布的频数最多，离开均数越远，分布的数据越少，左右两侧基本对称，如图 5-4 所示。

正态分布又名高斯分布，在正态分布中 σ 代表标准差，μ 代表均值，$x=\mu$ 即为图像的对称轴，三 σ 原则即为：

（1）数值分布在 $(\mu-\sigma, \mu+\sigma)$ 中的概率为 0.6826；

（2）数值分布在 $(\mu-2\sigma, \mu+2\sigma)$ 中的概率为 0.9544；

（3）数值分布在 $(\mu-3\sigma, \mu+3\sigma)$ 中的概率为 0.9974。

如果实验数据值的总体 x 是服从正态分布的，则概率为：

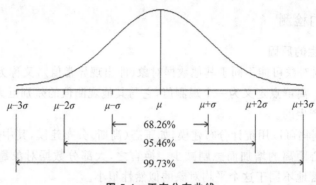

图 5-4　正态分布曲线

$$P(\mid x - \mu \mid > 3\sigma) < 0.003$$

其中,μ 与 σ 分别表示正态总体的数学期望和标准差。此时,在实验数据值中出现大于 $\mu + 3\sigma$ 或小于 $\mu - 3\sigma$ 数据值的概率是很小的。将正态曲线和横轴之间的面积看作 1,可以计算出上下规格界限之外的面积,该面积就是出现缺陷的概率。正态分布在 $(\mu + 3\sigma, \mu - 3\sigma)$ 以外的取值概率不到 0.3%,几乎不可能发生,称为小概率事件,因此,根据上式将大于 $\mu + 3\sigma$ 或小于 $\mu - 3\sigma$ 的实验数据值作为异常值处理。

在这种情况下,异常值是指一组测定值中与平均值的偏差超过两倍标准差的测定值。

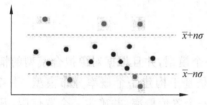

图 5-5　标准差法

将与平均值的偏差超过三倍标准差的测定值称为高度异常的异常值。在处理数据时,应删除高度异常的异常值。在统计检验时,显著性水平是估计总体参数落在某一区间内可能出错的概率,指定检出异常值的显著性水平 $\alpha = 0.05$,称为检出水平。将指定为检出高度异常的异常值的显著性水平 $\alpha = 0.01$ 称为舍弃水平,又称剔除水平,参见图 5-5。

例如,基于 3σ 原则的异常值检测程序。

```
import numpy as np
def three sigma(ser1):                    #传入某一列
    mean_value=ser1.mean()                #求平均值
    std_value=ser1.std()                  #求标准差
    #位于(μ-3σ,μ+3σ)区间的数据是正常的,不在这个区间为异常的
    #ser1 中的数值小于 μ-3σ 或大于 μ+3σ 均为异常
    #一旦发现由异常值,就标注为 True,否则标注为 False
    rule=(mean_value-3 * std_value>ser1)
        (ser1.mean()+3 * ser1.std()<ser1)
    index=np.arange(ser1.shape[0])[rule]  #返回异常值的索引
    outrange=ser1.iloc[index]             #获取异常值
    return outrange
```

将一套符合正态分布的包含异常值的数据存于 example_data.csv 文件中。使用

Pandas 中的 read_csv()函数从文件中取出,并转换为 DataFrame 对象,程序如下:

```
#导入需要使用的包
>>>import pandas as pd
>>>ff=open(r'E:/dataset/example_data.csv')
>>>df=pd.read_csv(ff)
>>>df

        A    B
0       1    2
1       2    3
2       3    6
3       4    5
4       5    6
5     700    7
6       2    8
7       3    9
8       3    0
9       4    3
10     15    4
11      3    5
12      2    6
13      3    7
14      5    2
15     23    4
16      2    5
```

从输出结果可以看出,位于第 5 行第 A 列的数据为 700,这个值比其他值大得多,可能是个缺失值。

对 df 对象中 A 列数据进行检测,结果如下:

```
>>>Three_sigma(df['A'])
5     700
Name:A,dtype:in64
```

经过 3σ 原则检测后,返回索引 5 对应的数值,即异常值。同样可以检测 B 列数据中是否存在异常值,程序如下:

```
>>>Three_sigma(df['B'])
Serset([],Name:B,dtype:int64)
```

从结果可以看出,没有返回任何数据,这就表明数据中不存在异常值。

2. 基于箱形图的异常值检测

(1) 百分位数

$X_1,X_2,\cdots,X_n$ 是一组从大到小排列的 n 个数据,处于 $p\%$ 位置的值称之为第 p 百分位数,中位数是第 50 百分位数。第 25 百分位数又称第一个四分位数,用 Q1 表示。第 50 百分位数又称第二个四分位数,用 Q2 表示。第 75 百分位数又称第三个四分位数,用 Q3 表示。

如果求得第 p 百分位数为小数,可以向上求整为整数。利用分位数可以检测数据的位置,但它所获得的不一定是中心位置。利用百分位数能够提供数据项在最小值与最大值之间分布的信息。对于无大量重复的数据,第 p 百分位数将它分为两个部分。大约 $p\%$ 的数据项的值比第 p 百分位数小,而大约 $(100-p)\%$ 的数据项的值比第 p 百分位数大。第 p 百分位数是这样一个值,它使得至少有 $p\%$ 的数据项小于或等于这个值,且至少有 $(100-p)\%$ 的数据项大于或等于这个值。高等院校的入学考试成绩经常用百分位数的形式描述。

例如,如果某个考生在入学考试中的数学的原始分数为 55 分。相对于参加同一考试的其他学生并不容易知道自己的成绩如何。但是,如果原始分数 55 分恰好对应的是第 70 百分位数,就可以知道大约 70% 的学生的考分比他低,约 30% 的学生考分比他高。

（2）箱形图及其绘制

箱形图的绘制使用了常用的统计量,最适宜提供有关数据的位置和分散情况的关键信息,尤其在不同的母体数据时更可表现其差异。常用的统计量为平均数、中位数、百分位数、四分位数、全距、四分位距、变异数和标准差。

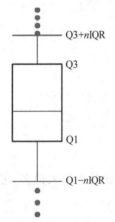

图 5-6　箱形图

箱形图提供了一种只用 5 个点对数据集做简单的判定方式。这 5 个点包括中点、Q1、Q3、分布状态的高位和低位。形象地分为中心、延伸以及分布状态的全部范围。箱形图中最重要的是对相关统计点的计算,相关统计点都可以通过百分位计算方法进行实现。

箱形图的结构如图 5-6 所示,图中每条线表示的含义都应用到了分位值（数）的概念。主要包含六个数据节点,将一组数据从大到小排列,分别计算出它们的上边缘、上四分位数 Q3、中位数、下四分位数 Q1、下边缘,还有一个异常值。

为了从箱形图中找出异常值,Pandas 提供了一个 boxplot() 方法,可以专门用于绘制箱形图。例如:将一组带有异常值的数据集绘制箱形图程序如下:

```python
import pandas as pd
df_2=pd.DataFrame (('A':[1,2,4,6],
                    'B':[2,3,5,28],
                    'C':[1,4,7,4],
                    'D':[1,5,25,3]))
df_2.boxplot(column=['A','B','C','D'])
```

程序运行结果如图 5-7 所示。

在 df_2 对象中含有 16 个数据,其中由 14 个数据的数值位于 10 以内,还有两个数值比 10 大得多,从输出的箱形图可以看出,B 列和 D 列各有一个异常值,表明利用箱形图检测出了异常值。

异常值被检测出来之后,通常采用下述三种方式处理这些异常值:

- 直接将含有异常值的数据删除;
- 不处理,直接在具有异常值的数据集上进行分析;

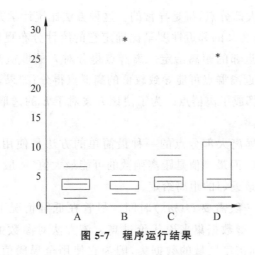

图 5-7　程序运行结果

- 利用缺失值的处理方法修正该异常值。

5.3.3　基于邻近度的离群点检测

在一般情况下,可以快捷有效地利用数据分布特征或业务理解来识别单维数据集中的异常数据。但对于聚合程度高、彼此相关的多维数据,通过数据分布特征或业务理解来识别异常数据的方法便显得无能为力。面对这种困难的情况,聚类方法是识别多维数据集中的异常数据的有效方法。

在很多情况下,基于整个记录空间聚类,能够发现在字段级检查时未被发现的孤立点。聚类就是将数据集分组为多个类或簇,在同一个簇中的数据对象(记录)之间具有较高的相似度,而不同簇中的对象的差别就比较大。将散落在外、不能归并到任何一类中的数据称为孤立点或奇异点。对于孤立或奇异的异常数据值进行剔除处理。如图 5-8 所示为基于欧氏距离的聚类。

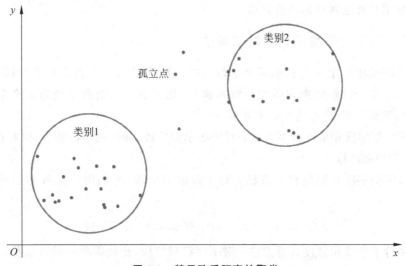

图 5-8　基于欧氏距离的聚类

如果一个对象远离大部分点,将是异常的。这种方法比统计学方法更普通、更容易使用,因为确定数据集的有意义的邻近性度量比确定它的统计分布更容易。一个对象的离群点得分由到它的 k-最近邻的距离给定。离群点得分对 k 的取值高度敏感。如果 k 太小(例如1),则少量的邻近离群点可能导致较低的离群点得分;如果 k 太大,则点数少于 k 的簇中所有的对象可能都成了离群点。为了使该方案对于 k 的选取更具有鲁棒性,可以使用 k-最近邻的平均距离。

度量一个对象是否远离大部分点的一种最简单的方法是使用到 k-最近邻的距离。离群点得分的最低值是 0,而最高值是距离函数的可能最大值,一般为无穷大。一个对象离群点得分由到它的 k-最近邻的距离给定。

基于邻近度的方法一般需要 $O(m^2)$ 时间。尽管在低维情况下可以使用专门的算法来提高性能,但对于大型数据集来说代价过高。该方法对参数的选择也很敏感。此外,它不能处理具有不同密度区域的数据集,因为它使用全局阈值,不能考虑这种密度的变化。

5.4 重复数据清洗

重复数据清洗又称为数据去重。通过数据去重可以减少重复数据,提高数据质量。重复的数据是冗余数据,对于这一类数据应删除其冗余部分。数据清洗是一个反复的过程,只有不断地发现问题、解决问题,才能完成数据去重。

去重是指在不同的时间维度内,重复一个行为产生的数据只计入一次。按时间维度去重主要分为按小时去重、按日去重、按周去重、按月去重或按自选时间段去重等。例如,来客访问次数的去重,同一个访客在所选时间段内产生多次访问,只记录该访客的一次访问行为,来客访问次数仅记录为 1。如果选择的时间维度为按天,则同一个访客在当日内产生的多次访问,来客访问次数也仅记录为 1。

下面介绍几种重复数据清洗方法。

5.4.1 使用字段相似度识别重复值算法

字段之间的相似度 S 是根据两个字段的内容计算出的一个表示两字段相似程度的数值,$S \in (0,1)$。S 越小,两字段相似程度越高,如果 $S=0$,则两字段为完全重复字段。根据字段的类型不同,计算方法也不相同。

(1) 布尔型字段相似度计算方法:对于布尔型字段,如果两字段相等,则相似度取 0,如果不同,则相似度取 1。

(2) 数值型字段相似度计算方法:对于数值型字段,可采用计算数字的相对差异。利用公式:

$$S(s_1, s_2) = |s_1 - s_2| / (\max_{10}(s_1, s_2))$$

(3) 字符型字段相似度计算方法:对于字符型字段,比较简单一种方法是,将进行匹配的两个字符串中可以互相匹配的字符个数除以两个字符串平均字符数。利用公式:

$$S(s_1,s_2)=\mid k\mid/((\mid s_1\mid+\mid s_2\mid)/2)$$

其中，$\mid s_1\mid$ 是字符串 s_1 的长度；$\mid s_2\mid$ 是字符串 s_2 的长度；$\mid k\mid$ 是匹配的字符数。例如字符串 $s_1=$ "dataeye"，字符串 $s_2=$ "dataeyegrg"利用字符型字段相似度计算公式得到其相似度：

$$S(s_1,s_2)=7/((\mid 7\mid+\mid 10\mid)/2)$$

通过设定阈值，当字段相似度大于阈值时，识别其为重复字段，并发出提示，再根据实际业务理解，对重复数据做删除或其他数据清洗操作。

5.4.2　快速去重算法

根据搜索引擎的原理，搜索引擎在创建索引前将对内容进行简单的去重处理。面对数以亿计的网页，去重处理页面方法可以采用特征抽取、文档指纹生成和文档相似性计算。Shingling 算法和 SimHash 算法是两个优秀的网页查重算法。

1. Shingling 算法

Shingling 算法将文档中出现的连续汉字序列作为一个整体，为了方便后续处理，对这个汉字片段进行哈希计算，形成一个数值，每个汉字片段都有对应的哈希值，由多个哈希值构成文档的特征集合。

例如，对"搜索引擎在创建索引前会对内容进行简单的去重处理"这句话。采用 4 个汉字组成一个片段，那么这句话就可以被拆分为搜索引擎，索引擎在，引擎在创，擎在创建，在创建索，创建索引，……，去重处理。则这句话就变成了由 20 个元素组成的集合 A，另外一句话同样可以由此构成一个集合 B，将 $A\bigcap B\to C$，将 $A\bigcup B\to D$，则 C/D 之值即为两句话的相似程度。在实际运用中，从效率方面考虑，对算法进行了优化，此方法计算 1.5 亿个网页，在 3 个小时内就能完成。

2. SimHash 算法

文本去重有多种方式，可以是整篇对比，也可以摘要比较，还可以用关键字来代替摘要。这样可以缩减比较复杂性，完成快速去重。

1）TF-IDF 算法的基本思想

为了获得一篇文章的关键字，经常是采用 TF-IDF 方法，TF 表示词频，DF 表示逆向词频。词频是指一个词在整篇文章中出现的次数与词的总个数之比。IDF 是指，如果一个词语，在所有文章中出现的频率都非常高就认为这个词语不具有代表性，对关键字的贡献较小，也就是赋予其较小的权值。例如，"的"在句子中经常出现，就不具有代表性。用 $\mid D\mid$ 代表文章总数，$\mid\{j:t_i\in d_j\}\mid$ 表示该词语 i 在这些文章（$\mid D\mid$）出现的篇数。idf_i 为 $\mid D\mid$ 与 $\mid\{j:t_i\in d_j\}\mid$ 之比的对数，如下式所示。为了防止分母为 0 的情况出现，一般还会采取分母加一的方法。

$$idf_i=\log\frac{\mid D\mid}{\mid\{j:t_i\in d_j\}\mid}$$

TD-IDF 方法是使用 TF×DF 计算出一篇文章的关键词之后，就可以采取每篇文章对比其关键词的方法来完成去重。但是，需要考虑关键词数量的选择问题，如果选取的关键词过少，就不能很好代表一篇文章，假如取很多，又会降低效率。为了克服这一问题，提出了 Simhash 算法。

如果已得到一个文档的关键词,可以通过 hash 的方法,把上述得到的关键词集合
hash 成一串二进制,这样直接对比二进制数,看其相似性就可以得到两篇文档的相似性,
在查看相似性时采用海明距离,即在对比二进制的时候,看其有多少位不同。在这里,将
文章 Simhash 得到一串 64 位的二进制。一般取海明距离为 3 作为阈值,即在 64 位二进
制中,只有 3 位不同就可认为两个文档是相似的,也可以根据具体需求来设置阈值。

2) Simhash 算法

Simhash 算法的基本过程如下。

Simhash 的主要功能是降维,将文本分词结果从一个高维向量映射成一个 0 和 1 组
成的 bit 指纹(fingerprint),然后通过比较这个二进制数字串的差异进而来表示原始文本
内容的差异。

Simhash 算法分为下述 5 个步骤:分词、hash、加权、合并、降维、计算相似性,参照
图 5-9说明算法过程。

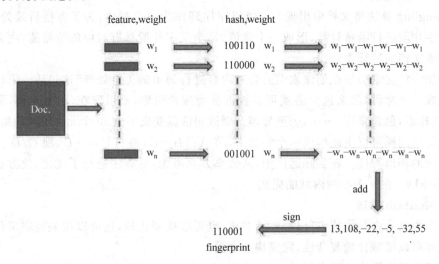

图 5-9   Simhash 算法说明

(1) 文档分词。

将文档按 TF-IDF 权重进行关键词抽取(其中包括分词和计算权重),抽取出 n 个(关
键词,权重)对,即图中的(feature, weight)。记为 feature_weight_pairs=[fw₁, fw₂,…,
fwₙ],其中,fwₙ=(feature_n,weight_n)。

为每一个词设置 1~5 五个级别的权重。权重的含义是这个单词在整条语句中的重
要程度,其值越大,则代表越重要。

(2) hash 权重匹配。

通过 hash 函数计算出各个词的 hash 值,对其中的词进行普通的 hash 之后得到一个
64 位的二进制,得到长度为 20 的(hash;weight)的集合。hash 值为二进制数 0、1 组成的
n-bit 签名。这样可将有词组成的关键字变成了一系列数字。

（3）计算权重。

在 hash 值的基础上，给所有特征向量进行加权，即 W＝hash ∗ weight，且遇到 1 则 hash 值和权值正相乘，遇到 0 则 hash 值和权值负相乘。例如 hash 值"100101"加权得到：4 －4 －4 4 －4 4，给 hash 值"101011"加权 5 得到：W＝101011 ∗ 5＝5 －5 5 －5 5 5，其余特征向量以此类推。

（4）合并。

将上述各个特征向量的加权结果累加，变成只有一个序列串。拿前两个特征向量举例，例如"4 －4 －4 4 －4 4"和"5 －5 5 －5 5 5"进行累加，分别得到"4＋5 －4＋－5 －4＋5 4＋－5 －4＋5 4＋5"和"9 －9 1 －1 1"。

（5）降维。

对于 n-bit 的累加结果，如果大于 0 则置 1，否则置 0，从而得到该语句的 Simhash 值，最后可以根据不同语句 Simhash 的海明距离来判断它们的相似度。例如把上面计算出来的"9 －9 1 －1 1 9"降维（某位大于 0 记为 1，小于 0 记为 0），得到的 0、1 串为："1 0 1 0 1 1"，从而形成它们的 Simhash 值。

在获得语句的 Simhash 值之后，可以计算相似性。衡量两个内容相似度，需要计算两个关键字的海明距离。海明距离是两个字符串对应位置的不同字符的个数。两个 Simhash 取异或运算，计算两个关键字的海明距离，例如，1011101 与 1001001 之间的汉明距离是 2。如果计算结果中 1 的个数超过 3，则判定为不相似，小于等于 3 则判定为相似。

5.5　文　本　清　洗

文本由记录组成，可以将整条记录看成一个字符串来计算它们的相似度，再按某些规则合成得到文本相似度，其基础都是字符串匹配。造成相似重复文本记录的原因有两类：一类是拼写错误引起的，如插入、交换、删除、替换和单词位置的交换；另一类是等价错误，即是对同一个逻辑值的不同表述。记录去重的方法是：首先需要识别出同一现实实体的相似重复记录，即通过记录匹配过程完成，然后删除冗余的记录。

判定记录是否重复是通过比较记录对应的字符串之间的相似度来判定参与比较的记录是否是表示显示中的同一实体。与领域无关的记录匹配方法的主要思想是利用记录间的文本相似度来判断两个记录是否相似。如果两个记录的文本相似度大于某个预先指定的值，那么可以判定这两个记录是重复的，反之则不是。文本清洗的算法常用如下几种。

5.5.1　字符串匹配算法

对于英文文本清洗，经常需要从文本中找出给定字符串（称为模式）或其出现的位置，一个字符串是否包含另一个字符串的问题就是一个字符串的匹配问题，有许多算法可以完成判断字符串匹配的任务，KMP(Knuth-Morris-Pratt)字符串匹配算法是常用的算法之一，KMP 字符串匹配算法过程示例描述如下。

（1）首先将 BBCABCDABABCDABCDABDE 字符串的第一个字符与搜索词 ABCDABD

的第一个字符进行比较。

BBC ABCDAB ABCDABCDABDE
ABCDABD

（2）因为 B 与 A 不匹配，所以搜索词后移一位进行比较。

BBC ABCDAB ABCDABCDABDE
ABCDABD

（3）因为 C 与 A 不匹配，搜索词再向后移一位，直到字符串有一个字符与搜索词的第一个字符相同为止。

BBC ABCDAB ABCDABCDABDE
ABCDABD

（4）接着比较字符串和搜索词的下一个字符，其过程与搜索第一个字符相同。

BBC ABCDAB ABCDABCDABDE
ABCDABD

（5）直到字符串有一个字符，与搜索词对应的字符不相同为止。

BBC ABCDAB ABCDABCDABDE
ABCDABD

（6）这时最自然的反应是将搜索词整个后移一位，再从头逐个比较。这样做虽然可行，但是效率很差，因为需要把搜索位置移到已经比较过的位置，重比一遍。

BBC ABCDAB ABCDABCDABDE
ABCDABD

（7）当空格与 D 不匹配时，说明前面六个字符是 ABCDAB。KMP 算法的想法是设法利用已知信息，不把搜索位置移回已经比较过的位置，继续把它向后移，这样可以提高效率。

BBC ABCDAB ABCDABCDABDE
ABCDABD

（8）完成这个任务的方法是，可以针对搜索词，生成如表 5-7 所示的部分匹配表。

表 5-7　部分匹配表

搜索词	A	B	C	D	A	B	D
部分匹配值	0	0	0	0	1	2	0

（9）在下述操作中，当空格与 D 不匹配时，前面六个字符 ABCDAB 匹配。

BBC ABCDAB ABCDABCDABDE
ABCDABD

通过查表可知，最后一个匹配字符 B 对应的部分匹配值为 2，因此按照下面的公式算出向后移动的位数：

移动位数＝已匹配的字符数－对应的部分匹配值

部分匹配是指当字符串头部和尾部出现重复，例如，ABCDAB 之中有两个 AB，那么它的部分匹配值就是 2（AB 的长度）。搜索词移动时，第一个 AB 向后移动 4 位（字符串长度一部分匹配值),就可以来到第二个 AB 的位置。

因为 6−2＝4,所以将搜索词向后移动 4 位。

```
BBC ABCDAB ABCDABCDABDE
          ABCDABD
```

(10) 因为空格与 C 不匹配,搜索词还要继续往后移。这时,已匹配的字符数为 2("AB"),对应的部分匹配值为 0。所以,移动位数＝2−0,结果为 2,于是将搜索词向后移 2 位。

(11) 因为空格与 A 不匹配,继续后移一位。

```
BBC ABCDAB ABCDABCDABDE
           ABCDABD
```

(12) 逐位比较,直到发现 C 与 D 不匹配。于是,移动位数＝6−2,继续将搜索词向后移动 4 位。

```
BBC ABCDAB ABCDABCDABDE
               ABCDABD
```

(13) 逐位比较,直到搜索词的最后一位,发现完全匹配,于是搜索完成。如果还要继续搜索(即找出全部匹配),移动位数＝7−0,再将搜索词向后移动 7 位,重复上述步骤。

```
BBC ABCDAB ABCDABCDABDE
               ABCDABD
```

(14) 结束。在上面使用了部分匹配表,结合实例说明其生成的过程如下。

在字符串中,前缀是指除了最后一个字符以外,一个字符串的全部头部组合,后缀是指除了第一个字符以外,一个字符串的全部尾部组合。

在部分匹配表中,部分匹配值是指前缀和后缀的最长的共有元素的个数。例如:

① 字符串 A 的前缀和后缀都为空集,共有元素的个数为 0;

② 字符串 AB 的前缀为[A],后缀为[B],共有元素的个数为 0;

③ 字符串 ABC 的前缀为[A,AB],后缀为[BC,C],共有元素的个数 0;

④ 字符串 ABCD 的前缀为[A,AB,ABC],后缀为[BCD,CD,D],共有元素的个数为 0;

⑤ 字符串 ABCDA 的前缀为[A,AB,ABC,ABCD],后缀为[BCDA,CDA,DA,A],共有元素为 A,个数为 1;

⑥ 字符串 ABCDAB 的前缀为[A,AB,ABC,ABCD,ABCDA],后缀为[BCDAB,CDAB,DAB,AB,B],共有元素为 AB,个数为 2;

⑦ 字符串 ABCDABD 的前缀为[A,AB,ABC,ABCD,ABCDA,ABCDAB],后缀为[BCDABD,CDABD,DABD,ABD,BD,D],共有元素的个数为 0。

```
BBC ABCDAB ABCDABCDABDE
               ABCDABD
```

简单的字符串的模式匹配问题是朴素字符串匹配。朴素字符串匹配的时间复杂度为 $O(nm)$,其中 n 为主串 S 的长度,m 为模式串 T 的长度。很明显,这样的时间复杂度难以满足实际需求。下面所述程序是实现时间复杂度为 $O(n+m)$ 的 KMP 算法程序。

```
#获取 next 数组函数
```

```
def get_next(T):   #T 为模式串
    i=0
    j=-1
    next_val=[-1] * len(T)
    while i<len(T)-1:
        if j==-1 or T[i]==T[j]:
            i+=1
            j+=1
            #next_val[i]=j
            if i<len(T) and T[i] !=T[j]:
                next_val[i]=j
            else:
                next_val[i]=next_val[j]
        else:
            j=next_val[j]
    return next_val


#kmp 算法函数
def kmp(S, T):   #为主串形参,T 为模式串形参
    i=0
    j=0
    next=get_next(T)
    while i<len(S) and j<len(T):
        if j==-1 or S[i]==T[j]:
            i+=1
            j+=1
        else:
            j=next[j]
    if j==len(T):
        return i-j
    else:
        return -1

if __name__=='__main__':
    S1='qqabaaba'
    T1='ab'
    kk=kmp(S1,T1)
    print(kk)
```

程序运行结果如下：

2

在上面程序中,S1 为主串实参,T1 为模式串实参,kk 为 T1 为模式串在 S1 主串中相
匹配的子串位置。例如,S1='qqabaaba',T1='ab',则 kk=2。

5.5.2　文本相似度度量方法

在做分类时经常需要估算不同样本之间的相似性度量,这时通常采用的方法就是计算样本间的距离。对于一个给定的文本字符串,用一个向量来表示这个字符串中所包含的所有字母。相似性的度量方法很多,有的方法适用于专门领域,有的方法适用于特定类型的数据。针对具体的问题,如何选择相似性的度量方法是一个复杂的问题。例如聚类算法是按照聚类对象之间的相似性进行分组,因此描述对象间相似性是聚类算法的重要问题。数据的类型不同,相似性的含义也不同。例如,对数值型数据而言,两个对象的相似度是指它们在欧氏空间中互相邻近的程度;而对分类型数据来说,两个对象的相似度是与它们取值相同的属性的个数相关。

聚类分析按照样本点之间的远近程度进行分类。为了使分类更合理,必须描述样本之间的远近程度。刻画聚类样本点之间的远近程度主要有以下两类函数。

- 相似系数函数:两个样本点越相似,则相似系数值越接近 1;样本点越不相似,则相似系数值越接近 0。这样就可以使用相似系数值来刻画样本点性质的相似性。
- 距离函数:可以将每个样本点看作高维空间中的一个点,进而可以使用某种距离来表示样本点之间的相似性,距离较近的样本点性质较相似,距离较远的样本点则差异较大。

需要由领域专家选择特征变量来精确刻画样本的性质,以及规范样本之间的相似性测度的定义。

文本相似度计算在信息检索、数据挖掘、机器翻译和文档复制检测等领域应用广泛。相似性的度量即是计算个体间的相似程度,相似性的度量值越小,说明个体间相似度越小,相似性的值越大,说明个体相似度越大。对于多个不同文本或者短文本对话消息要来计算它们之间的相似度如何,一个好的做法就是将这些文本中词语映射到向量空间,形成文本中文字和向量数据的映射关系,通过计算不同向量的差异大小,来计算文本的相似度。几种简单的文本相似性判断的方法如下所述。

1. 余弦相似性

余弦相似度用向量空间中两个向量夹角的余弦值作为衡量两个个体间差异的大小。余弦值越接近 1,就表明夹角越接近 0°,也就是两个向量越相似。

图 5-10 中的两个向量 *a*,*b* 的夹角很小,可以说 *a* 向量和 *b* 向量有很高的相似性,极端情况下,*a* 和 *b* 向量完全重合,可以认为 *a* 和 *b* 向量是相等的,也即 *a*,*b* 向量代表的文本是完全相似的,或者说是相等的。

例如,余弦相似性判断下述两句话的相似性。

A=你是个好学生

B=小明是个好学生

(1)先进行分词。

A=你/是个/好学生

B=小明/是个/好学生

(2)列出所有的词。

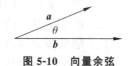

图 5-10　向量余弦

{你小明是个好学生}

（3）计算词频（词出现的次数）。

将每个数字对应上面的字：

（4）写出词频向量。

A=（1011）对应 A=你是个好学生

B=（0111）对应 B=小明是个好学生

（5）计算这两个向量的相似程度。

$$\frac{1\times0+0\times1+1\times1+1\times1}{\sqrt{1^2+0^2+1^2+1^2}\times\sqrt{0^2+1^2+1^2+1^2}}$$

最终值为 0.667（只余 3 位）。计算出的值代表两个句子相似度大约 66.7%。

由上述例子，可以得到了文本相似度计算的处理流程如下：

（1）找出两个文本的关键词；

（2）每个文本各取出若干个关键词，合并成一个集合，计算每个文本对于这个集合中的词的词频；

（3）生成两个文本各自的词频向量；

（4）计算两个向量的余弦相似度，值越大就表示越相似。

也可以通过计算两个文本共有的词的总字符数除以最长文档字符数来评估它们的相似度。假设有 A、B 两句话，先取出这两句话的共有的词的字数，然后看哪句话更长就除以哪句话的字数。同样是 A、B 两句话，共有词的字符长度为 4，最长句子长度为 6，那么 4/6≈0.667。

2. 利用编辑距离表示相似性

编辑距离又称为 Levenshtein 距离，可以利用编辑距离测量字符串之间的距离。

1）编辑距离的概念

编辑距离是指由一个字串转换成另一个字串所需的最少编辑操作次数。编辑操作包括将一个字符替换成另一个字符，插入一个字符，删除一个字符。也就是说，编辑距离是从一个字符串变换到另一个字符串的最少插入、删除和替换操作的总数目。编辑距离是一种常用的字符串距离测量方法，在确定两个字符串的相似性时应用广泛。例如，源字符串 S 为 test，目标字符串 T 为 test，则 S 和 T 之间的编辑距离为 0，因为这两个字符串相同，不需要任何转换操作。如果目标字符串改为 text，那么 S 和 T 之间的编辑距离为 1，则至少需要一个替换操作才能将 S 中的 s 替换为 x。可以看出，编辑距离越大，字符串之间的相似度越小，将源字符串转换为目标字符串所需的操作就越多。

2）编辑距离性质

编辑距离具有下面几个性质：

（1）两个字符串的最小编辑距离至少是两个字符串的长度差；

（2）两个字符串的最大编辑距离至多是两字符串中较长字符串的长度；

（3）两个字符串的编辑距离是 0 的充要条件是两个字符串相同；

（4）如果两个字符串等长，编辑距离的上限是海明距离（Hamming distance）；

（5）编辑距离满足三角不等式，即 $d(a,c)\leqslant d(a,b)+d(b,c)$；

（6）如果两个字符串有相同的前缀或后缀,则去掉相同的前缀或后缀对编辑距离没有影响,其他位置不能随意删除。

3）编辑距离算法

例如,计算 cafe 和 coffee 的编辑距离。

cafe→caffe→coffe→coffee

（1）首先创建一个 6×8 的表,其中 cafe 长度为 6,coffee 长度为 8,如表 5-8 所示。

表 5-8　6×8 表

		c	o	f	f	e	e
c							
a							
f							
e							

（2）填入行号和列号,如表 5-9 所示。

表 5-9　填入行号和列号的 6×8 表

		C	o	f	f	e	e
	0	1	2	3	4	5	6
c	1						
a	2						
f	3						
e	4						

（3）从(1,1)格开始计算填表。如果最上方的字符等于最左方的字符,则为左上方的数字;否则为左上方的数字+1,对于(1,1),因为最上方的字符等于最左方的字符,所以为 0,如表 5-10 所示。

表 5-10　对(1,1)格填表

		c	o	f	f	e	e
	0	1	2	3	4	5	6
c	1	0					
a	2						
f	3						
e	4						

（4）循环操作，推出表 5-11。

表 5-11　编辑距离

		c	o	f	f	e	e
	0	1	2	3	4	5	6
c	1	0	1	2	3	4	5
a	2	1	1	2	3	4	5
f	3	2	2	1	2	3	4
e	4	3	4	2	2	2	3

（5）取表 5-11 右下角数，得到编辑距离为 3。

编辑距离应用广泛，最初的应用是拼写检查和近似字符串匹配。在生物医学领域，科学家将 DNA 看成由 A,S,G,T 构成的字符串，然后采用编辑距离判断不同 DNA 的相似度。编辑距离另一个用途在语音识别中，它被当作一个评测指标。语音测试集的每一句话都有一个标准答案，然后利用编辑距离判断识别结果和标准答案之间的不同。不同的错误可以反映识别系统存在的问题。

3. 利用海明距离表示相似性

两个等长字符串之间的海明距离是两个字符串对应位置的不同字符的个数。也就是将一个字符串变换成另外一个字符串所需要替换的字符个数。例如：1011101 与 1001001 之间的海明距离是 2；test 与 text 之间的海明距离是 1。

利用海明距离表示相似性的过程是首先将一个文档转换成 64 位的字节，然后可以通过判断两个字节的海明距离就可以知道其相似程度。

算法过程示例描述如下：

（1）提取文档关键词得到[word,weight]这个数组；

（2）用 Hash 算法将 word 转为固定长度的二进制值的字符串[hash(word),weight]；

（3）word 的 Hash 从左到右与权重相乘，如果为 1 则乘以 1，如果是 0 则乘以 −1；

（4）计算下一个数，直到将所有分词得出的词计算完，然后将每个词由第（3）步得出的数组中的每一个值相加；

（5）对第（4）步得到的数组中每一个值进行判断，如果其值大于 0 则记为 1，如果小于 0 则记为 0。

上述的第（4）步得出的就是这个文档的相似值，可将两个不同长度的文档转换为同样长度的相似值，现在可以计算第一个文档和第二个文档的海明距离，一般小于 3 就可认为相似度高。

4. 编辑距离算法 Python 代码

```
def edit(str1, str2):
    matrix=[[i+j for j in range(len(str2)+1)] for i in range(len(str1)+1)]
    for i in range(1,len(str1)+1):
        for j in range(1,len(str2)+1):
```

```
            if str1[i-1]==str2[j-1]:
                d=0
            else:
                d=1
            matrix[i][j]=min(matrix[i-1][j]+1,matrix[i][j-1]+1,
            matrix[i-1][j-1]+d)
    return matrix[len(str1)][len(str2)]

print(edit('ofailing','osailn'))
print(edit('abcd','abcde'))
print(edit('book','block'))
print(edit('abc','cba'))
```

程序运行结果：

```
3
1
3
2
```

5.6　数据清洗的实现

5.6.1　数据清洗的步骤

数据清洗是由定义和确定错误的类型,搜寻并识别错误的实例和纠正所发现的错误三部分组成,下面将逐一介绍。

1. 定义和确定错误的类型

1) 分析数据

分析数据是数据清洗的前提与基础,通过详尽的数据分析来检测数据中的错误或不一致情况。使用分析程序来获得关于数据属性的元数据,从而发现数据集中存在的质量问题。

2) 定义数据清洗转换规则

根据上一步进行数据分析得到的结果来定义清洗转换规则与工作流程。根据数据源的个数,数据源中不一致数据和脏数据多少的程度,需要执行大量的数据转换和清洗步骤。运用 MapReduce 分布编程模型,完成转换代码的自动生成。

2. 搜寻并识别错误

1) 自动检测属性错误

检测数据集中的属性错误,往往需要花费大量的人力、物力和时间,而且这个过程本身很容易出错,所以需要利用高效的方法自动检测数据集中的属性错误,主要方法有基于统计的方法、聚类方法、关联规则的方法。

2）检测重复记录的算法

为了消除重复记录，可以针对两个数据集或者一个合并后的数据集，首先需要检测出标识同一个现实实体的重复记录，即匹配过程。检测重复记录的算法主要有基本的字段匹配算法、递归的字段匹配算法、Smith-Waterman 算法和余弦相似度函数等。

3. 纠正所发现的错误

在数据源上执行预先定义好的并且已经得到验证的清洗转换规则和工作流。当直接在源数据上进行清洗时，需要备份源数据，以防需要撤销上一次或几次的清洗操作。清洗时根据脏数据存在形式的不同，执行一系列的转换步骤来解决模式层和实例层的数据质量问题。为处理单数据源问题并且为其与其他数据源的合并做好准备，一般在各个数据源上应该分别进行几种类型的转换，主要包括以下几类。

1）从自由格式的属性字段中抽取值（属性分离）

自由格式的属性一般包含着很多的信息，而这些信息有时候需要细化成多个属性，从而进一步支持后面重复记录的清洗。

2）确认和改正

自动处理输入和拼写错误，基于字典查询的拼写检查对于发现拼写错误是很有用的。

3）标准化

为了使记录实例匹配和合并变得更方便，应该把属性值转换成一个一致和统一的格式。

4）干净数据回流

当数据被清洗后，干净的数据应该替换数据源中原来的脏数据。这样可以提高原系统的数据质量，还可避免将来再次抽取数据后进行重复的清洗工作。

5.6.2 数据清洗程序

1. 将本地 SQL 文件写入 MySQL 数据库

本地文件为 source，写入 Python 数据库的 xyz 表中。其中数据量为 9616 行，包括为 title、link、price、comment 四个列。使用 Python 连接并地区数据，查看数据。

```
import numpy as np
import pandas as pd
import matplotlib.pylab as plt
import mysql.connector

#链接本地数据库
conn=ysql.connector.connect(host='localhost',user='root',passwd='202020',
db='python')
sql='select * from xyz'
data_01=pd.read_sql(sql,conn)       #获取数据
print(data_01.describe())           #汇总统计
```

2. 缺失值处理

```
a=0                                    #计数器
for i in data-01.columns:
    for j in range(len(data_01)):
        if (data_01[i].isnull())[j]:
                        #isnull()函数判断缺失值,该处为缺失值,返回 true
            data_01[i][j]='35'
            a+=1
print(a)                               #输出缺失值的个数
```

3. 异常值处理

```
#绘制散点图,价格为横轴
data_02=data_01.T      #转置
price=data_02.values[2]
comments=data_02.values[3]
plt.plot(price,comments,'o')
plt.xlabel('price')
plt.ylabel('comments')
plt.show
```

程序运行结果如图 5-11 所示,从图中可以看出,在 price 值为 0 时的 comments 值较大,可以认为这是一个异常值。

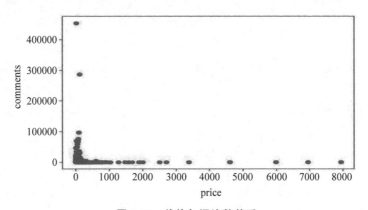

图 5-11　价格与评论数关系

假设异常值阈值设置为 20 万,如果 comments 大于 20 万个数据时,则 comments 设置为 58。程序如下:

```
cont_ columns=len(data_01)      #获取总行数
#遍历数据进行处理
for i in range(0,cont_ columns):
    if(data_01.values[i][3]>200000):
        data_ 01[i][3]='58'
```

本 章 小 结

　　获取的数据经过数据清洗,可以提高数据质量,进而为数据分析和数据挖掘建立坚实的基础。本章围绕消除脏数据,介绍了数据清洗的主要方法,尤其对缺失数据、异常数据和重复数据的清洗方法,进行了较详细的介绍。考虑到实际应用的需要,本章对文本数据的清洗方法也做了介绍与描述。通过本章内容的理论学习和课程实验的实践,能够利用数据清洗工具完成大数据清洗的任务。

第6章

数 据 转 换

知 识 结 构

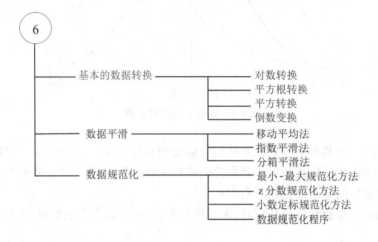

在数据预处理过程中,可以通过数据转换构造出数据的新属性,使之更有助于理解与处理数据。也就是说,数据转换可将原始数据转换成适合数据分析的形式。在数据转换时,如果处理不当,将严重扭曲数据本身的内涵,改变数据原本形态。例如本来是第 1 组均数大于第 2 组均数,但是经过转换,致使两组数据无差别,甚至得到相反的结果,这就改变了数据原本形态。但是,如果转换得当,数据转换是一种很好的数据预处理方法。

6.1 基本的数据转换

数据转换是将数据从一种表示形式转变为另一种表现形式的过程。对其进行一些变换后,能够使变换后的数据更符合数据分析中的假设条件,进而完成数据分析。数据转换有以下几种形式。

6.1.1 对数转换

对数转换是一种数据变换方式,通过这种变换可以将理论没有解决的模型问题转变为已经解决的问题。

将原始数据的自然对数的值作为分析数据,就需要将原始数据转换为自然对数,如果原始数据中有 0,可以将原始数据加上一个小数值,对数转换适用如下情况。

1. 部分正偏态数据

相对于对称分布,偏态分布有两种:一种是左向偏态分布,简称左偏;另一种是右向偏态分布,简称右偏;当实际分布为右偏时,测定出的偏度值为正值,因而右偏又称为正偏;当实际分布为左偏时,测定出的偏度值为负值,所以左偏被称为负偏,如图 6-1 所示。

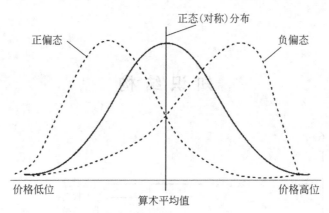

图 6-1　正态与偏态的比较

在统计学上,众数和平均数之差可作为偏态的指标之一。众数就是一组数据中占比例最多的那个数,中位数是指从小到大排列或从大到小排列的一组数据中处在中间位置上一个数据(或中间两个数据的平均数)。

当平均数、中位数和众数相同时,为对称分布;当平均数大于众数时,为正偏态;相反,则为负偏态。

正态分布是常用的连续量的建模方法,但对称的钟形分布并不能总是准确地描述观察到的数据,呈现给真实研究者的数据常常是偏态的,导致运用标准的统计学分析只能够得到无效的结果。现在已有许多检查观测数据是否服从正态分布的方法。当数据不服从正态分布时,可以通过数据转换使数据尽量接近正态分布从而增加相关统计分析方法的效率。对数转换是将偏态数据转换为接近正态分布的最常见转换方法的一种。

如果原始数据服从或近似服从正态分布,那么数据经过对数转换后也服从或近似服从正态分布。在这种情况下,对数转换确实能够消除或者减少数据偏态所带来的影响。但是,研究中得到的原始数据并不近似于对数正态分布,所以应用对数转换并不能够减少数据本身的偏态。

对于部分正偏态数据利用对数转换可将右偏的数据变为正态。数据的正态特性对于统计量的各种小样本性质、统计量的有限样本分布、极大似然估计方法的应用都有比较重要的意义。

2. 等比数据

由于等比数据取对数之后不会改变数据的性质和相互关系,但是压缩了数据的尺度,使数据更为平稳。等比数据可以进行加减乘除运算,允许人们用乘除法处理数据,以便对不同个体的测量结果进行比较,并作比率性描述。

3. 各组数值和均值比值相差不大的数据

进行时间序列分析时,由于对数据取对数不改变变量之间的协整关系,并且可以消除异方差,所以通常对变量进行对数处理。

6.1.2 平方根转换

平方根转换适用于以下几种形式的数据。

(1)泊松分布数据。是一种统计与概率学里常用的离散概率分布。事件在单位时间(面积或体积)内出现的次数或个数就近似地服从泊松分布。因此,泊松分布在管理科学、运筹学以及自然科学的某些问题中都占有重要的地位。

(2)轻度偏态数据。

(3)样本的方差和均数呈现正相关的数据。

(4)变量的所有个案为百分数,并且取值在 $0\%\sim20\%$ 或者 $80\%\sim100\%$ 的数据。

6.1.3 平方转换

平方转换适用于以下两种场景。

(1)方差和均数的平方呈反比。

(2)数据呈现左偏态。

6.1.4 倒数变换

倒数变换适用的情况与平方转换相反,需要方差和均数的平方呈正比。但是,倒数转换需要数据中没有接近或者小于 0 的数据。倒数转换可使右偏数据服从正态分布。将原始数据 x 的倒数作为新的分析数据:$y=1/x$。倒数变换常用于数据两端波动较大的数据,可减小极端值的影响。

6.2 数据平滑

噪声是在测量数据过程中产生的随机错误和偏差,通过数据平滑技术可以除去噪声。如图 6-2 所示,利用数据平滑技术可以消除或减少噪声,数据转换是数据平滑技术的基本方式之一。完成数据平滑的方法称为数据平滑法,又称数据光滑法或数据递推修正法。

数据平滑法的主要处理过程是将获得的实际数据和原始预测数据加权平均,进而去掉数据中的噪声,使得预测结果更接近于真实情况。数据平滑法是趋势法或时间序列法的一种具体应用,移动平均法和指数平滑法是常用的数据平滑方法。

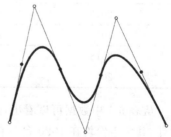

图 6-2 数据平滑

6.2.1 移动平均法

移动平均法是根据过去数据预测将来某一时期的预测值的一种方法。该方法对过去若干历史数据求算术平均数,并把求得的算术平均数作为以后时期的预测值。移动平均法分一次平均法、二次平均法和多次平均法,在这里仅介绍一次平均法和二次平均法。

1. 一次移动平均法

1) 一次移动平均法的计算过程

一次移动平均方法是针对一组观察数据,计算其平均值,并利用这一平均值作为下一期的预测值。时间序列的数据是按照一定跨越期进行移动,逐个计算其移动平均值,将获得的最后一个移动平均值作为预测值。

一次移动平均法是直接以本期(例如 t 期)移动平均值作为下期($t+1$ 期)预测值的方法。在移动平均值的计算过程中,必须一开始就明确规定观察值的实际个数。每出现一个新观察值,就要从移动平均值中减去一个最早观察值,再加上一个最新观察值来计算移动平均值,这一新的移动平均值就作为下一期的预测值。设时间序列为: $x_1, x_2, \cdots$,则一次移动平均法的计算公式为:

$$x'_t = M_t^{(1)} = (x_{t-1} + \cdots + x_{t-n+1})/n$$

其中, x'_t 为第 $t-1$ 期的预测值; x_t 为第 t 期的观察值; $M_t^{(1)}$ 为第 $t-1$ 期一次移动平均值; n 为跨越期数,即参加移动平均的历史数据的个数。

一次移动平均法适用时间序列数据是水平型变动的预测,不适用于明显的长期变动趋势和循环型变动趋势的时间序列预测。

例如,已知某计算机公司 2012—2018 年的计算机销售量,用一次移动平均法预测 2015—2019 年计算机销售量(台数),如表 6-1 所示。

表 6-1　一次移动平均法预测计算机销售量

年　　份	销　售　量	一次移动平均数
2012	984	
2013	1022	
2014	1040	
2015	1020	1015
2016	1032	1027
2017	1015	1031
2018	1010	1022
2019		1019

从表 6-1 中数据可以看出,这是一个水平型变动的时间序列,除了 2012 年不足 1000 台外,其余年份均在 1020 台左右变动。应用一次移动平均法预测,选择移动期数等于 3,预测该计算机公司 2015—2019 年计算机销售量,获得预测值比实际销售量值更为平滑。

2) 一次移动平均法的特点

(1) 预测值是距离预测期最近的一组历史数据(观察值)平均的结果。

（2）参加平均的历史数据的个数（即跨越期数）固定不变。

（3）参加平均的一组历史数据不断更新，每当吸收一个新的历史数据参加平均时，就删除原来一组历史数据中距离预测期最远的那个历史数据。

3）一次移动平均法的优点

（1）计算量少。

（2）移动平均线能较好地反映时间序列的趋势及其变化。

4）一次移动平均法的几种特殊情况

（1）在移动平均值的计算中，过去观察值的实际个数为 1，即 $n=1$，这时用最新的观察值作为下一期的预测值。

（2）过去观察值的实际个数为 n，这时利用全部 n 个观察值的算术平均值作为预测值。

（3）当数据的随机性较大时，可以选用较大的 n，这样可以较大地平滑由随机性所带来的严重偏差；反之，当数据的随机因素较小时，可以选用较小的 n，这样有利于跟踪数据的变化，并且预测值滞后的期数也少。

5）一次移动平均法的限制

（1）计算移动平均必须具有 n 个过去观察值，当需要预测大量的数值时，就必须存储大量数据。

（2）n 个过去观察值具有相同的权，而早于 $(t-n+1)$ 期的观察值的权值为 0，实际上最新观察值通常包含更多信息，应具有更大权重。

2. 二次移动平均法

一次移动平均法仅适用于无明显的迅速上升或下降趋势的情况。如果时间数列呈直线上升或下降趋势，则需要使用二次移动平均法。二次移动平均法就是在一次移动平均的基础上再进行一次移动平均。

二次移动平均法是以历史数据为基础，按时间顺序分段反映后期的变化趋势。

二次移动平均法的过程示例如下：

（1）据历史观察数据，计算一次移动平均值 M_t：

$$M_t = (X_t + X_{t-1} + X_{t-2} + \cdots + X_{t-n+1})/n$$

（2）在一次移动平均值基础上，计算二次移动平均值 M'_t：

$$M'_t = (M_t + M_{t-1} + M_{t-2} + \cdots + M_{t-n+1})/n$$

（3）分别计算方程系数：A_t，B_t：

$$A_t = 2M_t - M'_t$$
$$B_t = 2(M_t - M'_t)/(n-1)$$

（4）计算销售预测值 $Y_t + T$：

$$Y_t + T = A_t + B_t T$$

其中，X_t 为第 t 期预测数据，一般为某一时段内平均值；M_t 为第 t 期移动平均值；n 为进行移动平均时所包含的时段数；M'_t 是在 M_t 基础上二次移动的平均值；A_t，B_t 分别为线性方程的系数；T 是待预测的月份；$Y_t + T$ 是价格预测值。

例如，根据计算机前 3 个季度销售量，利用二次移动平均算法，预测 10、11 月的销售量($n=3$),如表 6-2 所示。

表 6-2　预测计算机销售量

销售月份 t	月平均销售 X_t	一次平均值 M_t	二次平均值 M'_t
1 月	1532		
2 月	1645		
3 月	1770	1649	
4 月	1790	1735	
5 月	1551	1703.67	1695.89
6 月	1840	1727	1721.89
7 月	1880	1757	1729.22
8 月	1830	1850	1778
9 月	1921	1877	1828

(1) 计算一次移动平均值。

$$M_3 = (X_3 + X_2 + X_1)/3 = (1770 + 1645 + 1532)/3 = 1694$$
$$M_4 = (X_4 + X_3 + X_2)/3 = (1790 + 1770 + 1645)/3 = 1735$$

(2) 计算二次移动平均值。

$$M'_5 = (M_5 + M_4 + M_3)/3 = (1703.67 + 1735 + 1649)/3 = 1695.89$$
$$M'_6 = (M_6 + M_5 + M_4)/3 = (1727 + 1703.67 + 1735)/3 = 1721.89$$

(3) 取 $t=9$ 时,预测下两个月销售($T=1,2$)。

$$A_9 = 2M_9 - M'_9 = 2 \times 1877 - 1828 = 1926$$
$$B_9 = 2(M_9 - M'_9)/(3-1) = 2 \times (1877 - 1828)/2 = 49$$
$$Y_{10} = A_9 + B_9 = 1926 + 49 = 1975$$
$$Y_{11} = A_9 + B_9 \times 2 = 1926 + 49 \times 2 = 2024$$

可以预测 10 月的销售量为 1975,11 月的销售量为 2024。

6.2.2　指数平滑法

指数平滑法适用于中短期发展趋势预测,本方法的基本思想是:由于时间序列的态势具有稳定性或规则性,所以时间序列可被合理地顺势推延。最近的过去态势在某种程度上将持续到未来,所以将最近的数据赋予较大的权数。指数平滑法的主要内容如下。

1. 指数趋势分析

指数趋势分析的具体方法是:在分析连续几年的报表时,选择其中的某一年的数据为基期数据(通常是以最早的年份为基期),将基期的数据值定为 100,其他各年的数据转换为基期数据的百分数,然后比较分析相对数的大小,进而得出趋势。

例如,假设 2015 年 12 月 31 日存货额为 150 万元,2017 年 12 月 31 日存货为 210 万元,设 2015 年为基期,如果 2017 年 12 月 31 日的存货为 180 万元,则两年的指数应为:

$$2016 \text{ 年的指数} = 210/150 \times 100\% = 140\%$$
$$2017 \text{ 年的指数} = 180/150 \times 100\% = 120\%$$

当使用指数时要注意的是,由指数得到的百分比的变化趋势都是以基期为参考,是相对数的比较,这样就可以观察多个期间数值的变化,得出一段时间内数值变化的趋势。这种方法不但适用用过去的趋势推测将来的数值,还可以观察数值变化的幅度,进而发现重要的变化,为下一步的分析指明方向。

指数平滑法是生产预测中经常使用的一种方法。适用于中短期发展趋势预测,指数平滑法是用得最多的一种。简单的全期平均法是对时间数列的过去数据全部加以同等利用,移动平均法则不必考虑较远期的数据,并在加权移动平均法中给予近期数据更大的权重,而指数平滑法则兼容了全期平均法和移动平均法的优点,不舍弃过去的数据,但是给予了逐渐减弱的影响程度,即随着数据的远离,赋予逐渐收敛为 0 的权数。

指数平滑法是在移动平均法基础上提出的一种时间序列分析预测法,通过计算指数平滑值,并配合一定的时间序列预测模型对现象的未来进行预测。其原理是任一期的指数平滑值都是本期实际观察值与前一期指数平滑值的加权平均。指数平滑法的效果图如图 6-3 所示。

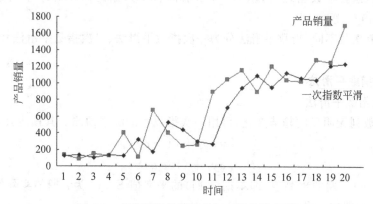

图 6-3 指数平滑法预测值与实际值的比较

2. 指数平滑法的计算公式

指数平滑法的任一期的指数平滑值都是本期实际观察值与前一期指数平滑值的加权平均。指数平滑法的基本公式为:

$$S_t = \alpha y_t + (1-\alpha)S_{t-1}$$

其中,S_t 为时间 t 的平滑值;y_t 为时间 t 的实际值;S_{t-1} 为时间 $t-1$ 的平滑值;α 为平滑常数,其取值范围为 $[0,1]$。

S_t 是 y_t 和 S_{t-1} 的加权算术平均数,α 的取值的变化决定了 y_t 和 S_{t-1} 对 S_t 的影响程度。当 α 取 1 时,$S_t = y_t$;当 α 取 0 时,$S_t = S_{t-1}$。

S_t 具有逐期追溯性质,一直探源至 S_{t-n+1} 为止,这个过程包括了全部数据。在其过程中,由于平滑常数以指数形式递减,所以将其称为指数平滑法。指数平滑常数取值至关重要。平滑常数决定了平滑水平以及对预测值与实际结果之间差异的响应速度。平滑常数 α 越接近于 1,则远期实际值对本期平滑值影响程度的下降越迅速。平滑常数 α 越接近于 0,则远期实际值对本期平滑值影响程度的下降越缓慢。当时间数列相对平稳时,可取较大的 α;当时间数列波动较大时,应取较小的 α,这样可以不忽略远期实际值的影响。

在实际预测中,平滑常数的值选择取决于产品本身和管理者对响应率内涵的理解。

尽管 S_t 包含了全期数据的影响,但实际计算时,仅需要两个数值,即 y_t 和 S_{t-1},再加上一个常数 α,这就使指数滑动平均法具有逐期递推的性质,进而对预测带来了极大的方便。

根据公式 $S_1 = \alpha y_1 + (1-\alpha)S_0$,当进行指数平滑法时才开始收集数据,因此就不存在 y_0。无从产生 S_0,自然无法根据指数平滑公式求出 S_1,指数平滑法就定义 S_1 为初始值。因此初始值的确定也是指数平滑过程的一个重要条件。

如果能够找到 y_1 的历史数据,那么可以确定初始值 S_1。当数据较少时,可用全期平均法或移动平均法;当数据较多时,可用最小二乘法,但不能使用指数平滑法本身确定初始值。

如果仅有从 y_1 开始的数据,那么确定初始值的方法有:

(1) 取 S_1 等于 y_1;

(2) 当积累若干数据之后,取 S_1 等于前面若干数据的简单算术平均数,如:$S_1 = (y_1 + y_2 + y_3)/3$ 等;

(3) 平滑次数不同,指数平滑法分为一次指数平滑法、二次指数平滑法和三次指数平滑法等。

3. 三种指数平滑法

1) 一次指数平滑法

当时间数列无明显的趋势变化,可用一次指数平滑法来预测。其预测公式为:

$$y'_{t+1} = \alpha y_t + (1-\alpha)y'_t$$
$$S_t = \alpha y_t + (1-\alpha)S_{t-1}$$

式中,y'_{t+1} 为 $t+1$ 期的预测值,即本期(t 期)的平滑值 S_t;y_t 为 t 期的实际值;y'_t 为 t 期的预测值,即上期的平滑值 S_{t-1}。

该公式又可以写作:$y'_{t+1} = y'_t + \alpha(y_t - y'_t)$。可以看出,下期预测值又是本期预测值与以 α 为折扣的本期实际值与预测值误差之和。

2) 二次指数平滑法

二次指数平滑是对一次指数平滑的再平滑。它适用于具线性趋势的时间数列。其预测公式为:

$$y_{t+m} = (2 + \alpha m/(1-\alpha))y'_t - (1 + \alpha m/(1-\alpha))y_t$$
$$= (2y'_t - y_t) + m(y'_t - y_t)\,\alpha/(1-\alpha)$$

式中,$y_t = \alpha y'_{t-1} + (1-\alpha)y_{t-1}$。

显然,二次指数平滑是一直线方程,其截距为 $(2y'_t - y_t)$,斜率为 $(y'_t - y_t)\,\alpha/(1-\alpha)$,自变量为预测天数。

3) 三次指数平滑法

三次指数平滑预测是二次平滑基础上的再平滑,其预测公式为:

$$y_{t+m} = (3y'_t - 3y_t + y_t) + [(6-5\alpha)y'_t - (10-8\alpha)y_t + (4-3\alpha)y_t]$$
$$\times \alpha m/2(1-\alpha)^2 + (y'_t - 2y_t + y'_t) \times \alpha^2 m^2/2(1-\alpha)^2$$

式中，$y_t = \alpha y_{t-1} + (1-\alpha) y_{t-1}$。

其基本思想是：预测值是以前观测值的加权和，且对不同的数据给予不同的权，新数据给较大的权，旧数据给较小的权。

4. 模型选择

指数平滑法主要包含一次指数平滑法、二次指数平滑法和三次指数平滑法。指数平滑法的预测模型如下。

初始值的确定(即第一期的预测值)的方法是当原数列的项数较多时(大于 15 项)，可以选用第一期的观察值或选用第一期的前一期的观察值作为初始值。如果原数列的项数较少时(小于 15 项)，可以选取最初几期(一般为前三期)的平均数作为初始值。指数平滑方法的选用，一般可根据原数列散点图显现的趋势来确定。如果是直线趋势，则选用二次指数平滑法；如果是抛物线趋势，则选用三次指数平滑法。如果当时间序列的数据经二次指数平滑处理后，仍有曲率时，也应选用三次指数平滑法。

5. 系数 α 的确定

指数平滑法的计算中，关键是 α 的取值大小，但 α 的取值又容易受主观影响，因此合理确定 α 的取值方法十分重要。一般来说，如果数据波动较大，α 值应取大一些，可以增加近期数据对预测结果的影响；如果数据波动平稳，α 值应取小一些。主要依赖于时间序列的发展趋势和预测者的经验做出判断，常用的经验判断方法如下。

(1) 当时间序列呈现较稳定的水平趋势时，应选较小的 α 值，一般可在 $0.05\sim 0.20$ 取值；

(2) 当时间序列有波动，但长期趋势变化不大时，可选稍大的 α 值，常在 $0.1\sim 0.4$ 取值；

(3) 当时间序列波动很大，长期趋势变化幅度较大，呈现明显且迅速的上升或下降趋势时，宜选择较大的 α 值，如可在 $0.6\sim 0.8$ 取值，以使预测模型灵敏度高些，能迅速跟上数据的变化。

根据具体时间序列情况，参照经验判断法，来大致确定额定的取值范围，然后取几个 α 值进行试算，比较不同 α 值下的预测标准误差，选取预测标准误差最小的 α 值。

在实际应用中，应结合对预测对象的变化规律做出定性判断且计算预测误差，并要考虑到预测灵敏度和预测精度冲突，采用折中的 α 值。

6. 指数平滑法应用举例

某软件公司，给出了 2010—2015 年的历史销售数据，将数据代入指数平滑模型，预测 2016 年的销售额，作为销售预算编制的基础。

根据经验判断法，公司 2010—2015 年销售额时间序列波动很大，长期趋势变化幅度较大，呈现明显且迅速的上升趋势，应选择较大的 α 值，即可在 $0.5\sim 0.8$ 选值，以使预测模型灵敏度更高，结合试算法取 $0.5,0.6,0.8$ 分别测试。经过第一次指数平滑后，数列散点图显现直线趋势，所以选用二次指数平滑法。

根据偏差平方的均值(MSE)，即各期实际值与预测值差的平方和除以总期数，以最小值来确定 α 的取值的标准，经测算：当 $\alpha = 0.5$ 时，MSE1 $= 1906.1$；当 $\alpha = 0.6$ 时，MSE2 $= 1445.4$；当 $\alpha = 0.8$ 时，MSE3 $= 10\,783.7$。因此可以选择 $\alpha = 0.6$ 来预测 2016 年 4 个季度的

销售额。

可以看出,解决本例的过程如下:

(1)首先对销售历史数据进行分析,并得到数列散点图;

(2)再根据散点图的特征选择二次指数平滑法;

(3)通过对 α 的试算,确定符合预测需要的 α 值;

(4)根据指数平滑模型计算出 2016 年 4 个季度的销售预测值,作为销售预算的基础。

7. 指数平滑法工作流程

指数平滑法工作流程如图 6-4 所示。

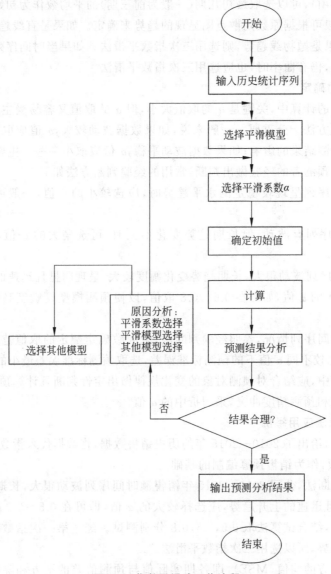

图 6-4 指数平滑法工作流程

在指数平滑法工作流程中,各步骤解释如下。

(1) 输入历史统计序列。对于时间序列 $y_1, y_2, y_3, \cdots, y_i$,一次平滑指数公式为:

$$S_t = \alpha y_t + (1-\alpha)S_{t-1}$$

式中,α 为平滑系数,有 $0 < \alpha < 1$;y_i 为历史数据序列 y 在 i 时的观测值;S_t 和 S_{t-1} 是 t 时和 $t-1$ 时的平滑值。

(2) 选择平滑模型。

$$y'_{t+1} = \alpha y_t + (1-\alpha)y'_t$$
$$S_t = \alpha y_t + (1-\alpha)S_{t-1}$$

(3) 选择平滑系数。当 α 接近于 1 时,新的预测值对前一个预测值的误差进行了较大的修正;当 $\alpha = 1$ 时,即第 t 期平滑值就等于第 t 期观测值。当 α 接近于 0 时,新预测值只包含较小的误差修正因素;当 $\alpha = 0$ 时,预测值就等于上期预测值。

(4) 确定初始值。当时间序列期数在 20 个以上时,初始值对预测结果的影响很小,因此可以用第一期的观测值来代替;而当时间序列期数在 20 个以下时,初始值对预测值有一定影响,因此可以取前 3~5 个观测值的平均值来代替。

6.2.3　分箱平滑法

分箱平滑法是一种局部平滑方法,它是通过考察周围的数据来平滑存储数据的。用箱子的深度来表示不同箱中的相同个数的数据,用箱的宽度来表示箱中每个数值的取值区间常数。

数据装入箱之后,可以用箱内数值的平均值、中位数或边界值来替代该分箱内各观测的数值,由于分箱考虑相邻的数值,因此按照取值的不同可将其划分为按箱平均值平滑、按箱中值平滑以及按箱边界值平滑。

例如,假设有 9,24,15,41,7,10,18,67,25 等 9 个数,分为 3 箱。

箱 1:9,24,15

箱 2:41,7,10

箱 3:18,67,25

1. 按箱平均值平滑

基于平均值的分箱平滑法的步骤如下。

(1) 将数据划归入几个箱中;

(2) 计算箱内数值的平均值;

(3) 用平均值代替各分箱内观测值。

分箱平滑法举例说明如下。

按箱平均值求得平滑数据值,箱 1:9,24,15。因为平均值是 16,则该箱中的每一个值被替换为 16。

2. 按箱中位数求得平滑数据值

箱 2:41,7,10,中位数是 10,可以按箱中值平滑,此时,箱中的每一个值被箱中的中值 10 替换。

3. 按箱边界值求得平滑数据值

箱 3：18,67,25,箱中的最大和最小值被作为箱边界。箱中的观测值 67 被最近的边界值 25 替换。

通过不同分箱方法求解的平滑数据值,就是同一箱中 3 个数的存储数据的值。

4. 数据分箱法适用范围

(1) 某些自变量在测量时存在随机误差,需要对数值进行平滑以消除噪声。

(2) 对于含有大量不重复取值的自变量,使用<、>、=等基本操作符的算法来说,如果能够减少不重复取值的个数,那么就能够提高算法的速度。

(3) 只能使用分类自变量的算法,需要把数值变量离散化。

5. 分箱法的类型

1) 无监督分箱

假设要将某个自变量的观测值分为 k 个分箱。

(1) 等宽分箱：将变量的取值范围分为 k 个相等宽度的区间,每个区间当作一个分箱。

(2) 等频分箱：把观测值按照从小到大的顺序排列,根据观测的个数等分为 k 部分,每部分当作一个分箱。例如,数值最小的 $1/k$ 比例的观测形成第一个分箱。

(3) 基于 k 均值聚类的分箱：使用 k 均值聚类法将观测值聚为 k 类,但在聚类过程中需要保证分箱的有序性。第一个分箱中所有观测值都要小于第二个分箱中的观测值,第二个分箱中所有观测值都要小于第三个分箱中的观测值等。

例如,将数据集 51,40,62,5,103,88 分成 3 份。

等宽分箱：首先将数据排序,变为 5,40,51,62,88,103。然后求宽度 $w = (103-5)/3 = 32.66$,也就是说每隔 32.66 为 1 个箱,可得 5,在第一个箱中,40,51,62 在第二个箱中,88 和 103 在第三个箱中。最终数据转换为 1,1,1,0,2,2。

等频分箱：保证每个箱中的数据个数相同,先进行排序后得：5,40,51,62,88,103。5 和 40 在第一个箱中,51 和 62 在第二个箱中,88 和 103 在第三个箱中,最终数据转换为 1,0,1,0,2,2。

2) 有监督分箱

有监督分箱主要有 Best-KS 分箱和卡方分箱两种。Best-KS 分箱是一个逐步拆分的过程：将特征从小到大排序;将 KS 最大值为切点,然后将数据切分两部分,重复递归,直到 KS 箱体数达到预设阈值为止。卡方分箱是自底向上的数据离散化方法,将具有最小卡方值的相邻区间合并在一起,直到满足一特定的停止规则。

6.3　数据规范化

在数据分析之前,常需要先将数据规范化,利用规范化后的数据进行数据分析。规范化也就是统计数据的指数化。数据规范化处理主要包括数据同趋化处理和无量纲化处理两个方面。

数据同趋化处理主要解决不同性质的数据问题。对不同性质指标直接加总不能正确反映不同作用力的综合结果,须先考虑改变逆指标数据性质,使所有指标对测评方案的作用力同趋化,再加总才能得出正确结果。数据无量纲化处理主要解决数据的可比性。数据规范化的方法有很多种,常用的有最小-最大规范化、z-score 规范化和按小数定标规范化等。

规范化的作用是指对重复性事物和概念,通过规范、规程和制度等达到统一,以获得最佳秩序和效益。在数据分析中,度量单位的选择将影响数据分析的结果。例如,将长度的度量单位从米变成英寸,将重量的度量单位从公斤改成磅,可能导致完全不同的结果。使用较小的单位表示属性将导致该属性具有较大值域,因此导致这样的属性具有较大的影响或较高的权重。在数据分析中,为了避免对度量单位选择的依赖性与相关性,应该将数据规范化或标准化。通过数据转换,使之落入较小的区间,如$[-1,1]$或$[0,1]$等区间。规范化数据能够使所有属性具有相同的权重。

数据规范化可将原来的度量值转换为无量纲的值。通过将属性数据按比例缩放,将一个函数给定属性的整个值域映射到一个新的值域中,即每个旧的值都被一个新的值替代。更准确地说,将属性数据按比例缩放,使之落入一个较小的特定区域,就可实现属性规范化。例如将数据$-3,35,200,79,62$转换为$-0.03,0.35,2.00,0.79,0.62$。对于分类算法,例如,神经网络学习算法和最近邻分类和聚类的距离度量分类算法,规范化作用巨大,有助于加快学习速度。规范化可以防止具有较大初始值域的属性与具有较小初始值域的属性相比较的权重过大。下面介绍常用的三种数据规范化方法。

6.3.1　最小-最大规范化方法

最小-最大规范化对原始数据进行线性转换,最小-最大规范化也叫离差标准化,它保留了原来数据中存在的关系,也是使用最多的方法。假定 Max_A 与 Min_A 分别表示属性 A 的最大值与最小值。最小-最大规范化通过计算将属性 A 的值 v 映射到区间 $[a,b]$ 上的 v' 中,计算公式如下:

$$v' = (v - \text{Min}_A)/(\text{Max}_A - \text{Min}_A) \times (\text{new\_Max}_A - \text{new\_Min}_A) + \text{new\_Min}_A$$

又例如,假定某属性 x 的最小-最大值分别为 12 000 和 98 000,将属性 x 映射到$[0,1]$中,根据上述公式,x 值 73 600 将转换为:

$$(73\,600 - 12\,000)/(98\,000 - 12\,000) \times (1.0 - 0) + 0.0 = 0.716$$

最小-最大规范化能够保持原有数据之间的联系。在这种规范化方法中,如果输入值在原始数据值域之外,将作为越界错误处理。

6.3.2　z 分数规范化方法

z 分数(z-score)规范化方法是基于原始数据的均值和标准差进行数据的规范化。使用 z 分数规范化方法可将原始值 x 规范为 x'。z 分数规范化方法适用于 x 的最大值和最小值未知的情况,或有超出取值范围的离群数据的情况。

在 z 分数规范化或零均值规范化中,可将 A 的值基于 x 的平均值和标准差规范化。x 值的规范化 x' 的计算公式如下:

$$x' = (x - \bar{x})/\sigma_A$$

其中，$\bar{x}$ 和 σ_A 分别为属性 x 的平均值和标准差。有 $\bar{x} = \frac{1}{n}(x_1 + x_2 + \cdots + x_n)$，而 σ_A 用 x 的方差的平方根计算。

例如，如果 x 的均值和标准差分别为 54 000 和 16 000。使用 z 分数规范化，值 73 600 被转换为 $(73\ 600 - 54\ 000)/16\ 000 = 1.225$。

标准差可以用均值绝对偏差替换。A 的均值绝对偏差 s_A 定义为：

$$s_A = \frac{1}{n}(\mid v_1 - \overline{A} \mid + \mid v_2 - \overline{A} \mid + \cdots + \mid v_n - \overline{A} \mid)$$

对于离群点，均值绝对偏差 s_A 比标准差更加鲁棒。在计算均值绝对偏差时，不对均值的偏差（即 $x_i - x$）取平方，因此降低了离群点的影响。

z 分数规范化方法的步骤如下。

（1）求出各变量的算术平均值（数学期望）x_i 和标准差 s_i；

（2）进行标准化处理：

$$z_{ij} = (x_{ij} - x_i)/s_i$$

其中，z_{ij} 为标准化后的变量值；x_{ij} 为实际变量值。

（3）将逆指标前的正负号对调。

标准化后的变量值围绕 0 上下波动，大于 0 说明高于平均水平，小于 0 说明低于平均水平。

6.3.3 小数定标规范化方法

小数定标规范化是通过移动属性 A 的小数点位置来实现的。小数点的移动位数依赖于 A 的最大绝对值。A 的值 v 被规范化，由下式决定：

$$A' = A/10^j$$

其中，j 为使得 $\mathrm{Max}(\mid A' \mid) < 1$ 的最小整数。

假设 A 的取值是 $-986 \sim 917$，A 的最大绝对值为 986。因此，为使用小数定标规范化，利用 1000（即 $j = 3$）除每个值。因此，-986 被规范化为 -0.986，而 917 被规范化为 0.917。

规范化可能将原来的数据改变很多，特别是使用 z 分数规范化或小数定标规范化时表现明显。如果使用 z 分数规范化，还有必要保留规范化参数，例如均值和标准差，以便将来的数据可以用一致的方式规范化。

6.3.4 数据规范化程序

读出数据示例如下：

```
---------------------
78        521      602      2863
144      - 600    - 521    2245
95       - 457    468     - 1283
69        596      695      1054
```

```
190     527     691     2051
101     403     470     2487
146     413     435     2571
--------------------------
```

数据最小-最大规范化和 z-分数规范化程序如下：

```
import pandas as pd
import numpy as np

datafile_01='normalization_data.xls'              #指定路径参数值
data_01=pd.read_excel(datafile_01, header=None) #按 datafile 指定的路径读取数据
#最小-最大规范化
data_max_min=(data_01 - data-01.min())/(data-01.max() - data-01.min())
#z-分数规范化
data_zero_aver=(data_01 - data-01.mean())/data_01.std(),std()   #为标准差函数
print(======================)
print('data_max_min')
print(data_max_min)
print(======================)
print('data_zero_aver')
print(data_zero_aver)
print(======================)
```

程序运行结果如下：

```
===================================
data_max_min
          0           1           2           3
0   0.074380    0.937291    0.923520    1.000000
1   0.619835    0.000000    0.000000    0.850941
2   0.214876    0.119565    0.813322    0.000000
3   0.000000    1.000000    1.000000    0.563676
4   1.000000    0.942308    0.996711    0.804149
5   0.264463    0.838629    0.814967    0.909310
6   0.636364    0.846990    0.786184    0.929571
=============================
data_zero_aver
          0           1           2           3
0  -0.905383    0.635863    0.464531    0.798149
1   0.604678   -1.587675   -2.193167    0.369390
2   0.516428   -1.304030    0.147406   -2.078279
3  -1.111301    0.784628    0.684625   -0.456906
4   1.657146    0.647765    0.675159    0.234796
5  -0.379150    0.401807    0.152139    0.537286
6   0.650438    0.421642    0.069308    0.595564
===================================
```

本 章 小 结

在大数据处理过程中,去噪与规范化是不可缺少的工作。数据转换可将原始数据转换为适合数据分析的形式,数据平滑可以克服噪声,数据规范化可将原始数据转换为无量纲的数据。本章主要介绍了基本的数据转换方法、数据平滑、数据规范化等内容。

第 7 章

大数据约简

知 识 结 构

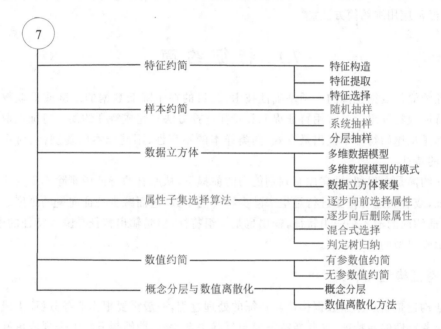

大数据分析,不但复杂,而且耗费时间长。如果能抓住主要数据,那么分析将快捷得多。

数据约简是指在对挖掘任务和数据本身内容理解的基础之上,寻找依赖于发现目标特征的有用数据,以缩减数据规模,从而在尽可能保持数据原貌的前提下,最大限度地精简数据量。数据约简技术可以用来得到数据集的约简表示,如图 7-1 所示的是数据约简前后的示意图,虽然约简后的数据集变小了,但仍接近于保持原始数据的完整性。如果能够达到这种程度,在约简后的数据集上挖掘,仍然能够获得与对数据约简前相近或几乎相同的分析结果。常用的约简方法有很多,主要有数据特征约简、样本约简、立方体聚集、维约简、数值压缩和离散化等。

数据约简的方法不仅考虑数据约简的效果,还需要考虑用在数据约简上的计算时间不应超过或抵消在约简后的数据上挖掘所节省的时间。对于高维大数据,通过降维的约简方法可以减少冗余数据。例如,当处理一个 256×256 的图像时,需要将其平拉成一个

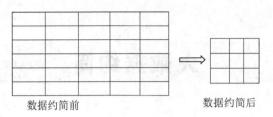

数据约简前　　　　　　　　　　数据约简后

图 7-1　数据约简示意图

向量,这样就得到了 65536 维的数据,如果直接对这些数据进行处理,将出现维数灾难。维约简又称为降维,对于 n 维空间的数据集 X,通过一些方法,将原空间的维数降至 m 维,并且 n 远大于 m,满足 m 维空间的特性能反映原空间数据的特征。在许多数据约简方法中,经常应用维约简方法。

7.1　特　征　约　简

特征约简是数据挖掘的一项基础性技术,其目的在于降低数据的维度或提取数据中的重要特征或特征组合。常用特征提取和特征选择方法来完成特征约简。特征提取和特征选择都是从原始特征中找出最有效(同类样本的不变性、不同样本的鉴别性、对噪声的鲁棒性)的特征。

特征约简是在保留、提高原有判别能力的前提下,从原有的特征中删除不重要或不相关的特征,或者通过对特征进行重组来减少特征的个数,进而减少特征向量的维度。也就是说,特征约简的输入是一组特征,输出也是一组特征,但是输出特征是输入特征的子集。下面介绍较典型的常用方法。

7.1.1　特征构造

特征构造是指从原始数据构造新特征的处理过程,一般需要根据业务分析,生成能更好体现业务特性的新特征,这些新特征要与目标关系紧密,能够提升模型表现或更好地解释模型。特征构造可以用来寻找特征。特征构造需要花费大量的时间研究业务逻辑与探索业务数据。

特征是在观测现象中的一种独立、可测量的属性。选择信息量大的、有差别性的、独立的特征是模式识别、分类和回归问题的关键步骤。最初的原始特征数据集可能太大,或者存在信息冗余,因此应用过程中,初始步骤就之一是选择特征的子集,或构建一套新的特征集,来促进算法的学习,提高模型的泛化能力和可解释性。

在机器视觉中,一幅图像是一个观测,但是特征可能是图中的一条线;在自然语言处理中,一个文本是一个观测,其中的段落或者词频可能是一种特征;在语音识别中,一段语音是一个观测,一个词或者音素是一种特征。

从处理方法上看,特征构造仍然是对数据的变换,其目的在于将业务专家的经验和智慧融入分析中。而在数据预处理当中也需要做一些基本的数据变换,但预处理中的数据变换是为了满足模型对训练数据类型、格式的基本要求。

7.1.2　特征提取

特征提取是指从原始特征抽取新特征,可以使用算法来自动完成,抽取的目的是将多维的或相关的特征降低到低维,以提取主要信息或生成与目标相关性更高的信息。其定义如下。

特征提取是指通过函数映射从原始特征中提取新特征的过程,假设有 n 个原始特征(或属性)表示为 A_1, A_2, $\cdots$, A_n,通过特征提取可以得到另外一组特征,表示为 B_1, B_2, $\cdots$, $B_m (m < n)$,其中,$B_i = f_i(A_1, A_2, \cdots, A_n)$, $i \in [1, m]$,且 f 是对应的函数映射,这里使用新特征替代了原始特征,最终得到 m 个特征。当特征维度比较高,通过映射或变化的方式,可以使用低维空间样本来表示高维空间样本。

一般的结构化数据已经可以包括上千个维度的特征,而对于图像、音频和文本这些非结构化数据规模更大、更为复杂,虽然通过转换可以获得包括数以百万计的属性,但将导致计算量大,训练时间长。另外,通常模型训练不需接受如此之多的特征,尤其在大量特征互相关联的情况下,将影响模型的泛化能力。因此,特征提取自动减少这些类型到一个更小的集合,达到建模所需的维数。

常用的特征提取方法包括投影方法(如主成分分析法、线性判别分析等)、无监督聚类等。

1. 主成分分析法

当随机变量之间具有较强的线性相关时,它们包含了比较多的共同信息,如果将共有的信息提取出来,而不损失过多原始变量的信息,则可以达到简化问题的目的。

主成分分析法(Principal Component Analysis,PCA)认为,数据变异最大的方向上包含了最大的信息。基于这样的思想,主成分分析法寻找多维数据当中变异最大的且正交的几个方向(通常要小于原始特征的维数),将特征投影到这几个方向形成的空间当中,这样可以保留数据的多数变异,而将变异较小的剩余方向忽略,并以投影后的数据作为新特征,如图 7-2 所示。

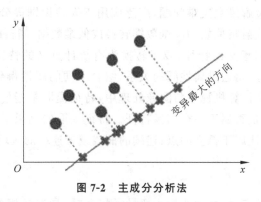

图 7-2　主成分分析法

图 7-2 中的二维数据在某个方向上有最大的变异,因此将其投影到该方向上,以投影的坐标点作为新特征的值,这样就将二维的数据降到了一维,同时忽略掉了数据剩余的变异,从而达到抽取共同信息的目的。

对于多维数据的处理也是如此,先寻找数据变异最大的方向,然后在该方向的所有正交方向上寻找剩余变异最大的方向,以此类推,将这些方向称为主成分,并以向量的形式表示。然后按照各主成分方向可解释的数据变异的多少来决定要保留几个主成分,最后将数据投影到主成分上形成新的得分(坐标值),该值就是新的特征值。在 9.6 节中有详细说明。

2. 线性判别分析

线性判别分析(Linear Discriminant Analysis,LDA)也称 Fisher 线性判别(Fisher Linear Discriminant,FLD),它通过将数据投影到具有最佳分类性能的方向,而达到降维的目的。线性判别分析是一类有监督的学习方法。

以图 7-3 为例,空心点代表正例,实心点代表负例,使正负例能够尽量分离的投影方向,就是线性判别分析要寻找的方向,在这个方向上的投影坐标就是实例的新特征。

由图 7-3 可见,线性判别分析适用于数据(近似)线性可分的情况,如果数据不是线性可分,则可以应用核方法(kernel)进行处理。线性可分是指用一个线性函数可以将两类样本完全分开,即直观想象二维空间划一条直线把两类样本分开,如图 7-4 所示。

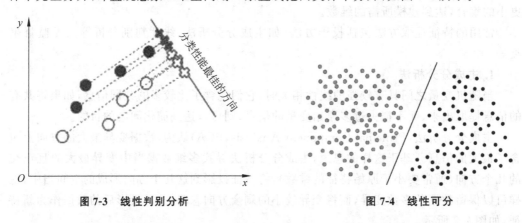

图 7-3　线性判别分析　　　　　　　　图 7-4　线性可分

特征提取常用来缓解维数灾难问题,广泛应用于人脸识别等分类问题中。特征提取通过寻找一个函数或映射将原始的高维数据转换成低维数据。特征提取是将原始特征转换为一组具有明显物理意义的特征,或者转换为有统计意义的特征,或者转换为核的特征。也就是说,特征提取是通过属性间的关系,组合不同的属性得到新的属性,进而改变了原有的特征空间。在计算机视觉与图像处理中,特征提取是指使用计算机提取图像信息,决定每个图像的点是否属于一个图像特征。特征提取的结果是把图像上的点分为不同的子集,这些子集往往属于孤立的点、连续的曲线或者连续的区域。

7.1.3　特征选择

特征选择又称变量选择、属性选择或变量子集选择,是选择相关特征(变量、预测器)子集用于模型构造的过程。简单地说,特征选择就是检测相关特征,删除冗余特征,获得特征子集,从而以最小的性能损失来更好地描述给出的问题。可以看出,特征选择是删选掉冗余和不相关的特征来进一步降维。特征选择的定义如下:

特征选择是指从原始的 n 个特征中选择 $m(m<n)$ 个子特征的过程,因此特征选择按照某个标准实现了最优简化,即实现了降维,最终得到 m 个特征,特征并没有发生变化,只是总的数量减少了。

1. 特征选择的作用

(1) 简化模型,使研究人员/用户更容易理解这些模型。

(2) 缩短训练时间。

(3) 避免维数灾难。

(4) 通过减少过拟合来增强泛化能力。

使用特征选择技术的前提是,数据包含一些冗余或不相关的特征,因此可在不造成大量信息丢失的情况下删除这些特征。虽然冗余和不相关是两个不同的概念,但一个相关特征在与另一个相关特征强相关的情况下有可能是冗余的。

2. 特征选择与特征提取区别

特征提取根据原始特征的功能创建新特征,而特征选择返回特征的子集,不创建新特征。特征选择技术常用于特征多、样本(或数据点)相对较少的领域。应用特征选择的场景是含有成千上万的特征和几十到数百个样本。数据集当中的特征并不都是平等的,许多与问题无关的特征需要移除掉,而有些特征则对模型表现影响很大,应当被保留,因此需要对特征进行一定的选择。特征选择从特征集合中挑选一组最具统计意义的特征,进而达到降维。更进一步说,特征选择也称特征子集选择。

特征选择是指从已有的 m 个特征中选择 n 个特征使得系统的特定指标最优化,是从原始特征中选择出一些最有效特征以降低数据集维度的过程,是提高学习算法性能的一个重要手段,也是模式识别中关键的数据预处理步骤。对于一个学习算法来说,需要好的学习样本,这是问题的关键。

一般而言,特征选择可以看作一个搜索寻优问题。对大小为 n 的特征集合,搜索空间由 2^{n-1} 种可能的状态构成。已经证明最小特征子集的搜索是一个 NP 问题,除了穷举式搜索之外,不能保证找到最优解。但是,在实际应用中,当特征数目较多的时候,穷举式搜索因为计算量太大而无法应用,因此常使用启发式搜索算法寻找准优解。

3. 特征选择过程

特征选择的一般过程可用图 7-5 表示。首先从原始特征集中产生出一个特征子集,然后用评价函数对该特征子集进行评价,评价的结果与停止准则进行比较,若评价结果比停止准则好就停止,否则就继续产生下一组特征子集,继续进行特征选择。选出来的特征子集一般还要验证其有效性。综上所述,特征选择过程一般包括产生过程、评价函数、停止准则、验证过程四个部分。

1) 产生过程

产生过程是搜索特征子空间的过程。特征选择可以看作一个搜索寻优问题。对大小为 n 的特征集合,搜索空间由 2^{n-1} 种可能的状态构成。已经证明最小特征子集的搜索是一个 NP 问题,即除了穷举式搜索,不能保证找到最优解。但实际应用中,当特征数目较多的时候,穷举式搜索因为计算量太大而无法应用,因此常使用启发式搜索算法寻找软计算的准优解。主要的搜索算法有完全搜索、启发式搜索和随机搜索,如图 7-6 所示。

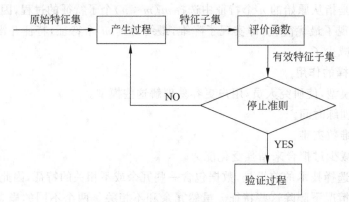

图 7-5　特征选择的过程

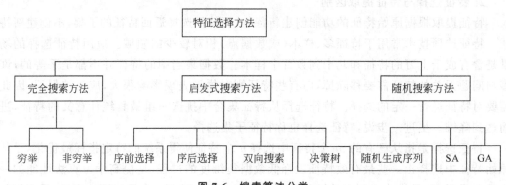

图 7-6　搜索算法分类

（1）完全搜索。

完全搜索分为穷举搜索与非穷举搜索两类，主要包含广度优先搜索、分支限界搜索、定向搜索和最优优先搜索等算法。

① 广度优先搜索是广度优先遍历特征子空间。该算法枚举了所有的特征组合，属于穷举搜索，时间复杂度是 $O(2^n)$，实用性不高。

② 分支限界搜索是在穷举搜索的基础上加入分支限界。如果断定某些分支不可能搜索出比当前找到的最优解更优的解，则可以剪掉这些分支。

③ 定向搜索首先选择 N 个得分最高的特征作为特征子集，将其加入一个限制最大长度的优先队列，每次从队列中取出得分最高的子集，然后穷举向该子集加入 1 个特征后产生的所有特征集，将这些特征集加入队列。

④ 最优优先搜索与定向搜索类似，唯一的不同点是不限制优先队列的长度。

（2）启发式搜索。

启发式搜索主要包括序列前向选择、序列后向选择、双向搜索、增 L 去 R 选择算法和序列浮动选择等。

① 序列前向选择算法以特征子集 X 从空集开始，每次选择一个特征 x 加入特征子集 X，使得其特征函数 $F(X)$ 最优。简单地说，每次都选择一个使得评价函数的取值达到

最优的特征加入。

序列前向选择算法的缺点是只能加入特征而不能去除特征。例如，特征 A 完全依赖于特征 B 与 C，可以认为如果加入了特征 B 与 C，则 A 就是多余的。假设序列前向选择算法首先将 A 加入特征集，然后又将 B 与 C 加入，那么特征子集中就包含了多余的特征 A。

② 序列后向选择算法从特征全集 O 开始，每次从特征集 O 中剔除一个特征 x，使得剔除特征 x 后评价函数值达到最优。该算法是序列后向选择，与序列前向选择正好相反，它的缺点是特征只能去除不能加入。另外，序列前向选择与序列后向选择都属于贪心算法，容易陷入局部最优值。

③ 双向搜索算法使用序列前向选择从空集开始，同时使用序列后向选择从全集开始搜索，当两者搜索到一个相同的特征子集 C 时停止搜索。

双向搜索的出发点是 $2N^{k/2} < N^{K}$。如图 7-7 所示，O 点代表搜索起点，A 点代表搜索目标。灰色的圆代表单向搜索可能的搜索范围，深色的 2 个圆表示某次双向搜索的搜索范围，容易证明深色的面积必定要比浅色的要小。

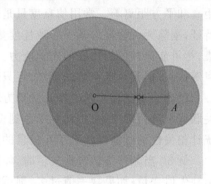

图 7-7　双向搜索

④ 该算法在训练样本集上运行 C4.5 或其他决策树生成算法，待决策树充分生长后，再在树上运行剪枝算法。则最终决策树各分支处的特征就是选出来的特征子集了。决策树方法一般使用信息增益作为评价函数。

（3）随机搜索算法。

该类方法在计算中将特征选择问题与遗传算法、模拟退火算法、粒子群优化算法，随机森林或一个随机重采样过程结合起来，以概率推理和采样过程作为算法基础，基于分类估计的有效性，在算法运行过程中对每个特征赋予一定的权重，再根据给定的或自适应的阈值对特征的重要性进行评价。例如，Relief 及其扩展算法就是一种典型的根据权重选择特征的随机搜索方法，它能有效地去除无关特征，但不能去除冗余特征，且只能用于两类分类问题。

① 模拟退火算法一定程度克服了序列搜索算法容易陷入局部最优值的缺点，但是如果最优解的区域太小，则模拟退火难以求解。

② 算法首先随机产生一批特征子集，并用评价函数给这些特征子集评分，然后通过交叉、突变等操作繁殖出下一代的特征子集，并且评分越高的特征子集被选中参加繁殖的概率越高。这样经过 N 代的繁殖和优胜劣汰后，种群中就可能产生了评价函数值最高的特征子集。

随机算法的共同缺点：依赖于随机因素，有实验结果难以重现。

2）评价函数

评价函数的作用是评价产生过程所提供的特征子集的优劣。特征选择方法依据是否独立于后续的学习算法可分为过滤方式、封装方式和嵌入方式三种。

(1) 过滤方式

过滤方式的特征选择方法一般使用评价准则来使特征与类别间的相关性最大、特征间的相关性最小。该方式可以很快地排除掉很多不相关的噪声特征,缩小优化特征子集搜索的规模,计算效率高,通用性好,可用作特征的预筛选器。但当特征和分类器信息相关时,该方法不能保证选择出一个优化特征子集,即使能找到一个满足条件的优化子集,其计算规模也比较大。根据评价函数可分为基于距离度量、基于信息度量、基于依赖性度量和基于一致性度量四类。常用的距离度量有:欧氏距离,Minkowski 距离,Chebychev距离和平方距离等。常用信息度量是信息增益与互信息,信息增益可以有效地选出关键特征,剔除无关特征。基于一致性度量方法,其思想是寻找全集有相同区分能力的最小子集,尽可能保留原始特征的辨识能力。它具有单调、快速、去除冗余和不相关特征、处理噪声等优点,但其对噪声数据敏感,且只适合处理离散特征。

过滤法是比较简单的特征选择方法,根据每个特征的统计特性,或者特征与目标值的关联程度进行排序,去掉那些未达到设定阈值的特征。常用的过滤法包括方差过滤、基于统计相关性的过滤以及基于互信息的过滤等。

例如,当数据集包含缺失值时,如果缺失值数量少,则可以填补缺失值或直接删除这个缺失值变量;如果缺失值过多,则可以采用下述处理方法。当缺失值在数据集中的占比过高时,一般选择直接删除这个变量,因为它包含的信息太少了。但可以设置一个阈值,如果缺失值占比高于阈值,删除缺失值所在的列。上述处理过程的 Python 代码如下:

```python
#导入需要的库
import pandas as pd
import numpy as np
import matplotlib.pyplot as plt


#读取数据
dataset=pd.read_csv("Train_DataSet.csv")        #应在读取数据时添加文件的路径
a=dataset.isnull().sum()/len(dataset) * 100     #计算缺失值所占的百分比
varis=dataset.columns                           #保存列名
var=[ ]
for i in range(0,12):
    if a[i]<=20: #setting the threshold as 20%#设阈值为 20%
        var.append(varis[i])
print(var)                                      #输出处理结果
```

① 方差过滤认为数据的信息取决于其变异程度的大小。数据无任何变异(对应变量值的方差为 0),这样的数据是没有信息量的;而对于数据变异相对较大,其包含的信息较多。数据变异越大,其包含的信息越多,就越应当被保留下来。

如果某一个数据集,其中某列的数值基本一致,也就是它的方差很低,由于低方差变量携带的信息量很少,所以可以把它直接删除。具体处理的方法是:首先计算所有变量的方差大小,然后删去其中最小的几个。采用该方法前首先需要对数据做归一化处理。

例如,如果数据集中有一个变量其值全是 1,使用这个变量将不会对模型有一定的提升,因此可以舍弃这个变量。由此可以看到如果一个变量数据间方差过小,说明变量包含的信息较少,方差为 0,则说明数据间没有差异。所以在降维时,可以考虑先使用中位数弥补缺失值,然后计算变量相应的方差,通过过滤方差来达到降维的效果。

② 基于统计相关的过滤举例如下。

当 x 和 y 均为离散变量时,可以使用卡方检验来判断它们的关联性。经典的卡方检验是检验定性自变量对定性因变量的相关性。一个非常小的卡方检验统计量表明观察到的数据非常符合预期的数据。一个非常大的卡方检验统计量表明数据不适合,拒绝无效假设。

卡方是显示两个分类变量之间关系的一种方法。统计学中有数值变量和非数值变量两种类型的变量,该值可以通过给定的观察频率和期望频率来计算。卡方用 x^2 表示,公式为

$$x^2 = \sum (A - E)^2 / E$$

其中,$A=$观测频率;$E=$期望频率;$\sum=$总和;$x^2=$卡方值。

使用统计量卡方检验作为特征评分标准,卡方检验值越大,相关性越强(卡方检验是评价定性自变量对定性因变量相关性的统计量)。

运用 sklearn 扩展库,使用卡方完成最佳特征选择程序如下:

```
from sklearn.feature_selection import SelectKBest
from sklearn.feature_selection import chi2
from sklearn.datasets import load_iris
```

第 1 步:导入 IRIS 数据集。

```
iris=load_iris()          #导入 IRIS 数据集
print(iris.data)          #查看数据
```

第 2 步:使用的卡方过滤法过滤 chi2 类。

```
model_01=SelectKBest(chi2, k=2)       #选择 k 个最佳特征
#拟合数据+转化数据,返回特征过滤后保留下的特征数据集
print(model_01.fit_transform(iris.data, iris.target))
#iris.data 是特征数据,iris.target 是标签数据,该函数可以选择出 k 个特征
```

第 3 步:通过输出 pvalues_,可以看出卡方值越大,则 pvalues_越小 1。

```
print(model_01.pvalues_)        #输出 pvalues_
print(model_01.scores_)         #输出 scores_
```

在上述程序中:

pvalues_:返回每个特征得分对应的 pvalues_值。

fit_transform(x,y):拟合数据+转化数据,返回特征过滤后保留下的特征数据集。

③ 方差分析又称变异数分析或 F 检验,用于两个及两个以上样本均数差别的显著性检验。由于各种因素的影响,如果数据呈现波动状,则造成波动的原因可分成两类,一类是不可控的随机因素,另一类是对结果形成影响所施加的可控因素。方差分析是从观测

变量的方差开始,研究诸多控制变量中的哪些变量是对观测变量有显著影响的变量。从衡量因素的多少又分为单因素方差分析和多因素方差分析。单因素方差分析是衡量不同因素对观测变量的影响程度,在数据分析中,不同因素可以理解为一个变量去不同值时对观测变量的影响。多因素方差分析考虑的是多个分类变量连续变量的影响,以及分类变量之间的交互效应。

④ x 和 y 均为连续变量,可以使用相关系数来判断它们之间关联程度的大小。当关注目标变量时,可以通过观察各个特征与目标变量的关联程度来进行特征选择,根据不同的目标变量与待选特征(连续变量或者离散变量),使用不同的相关性分析方法,因此,可以先将待选特征与目标变量按照类型进行划分。

如果两个变量之间是高度相关的,这表明它们具有相似的趋势并且可能携带类似的信息。这类变量的存在会降低某些模型的性能(例如线性和逻辑回归模型)。为了解决这个问题,可以计算独立数值变量之间的相关性。如果相关系数超过某个阈值,就删除其中一个变量。

(2)包装法。

包装法(Wrapper)与过滤法不同,过滤法通过一个个地判断 x 的统计特性,或者与 y 的关联性进行筛选,包装法可能会错过那些多个变量在一起才能显出与目标相关性的特征。因此,包装法不单看 x 与 y 的直接关联,而是从添加这个特征后模型的最终表现好坏来判断添加是否合适。这个方法可以包括前向或后向的特征选择,例如前向法的基本逻辑是:先初始化进入模型的特征为空,然后一次向模型当中添加一个特征,并判断模型效果的提升程度,选择最能提升效果的特征进入模型;依此往复,直到所有剩余特征进入模型都无法带来效果提升为止。后向法则相反,先将特征一次性全部进入模型,再一个一个删去,通过判断哪个特征对模型效果的降低影响最小,则删去;依此往复,直到达到停止条件为止。前向后向法(逐步法)则是对前两种方法的融合,先逐个添加特征直到停止条件,再从中逐个删除达到停止条件,反复应用前向法与后向法,以达到对特征选择的尽可能优化。另外,可以对所有特征取其全部子集,每个子集都进入模型去判断哪个组合效果最佳。但这样的穷举开销很大,虽然它能产生最优的组合,但只能在特征较少时使用。

包装法是根据目标函数(通常是预测效果评分),每次选择若干特征,或者排除若干特征。

(3)嵌入法。

嵌入法是一种由算法自己决定使用哪些特征的方法,即特征选择和算法训练同时进行。首先使用某机器学习的算法和模型进行训练,得到各个特征的权值系数,根据权值系数从大到小选择特征。这些权值系数往往代表了特征对于模型的某种贡献或某种重要性。

有的学习算法本身就具备判断一个特征对于模型的效果影响程度,例如决策树学习算法,在模型训练过程中就已融合了特征选择功能。因此,如果能通过这类模型计算出一个综合的特征重要性的排序,则可以用于特征的选择。例如,使用随机森林进行建模,模型通过计算,返回一个代表特征重要性的数组。使用随机森林这类树模型,计算效率较高,可以在建模初期对变量进行初步筛选,之后还需要进一步的细筛特征,因此可以适当多保留一些特征。

过滤法缺点是使用的统计量可以使用统计知识和常识来查找范围(如 p 值应当低于显著性水平 0.05),而嵌入法中使用的权值系数却没有这样的范围可找或需要学习曲线,或者根据模型本身的某些性质去判断这个超参数的最佳值。

7.2　样 本 约 简

如果已知样本数量很大、样本质量参差不齐,但是根据实际问题的先验知识,通过样本约简就可以从数据集中选出一个有代表性的样本子集。子集大小的确定必须考虑到计算成本、存储要求、估计量的精度以及算法和数据特性相关的因素。

初始数据集中最关键的维数就是样本的数目。数据挖掘处理的初始数据集描述了一个极大的总体,对数据的分析只基于样本子集。获得数据的子集后,用它来提供整个数据集的信息,这个子集通常叫作估计量,它的质量依赖于所选子集中的元素。取样过程存在取样误差。当子集的规模变大时,取样误差一般将降低,在理论上一个完整的数据集不存在取样误差。样本约简可以减少成本,有时也能获得更高的精度。

样本约简的主要方法是随机抽样、系统抽样和分层抽样。

7.2.1　随机抽样

随机抽样方法的特点是在总体中每个个体被抽取的可能性都相同。当总体中的个体数较少时,经常采用抽签的方法抽取样本。可以这样形象地说明,即将总体的各个个体依次编上号码 $1,2,3,\cdots,m$,制作一套与总体中各个个体号码相对应的、形状大小相同的卡片号签。并将卡片号签搅拌均匀,从中抽出 n 个卡片号签,这 n 个卡片号签所对应的 n 个个体就组成一个样本。

7.2.2　系统抽样

系统抽样又称为等距抽样,当总体中个体数较多,且其分布又没有明显的不均匀情况时,经常采用系统抽样。可将总体分成均衡的若干部分,然后按照预先制定的规则,从每一部分抽取相同个数的个体,这样的抽样叫作系统抽样。例如,从 1 万名考生成绩中抽取100 人的数学成绩作为一个样本,可按照学生准考证号的顺序每隔 100 个号码抽一个。假定在 1~100 的 100 个号码中任取 1 个得到的是 37 号,那么从 37 号起,每隔 100 个号码抽取一个号,依次为 37,137,237,$\cdots$,9937,然后获得上述学生准考证号的考生数学成绩。

7.2.3　分层抽样

分层抽样又称为类型抽样,是指将总体单位按主要标志加以分类,分成互不重叠且有限的类型,称为层。然后再从各层中独立地随机抽取单位。当总体由有明显差异的几个部分组成时,用上面随机抽样和系统抽样两种方法抽出的样本,其代表性都不强,这时要将总体按差异情况分成几个部分,然后按各部分所占的比例进行抽样。

7.3 数据立方体

数据立方体又称超级立方体、多维超方体。

7.3.1 多维数据模型

多维数据模型是为了满足用户从多角度多层次进行数据查询和分析的需要而建立起来的基于事实和维的数据存储模型。数据立方体是一种多维数据模型、可以聚集与存储高维数据的存储体。

1. 立方体

数据立方体(Data Cube)是多维数据模型构成的多维数据空间,数据立方体由多个维和度量组成。

数据立方体是二维表格的多维扩展,如同几何学中立方体是正方形的三维扩展一样。但是数据立方体不局限于三个维度。大多数在线分析处理(OLAP)系统能用很多个维度构建数据立方体。立方体是由维度构建出来的多维数据空间,包含了所要分析的基础数据,所有的聚合数据操作都在它上面进行,如图 7-8 所示。

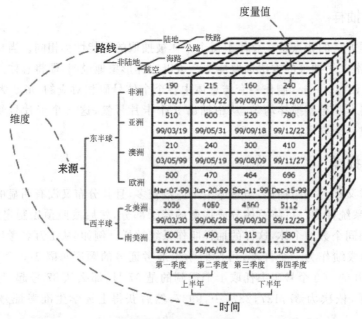

图 7-8　数据立方体

1) 维度

维度是观察数据的一种角度,例如在上图中来源、路线、时间都可以被看作为维度。维度是一个立方体的轴,三个维度可以构成一个立方体的空间。要注意的是有一个特殊的维度,即度量值维度。

2）维度成员

维度成员构成维度的基本单位,例如对于时间维,包含第一季度、第二季度、第三季度和第四季度的维度成员。

3）层次

维度的层次结构包括自然层次和用户自定义两种层次。例如对于时间维属于自然层次,可以分为年、月、日三个层次,也可以分为年、季度、月三个层次。一个维可以有多个层次,可由用户自定义,它是单位数据聚集的一种路径。

4）级别

级别组成层次,例如年、月、日分别是时间维的三个级别。显然这些级别是有父子关系的。

5）度量值

度量值是度量的结果,一个数值函数可以对数据立方体空间中的每个点求值。

6）事实表

事实表存放度量值的表,同时存放了维表的外键,所有分析所用的数据最终都来自事实表。

7）维表

每个维度对应一个或多个维表,一个维度对应一个表的是星形模式;对应多个表的是雪花模式。

2. 数据方体的格结构

在数据方体中存在维表和事实表两种表。格结构是一种特殊的图,格结构中满足半序关系。数据方体可以表示成一种格结构,数据方体的存储、计算和查询都要涉及格结构。

1）表的转换

由 444 维表,可以计算各种 333 维表;由 333 维表,可以计算各种 222 维表;由 222 维表可以计算 111 维表。例子如下。

（1）444 维表:描述商品信息,表中有 444 个字段,如时间、产品、位置、供应商。

（2）333 维表:去掉上述 444 维表中的某一维,得到 333 维视图,如将供应商维度删除,得到时间、产品、位置三维表。

（3）222 维表:从上述 333 维表中再去掉一维,得到 222 维表,如将位置维度删除,得到时间、产品二维表。

（4）111 维表:444 维表去掉 333 维,只留下一维,如只留下时间维度表。

2）格结构上的操作

（1）实体化视图选择:给定一个 444 维表,将其中的某些视图 333 维表计算出来,选择哪些维度节点将其计算出来,称为实体化视图选择。实体化是计算出来之后,将计算结果存储下来。

（2）实体化视图计算:将给定的 444 维表计算出 333 维表的过程称为实体化视图计算。

（3）实体化视图更新:数据更新后,对应的实体化视图,也需要随之更新。

（4）数据方体计算：如果存储空间足够大，可以将所有的格结构都计算出来，将这种计算称为数据方体计算。

3）数据单元

（1）数轴：数据方体中以维作为数轴。

（2）数据单元概念：数据方体中，每个维上都确定一个维成员时，就会唯一确定一个点，这个点称为数据单元。

（3）数据方体维数：二维、三维的数据方体可以绘制出来，超过333维的数据方体无法绘制，但是实际上的数据方体可以是444维、555维，甚至更多维。

（4）数据方体存储：数据方体可以使用任意方式存储，如传统的关系表等。数据从二维表转为数据方体，也就是从传统数据库（DB）数据转为数据仓库（DW）数据。

7.3.2　多维数据模型的模式

多维数据模型的模式主要有星形模式、雪花模式和事实星座模式。对应多个维表时就是采用雪花模式。雪花模式是对星形模式的规范化。简言之，维表是对维度的描述。

1. 星形模式

星形模式是最常用的模式，主要包括一个中心表（事实表），存储了大量数据，但不存在冗余数据。主要包括一组附属表（维表），每维一个。如图7-9所示，从item、time、branch、location四个维度去观察数据，中心表是Sales Fact Table，包含了四个维表的标识符（由系统产生）和三个度量。每一维使用一个表表示，表中的属性将形成一个层次。

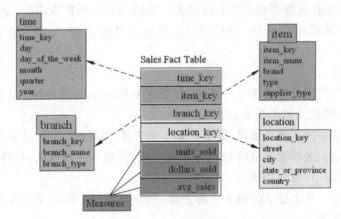

图7-9　星形模式

2. 雪花模式

雪花模式是星形模式的变异，将其中维表进行了规范化，把数据进一步地分解到附加的表中，形状类似雪花。如图7-10所示，item维表被规范化，生成了新的item表和supplier表；同样location也被规范化为location和city两个新的表。

3. 事实星座模式

事实星座允许多个事实表共享维表，可以看作是星形模式的汇集。如图7-11所示，Sales和Shipping两个事实表共享了time、item、location三个维表。事实星座（faction

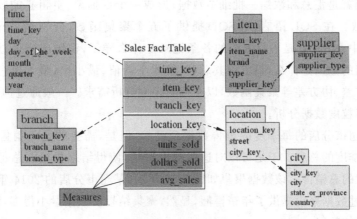

图 7-10 雪花模式

stellations)反映多个事实表共享维表,这种模式可以看作星座模式集,因此称作星系模式
(galaxy schema),或者事实星座模式是把事实间共享的维进行合并。对概念进行分层有
利于数据的汇总。

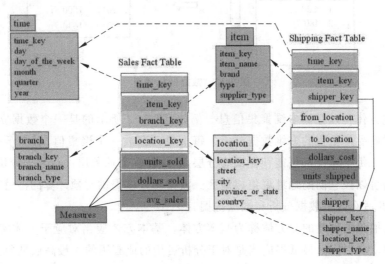

图 7-11 事实星座模式

数据仓库中事实星座模式应用广泛,因为它能对多个相关的主题建模;而在数据集市
中,星形或雪花模式应用广泛,这是因为它们往往针对某一个具体的主题。

7.3.3 数据立方体聚集

当从一堆数据中提取信息时,数据立方体不局限于三个维度。大多数在线分析处理
系统能用很多个维度构建数据立方体,例如,SQL Server 2000 Analysis Services 工具允
许维度数高达 64 个。但在实际中,常用三个维度。数据立方体之所以有实用价值,是因
为可在一个或多个维度上给立方体做索引。

数据聚集就是汇总和浓缩一批细节数据,形成一个更抽象、更粗犷的数据,与之连用的是聚集函数。在 SQL 语言中,SQL 提供了五个聚集函数,分别是 count、sum、avg、min、max,其中 count 就是不管细节的各条记录是什么样子,都给出记录总数;另外四个也是不管精确的数据是什么,只求出其总和、算术平均值、最小值、最大值,有的数据库还扩充了标准方差、协方差等聚集函数,以支持更多的分析需求。一般通过构造数据立方体来完成这种多粒度数据分析。

例如,某超市分店的每季度的销售数据现已知,但是,需要的是年销售,即每年的总和,而不是每季度的总和。于是可以对这些数据聚集,使得结果数据汇总每年的总销售,而不是每季度的总销售。该数据聚集如图 7-12 所示,某超市分店的 2014 年到 2016 年的销售数据,通过数据聚集提供了年销售额,显然,聚集结果使数据量小得多,但并没有丢失分析任务所需的数据。

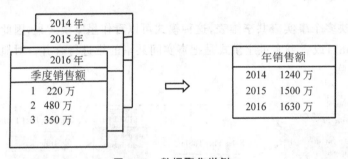

图 7-12　数据聚集举例

数据立方体可以存储多维聚集信息。例如,图 7-12 所示的是一个数据立方体,用于各分店每类商品年销售的多维数据分析。每个单元存放一个聚集值,对应于多维空间的一个数据点。每个属性都可能存在概念分层,允许在多个抽象层进行数据分析。例如,分层使得分店可以按它们的地址聚集成地区。数据立方体提供对预计算的汇总数据进行快速访问,因此适合联机数据分析和数据挖掘。

在最低抽象层创建的立方体称为基本方体。基本方体应当对应于个体实体,例如销售额或客户,也就是说,最低层应当是对于分析可用的或有用的。最高层抽象的立方体称为顶点方体。对于图 7-12 中的销售数据,顶点方体将给出一个汇总值,即所有商品类型、所有分店三年的总销售额。对不同层创建的数据立方体称为方体,因此可以将数据立方体看作是方体的格。每个较高层抽象将进一步减小结果数据的规模。当回答 OLAP 查询或数据挖掘查询时,应当使用与给定任务相关的最小可用方体。

7.4　属性子集选择算法

通过对属性子集的选择可以约简属性集,基于属性子集选择的启发式算法的主要技术如下所述。

7.4.1　逐步向前选择属性

逐步向前选择是增量式选择,该过程由空属性集开始,然后选择原属性集中最好的属性,并将它添加到该集合中。在其后的每一次迭代,将原属性集剩下的属性中最好的属性添加到该集合中。例如初始属性集为$\{A1,A2,A3,A4,A5,A6\}$,初始约简集为$\{\}$。约简后的属性集形成过程如下:

$S1\{\}$

$S2\{A1\}$

$S3\{A1,A4\}$

$S4\{A1,A4,A6\}$

其中$\{A1,A4,A6\}$是约简后的属性集。

7.4.2　逐步向后删除属性

逐步向后删除是减量式选择,该过程由整个属性集开始,在每一步,删除属性集中的最坏属性。例如初始属性集为$\{A1,A2,A3,A4,A5,A6\}$,初始约简集为$\{A1,A2,A3,A4,A5,A6\}$。约简后的属性集形成过程如下:

$S1\{A1,A2,A3,A4,A5,A6\}$

$S2\{A1,A2,A4,A5,A6\}$

$S3\{A1,A4,A5,A6\}$

$S4\{A1,A4,A6\}$

其中$\{A1,A4,A6\}$是约简后的属性集。

7.4.3　混合式选择

混合式选择是将逐步向前选择和逐步向后删除的方法结合,每一步选择一个最好的属性,并在剩余属性中删除一个最坏的属性。

在上述三种算法中,算法结束的条件可为多种,但常用的是可以使用一个阈值来确定是否停止属性选择过程。

7.4.4　判定树归纳

判定树算法(例如 ID3 和 C4.5 算法)主要用于分类。利用判定树可以构造一个类似于流程图的结构,每个内部节点表示一个属性测试,每个分枝对应于属性测试的一个输出,每个外部节点表示一个判定类。在每个节点,算法选择最好的属性,将数据划分成类。内部节点不包括叶节点,而外部节点则是指叶节点。

当判定树用于属性子集选择时,树由给定的数据构造,不出现在树中的所有属性均不相关,出现在树中的属性形成约简后的属性子集。

如果挖掘任务是分类,而挖掘算法本身是用于确定属性子集,就称之为包装方法,否则称为过滤方法。因为包装方法在删除属性时优化了算法的度量计算,所以可以达到更高的精确性。例如,初始属性集为{A1,A2,A3,A4,A5,A6},约简后的属性集形成过程如图 7-13 所示。

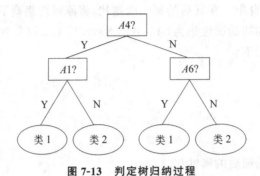

图 7-13　判定树归纳过程

约简后的属性集是{A1,A4,A6}。

7.5　数　值　约　简

数值约简是利用替代的方式,使用较小的数据表示替换数据或估计数据,进而可以减少数据量。数值约简技术分为有参数值约简技术和无参数值约简技术。有参数值约简技术是使用模型来评估数据,只使用参数,而不是实际值。例如,对数线性模型用于估计离散的多维概率分布;无参数值约简技术用于存放约简数据的表示,主要有直方图、聚类和选择等。

7.5.1　有参数值约简

回归与对数线性模型是常用的有参数值约简方法。

1. 回归

在线性回归中,通过数据建模使之趋于一条直线。例如,用 $y=a+bx$ 将随机变量 y 表示为另一个随机变量 y 的线性函数。其中响应变量 y 的方差是常量;x 是预测变量;系数 a 和 b 称为回归系数,分别表示直线的 y 轴截距和斜率。系数可以用最小平方法获得,使得分离数据的实际直线与该直线间的误差最小。多元回归是线性回归的扩充,响应变量是多维特征向量的线性函数。

2. 对数线性模型

对数线性模型是近似离散概率模型,基于较小的方体形成数据立方体的格,该方法用于估计具有离散属性集的基本方体中每个格的概率。允许使用较低阶的立方体构造较高阶的数据立方体。由于对数线性的较小阶的方体总计占用空间小于基本方体占用空间,所以说对于压缩是有用的。又由于对基本方体进行估计相比,使用较小阶的方体对单元进行估计选样变化小,所以,对数线性模型对数据平滑也是有用的。

回归和对数线性模型都可用于稀疏数据。回归适于倾斜数据;对数线性模型伸缩性好,可以扩展到十维左右。

7.5.2　无参数值约简

直方图、聚类和选择是常用的无参数值约简方法。

1. 直方图

直方图是一种统计报告图,由一系列高度不等的纵向条纹或线段表示数据分布的情况。一般用横轴表示数据类型,纵轴表示分布情况,如图 7-14 所示。

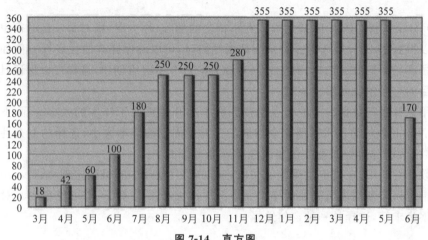

图 7-14　直方图

直方图使用分箱近似数据分布,是一种很流行的数据约简方式。属性 A 的直方图将 A 的数据分布划分为不相交的子集或桶。桶安放在水平轴上,桶的高度表示该桶所代表的值的频率,当每个桶代表单个属性值时,则该桶称为单桶,通常桶表示给定属性的连续区间。

桶和属性值的划分原则如下。

(1)等宽:在等宽的直方图中,每个桶的宽度区间是一个常数。

(2)等深:在等深的直方图中,每个桶的频率为常数,即每个桶包含相同数的邻近数据样本。

(3)V-最优直方图:给定桶个数,V-最优直方图是具有最小方差的直方图。直方图的方差是指每个桶代表的原数据的加权和,其中权等于桶中值的个数。

(4)最大差直方图:在最大差直方图中,考虑每对相邻值之间的差。

V-最优直方图和最大差直方图是最精确和最实用的直方图。对于近似稀疏和稠密的数据,以及高倾斜和一致的数据,表达效果明显。

2. 聚类

在数值约简中,可以用数值的聚类来代替实际数据,其有效性与数据的性质密切相关。如果能够组织成不同的聚类,则该技术有效。

3. 选择

选择是数值约简的一种方法,可以用数据的较小随机样本表示大数据集。如果大数

据集 D 包含了 N 个元组,则有下述选择。

(1) 简单选择 n 个样本,在 D 的 N 个元组中,抽取 n 个样本,$n<N$,D 中任何元组被抽取的概率为 $1/N$,即所有元组抽取机会相等。

(2) 简单选择 n 个样本,当一个元组被抽取之后,记录它,然后放回去。这样被放回的元组还有机会再次被抽取。

(3) 聚类选择:如果 D 中的元组被分组放入 M 个互不相交的聚类,则可以得到聚类的 m 个简单选择,这里 $m<M$。例如数据库元组通常一次取一页,每一页就可以看作一个聚类。

(4) 分层选择:如果 D 被划分成互不相交的部分,称为层,则对每一层的简单随机选择就可以得到 D 的分层选择。特别当数据倾斜时,可以确保样本的代表性。例如可以得到关于顾客数据的分层选择,其中分层对顾客的每个年龄组创建,这样可以保证具有最少顾客数目的年龄组也能够被表示。

应用选择进行数据约简的优点是得到样本的开销正比于样本的大小 n,而不是数据的大小 N。其他约简技术需要完全扫描 D。对于固定的样本大小,选择的复杂性仅随数据的维数 d 线性地增加,直方图复杂性随 d 指数增长。

在数据约简中,在指定的误差范围内,可以确定(使用中心极限定理)估计一个给定的函数在指定误差范围内所需的样本大小。样本大小 n 相对于 N 可能很小。对于约简数据集逐步求精,选择是一种自然选择。

7.6   概念分层与数值离散化

概念分层提供了属性值的分层和多维划分,使用较高层概念来替换较低层的概念。

数值离散化是将整个值域分为若干个区间,使用区间标记代替实际的数据值。这样就可以用少数区间标记来替换值域的连续数值,进而减少和简化了原来的数据。可以根据离散化方式对数据离散化技术分类,例如可以根据是否使用类信息或根据离散化进行方向(即自顶向下或自底向上)分类。如果离散化过程使用了类信息,则称它为监督离散化,否则是非监督的离散化。

7.6.1   概念分层

概念分层是指对一个属性递归地进行离散化,产生属性值的分层或多分辨率划分。对于给定的数值属性,概念分层定义了该属性的一个离散化。高层概念是概念低层概念的抽象,也就是说,通过利用较高层概念替换较低层概念,就可以达到约简数据的目的。通过概念分层,尽管丢失了细节,但是泛化后的数据更有意义,更容易解释。

图 7-15 所示的是某商场的销售品单价(单位为元)属性的概念分层,对于同一个属性可以定义多个概念分层,以适合不同用户的需要。

人工地定义概念分层是一项耗时的任务。为此,可以使用一些离散化方法来自动地产生数值属性的概念分层。

例如,将年龄划分为几个区间等。Pandas 的 cut()函数能够实现离散化操作,cut()

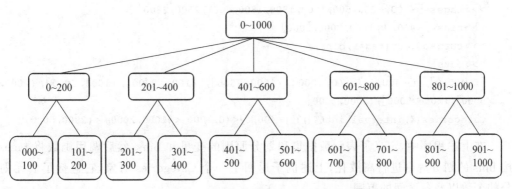

图 7-15　基于数值属性的概念分层举例

函数的语法格式如下：

```
Pandas.cut (x,bins, right=True,labels=None,rebins=False,
            precision=1,include_lowst=False,duplicates='raise')
```

上述函数的常用参数说明如下：

（1）x：表示需要分箱的数组，必须是一维数组。

（2）bins：接收整型和序列型的数据，如果传入的是 int 类型的值，则表示在 x 范围内的等宽单元的数量（划分为多少个等间距区间）；如果传入的是一个序列，则表示将划分在指定的序列中，如不在此序列中，则为 NaN。

（3）right：是否包括右端点，决定区间开闭，默认为 True。

（4）labels：用于生成区间的标签。

（5）rebins：是否返回 bin。

（6）precision：精度，默认保留三位小数。

（7）include_lowst：是否包含左端点。

cut()函数的主要功能是返回一个 Categorical 对象，它是一组表示面元名称的字符串，它包含了分组的数量以及不同分类的名称。

例如，有一组数据：−200，−350，500，1200，1500，1800，2001，2500 和 2800。需要将这组数据划分为（−400～0]，（0～1000]，（1000～2000]，（2000～5000]四种类型，如图 7-16 所示。

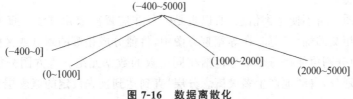

图 7-16　数据离散化

例如，用 cut()函数实现面元划分（离散化）的程序。

```
>>>import pandas as pd
```

```
>>>tages=[-200,-350,500,1200,1500,1800,2001,2500,2800]
>>>bins=[-400, 0,1000,2000,5000]
>>>cuts=pd.cut(tages,bins)
>>>cuts
[(-400,0], (-400, 0], (0,1000], (1000,2000], (1000,2000], (1000,2000], (2000,
5000],(2000,5000],(2000,5000]]
Categories(4,interval[int64]): (-400,0]<(0,1000]<(1000,2000] <(2000,5000]
```

在上述程序中,定义了表示数据集和划分原则的变量和 bins,然后调用函数将 tages 按 bins 的划分规则进行离散化,上述例子返回了一个 Categories 对象,它包括了面元划分的个数以及各区间的范围。

Categories 对象中的区间范围与数学中的区间相一致,都是用圆括号表示开区间,用方括号表示闭区间。如果希望设置左闭右开区间,则可以在调用 cut() 函数时传入 right＝False 进行修改,代码如下:

```
>>>pd.cut(tages,bins=bins,right=False)
[[-400,0), [-400, 0), [0,1000),[1000,2000), [1000,2000),[1000,2000),[2000,
5000),[2000,5000),[2000,5000)]
Categories(4,interval[int64]):[ [-400,0)<[0,1000)<[1000,2000), <[2000, 5000)]
```

7.6.2　数值离散化方法

数值属性的概念分层可以根据数据离散化自动构造。假设待离散化的值已经按递增序排序,可以使用分箱方法、直方图分析、基于熵的离散化、χ^2 合并、聚类分析和通过直观划分离散化等方法。在下述的六种方法中,都假设待离散化的值按递增序排序。

1. 分箱法

分箱法是一种指定箱的个数自顶向下的分裂技术,它是用作数值归约和概念分层的离散化方法。例如,通过使用等宽、等高或等频等标准分箱,然后用每个箱的均值或中位数代替箱中的每个值,进而实现属性值离散化,就像分别用箱的均值或箱的中位数光滑一样。这些技术可以递归地作用于结果划分,产生概念分层。由于分箱没有使用类信息,因此是一种非监督的离散化技术。这种方法与用户指定的箱个数有关,也容易受离群点的影响。

2. 直方图分析

因为直方图分析不使用类信息,所以也是一种非监督离散化方法。直方图将属性 A 的值划分成不相交的桶。例如,在等宽直方图中,将值分成相等的划分或区间。使用等频直方图,理想地分割值使得每个划分包括相同个数的数据元组。直方图分析算法可以递归地用于每个划分,自动地产生多级概念分层,直到达到预先设定的概念层数为止。也可以对每一层使用最小区间长度来控制递归过程。最小区间长度设定了每层每个划分的最小宽度,或每层每个划分中值的最少数目。

3. 基于熵的离散化

熵(entropy)是一种常用的离散化度量。基于熵的离散化是一种监督的、自顶向下的离散技术，它在确定划分属性区间的数据值（分裂点）时利用了类分布信息。为了将数值属性 A 离散，该方法选择 A 的具有最小熵的值作为分裂点，并递归地划分结果区间，得到分层离散化，形成概念分层。

设 D 是由属性集和类标号属性定义的数据元组集，类标号属性提供每个元组的类信息。

对属性 A 的基于熵的离散化方法如下。

（1）A 的每个值都可以看作一个划分 A 的值域的潜在的区间分裂点。A 的分裂点可以将 D 中的元组划分成分别满足条件 $A\leqslant$ 分裂点和 $A>$ 的两个子集，进而获得了一个二元离散化。

（2）使用元组的类标号信息。如果根据属性 A 和某分裂点上的划分将 D 中的元组分类，则该划分将导致元组的准确分类。例如，如果有两个类，希望类 C_1 的所有元组落入一个划分，而类 C_2 的所有元组落入另一个划分，这就是准确划分。但是，如果第一个划分包含许多 C_1 的元组，但也包含某些 C_2 的元组，这就不是准确划分。在该划分之后，为了得到完全的分类，还需要使用对 D 的元组分类的期望信息，如下式所示：

$$\mathrm{Info}_A(D)=\frac{|D_1|}{|D|}\mathrm{Entropy}(D_1)+\frac{|D_2|}{|D|}\mathrm{Entropy}(D_2)$$

其中，D_1 和 D_2 分别对应于 D 中满足条件 $A\leqslant$ 分裂点和 $A>$ 分裂点的元组；$|D|$ 为 D 中元组的个数，给定集合的熵函数根据集合中元组的类分布来计算。例如，给定 m 个类 $C_1,C_2,\cdots,C_m$，D_1 的熵是 m。

$$\mathrm{Entropy}(D_1)=-\sum_{i=1}^{\infty}p_i\log_2(p_i)$$

其中，p_i 是 D_1 中类 C_i 的概率，由 D_1 中 C_i 类的元组数除以 D_1 中的元组总数 $|D_1|$ 确定。这样，在选择属性 A 的分裂点时，希望选择产生最小期望信息需求（即 $\min(\mathrm{Info}A(D))$）的属性值。这将导致在用 $A\leqslant$ 分裂点和 $A>$ 分裂点划分之后，对元组完全分类需要的期望信息量最小。这等价于具有最大信息增益的属性-值对。$\mathrm{Entropy}(D_2)$ 的值可以类似于 $\mathrm{Entropy}(D_1)$ 式计算。

（3）确定分裂点的过程递归地用于所得到的每个划分，直到满足某个终止标准，如当所有候选分裂点上的最小信息需求小于一个小阈值 ε，或者当区间的个数大于阈值时终止。

基于熵的离散化可以减少数据量，更有可能将区间边界（分裂点）定义在准确位置，有助于提高分类的准确性。

4. 基于 χ^2 分析的区间合并

基于 χ^2 分析的区间合并方法采用了自底向上的策略，递归地找出最佳邻近区间，然后合并，形成较大的区间。这种方法使用了类信息，是一种监督的方法。其基本思想是：对于精确的离散化，如果两个邻近的区间具有非常类似的类分布，则这两个区间可以合并。否则，它们应当分开。基于 χ^2 分析的区间合并过程如下。

将数值属性 A 的每个不同值看作一个区间。对每对相邻区间进行 χ^2 检验。具有最小 χ^2 值的相邻区间合并在一起，其理论根据是：低 χ^2 值表明它们具有相似的类分布。

该合并过程递归地进行,直到满足预先定义的终止标准。

下述三个条件决定了终止判定标准:

(1) 当所有相邻区间对的 χ^2 值都低于由指定的显著水平确定的某个阈值时停止合并。χ^2 检验的置信水平值太高(或非常高)可能导致过分离散化,而太低(或非常低)的值可能导致离散化不足。通常,将置信水平设为 0.01~0.10。

(2) 区间数可能少于预先指定的最大区间,例如 10~15。区间内的相对类频率应当相当一致。然而,存在某些不一致也是允许的,但不应当超过某个预先指定的阈值,这个值可以由某训练数据估计。

(3) 可以用来删除数据集中不相关的属性。由于可将区间看作离散类别,χ^2 统计量检验假设给定属性的两个相邻区间是类独立的。可以构造数据的相依表。该相依表有代表两个相邻区间的两列和 m 行,其中 m 是不同类的个数。单元值 o_{ij} 是第 i 个区间中第 j 个类的元组计数。类似地,o_{ij} 的期望频率是 $e_{ij} =$(区间 i 中元组的个数)$\times$(类 j 中元组的个数)$/N$,其中 N 是数据元组的总数。一个区间对的低 χ^2 值表明区间是类独立的,因此可以合并。

5. 聚类分析

聚类分析是一种常用的数据离散化方法。通过聚类将某属性值划分成簇或组,由于聚类能够考虑属性的分布以及数据点的邻近性,所以可以产生高质量的离散化结果。聚类主要有自顶向下的划分方法和自底向上的合并方法,可以用来产生属性的概念分层,其中每个簇对应概念分层的一个节点。在自顶向下的划分策略中,每一个初始簇可以进一步分解成若干子簇,形成较低的概念层。在自底向上的合并策略中,通过反复地对邻近簇进行分组,形成较高的概念层。

6. 直观离散化

离散化方法可以产生数值分层,但是许多用户希望看到数值区域划分为易于阅读、直观而自然的一致的区间。例如,(5000 元,6000 元]区间比(5263.98 元,6872.34 元]区间更简单、更直观,其中(5263.98 元,6872.34 元]区间是使用聚类技术获得到,而(5000 元,6000 元]区间是使用直观离散化技术获得。

3-4-5 规则可以用来将数值数据分割成相对一致、自然的区间。应用该规则可以根据最高有效位的取值范围,递归逐层地将给定的数据区域划分为 3、4 或 5 个相对等宽的区间。例如,如果一个区间在最高有效位包含 3,6,7 或 9 个不同的值,则将该区间划分成 3 个区间(对于 3,6 和 9,划分成 3 个等宽的区间;而对于 7,按 2-3-2 分组,划分成 3 个区间)。如果它在最高有效位包含 2,4 或 8 个不同的值,则将区间划分成 4 个等宽的区间。如果它在最高有效位包含 1,5 或 10 个不同的值,则将区间划分成 5 个等宽的区间。

例如,对连续数值型数据集 D,取值范围为 0~70,使用 3-4-5 规则对其进行离散化如图 7-17 所示。

该规则可以递归地用于每个区间,为给定的数值属性创建概念分层。现实世界的数据常常包含特别大的正和负的离群值,基于最小和最大数据值的自顶向下离散化方法可能导致扭曲的结果。这时,可以在顶层分段时,选用一个较大空间的数据。如选择 5%~95% 的数据,再进行以上规则的划分。

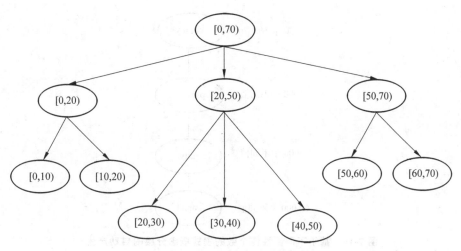

图 7-17　基于 3-4-5 规则的连续数值的离散化

分类数据是离散数据。分类属性具有有限个不同值，值之间关系无序。例如地理位置、工作类别和商品类型等分类数据。

通常，分类属性或维的概念分层涉及一组属性。在模式级通过说明属性的偏序或全序，可以很容易地定义概念分层。例如，关系数据库或数据仓库的位置维（location）包含如下属性组：street、city、province_ 和 country。可以在模式级说明这些属性的全序，如 street＜city＜province_＜country，来定义分层结构。

在大型数据库中，通过显式的值枚举来定义整个概念分层的困难较大。然而，对于一小部分中间层数据，可以很容易地显式分组。用户可以说明一个属性集来定义概念分层，但并不显式说明它们的偏序。然后，系统可以自动地产生属性的序，构造有意义的概念分层。可以根据给定属性集中每个属性不同值的个数自动地产生概念分层。具有最多不同值的属性放在分层结构的最底层。一个属性的不同值个数越少，它在所产生的概念分层结构中所处的层次越高。在考察了所产生的分层之后，如果必要，局部层次交换或调整可以由用户或开发者来做。

例如，根据每个属性的不同值的个数产生概念分层。假定用户从某人的数据库中选择了关于 location 的属性集：country、province_、city、street，但没有指出这些属性之间的层次序。

location 的概念分层可以自动地产生，如图 7-18 所示。首先，根据每个属性的不同值个数，将属性按升序排列，其结果如下（其中，每个属性的不同值数目在括号中）：country（50）、province_（1000）、city（8000）、street（60000）。其次，按照排好的次序，自顶向下产生分层，第一个属性在最顶层，最后一个属性在最底层。最后，用户考察所产生的分层，必要时，可以修改它以反映属性之间期望的语义联系。在这个例子中，显然不需要修改所产生的分层。

这种启发式规则并非完美，例如，数据库中的时间维可能包含 20 个不同的年，12 个不同的月，每星期 7 个不同的天。然而，这并不表明时间分层应当是 year＜month＜days_

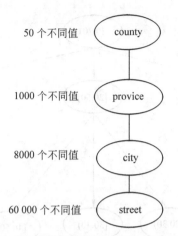

50 个不同值　county

1000 个不同值　provice

8000 个不同值　city

60 000 个不同值　street

图 7-18　基于不同属性值个数的模式概念分层的自动产生

of_the_week,而 days_of_the_week 在分层结构的最顶层。

在定义分层时,如果用户对于分层结构中的内容认识模糊,结果导致用户可能在分层结构说明中只包含了相关属性的一小部分。例如,用户没有考虑 location 所有分层相关的属性,而只说明了 street 和 city。为了处理这种部分说明的分层结构,重要的是在数据库模式中嵌入数据语义,使得语义密切相关的属性能够捆在一起。用这种办法,可以形成一个完整的分层结构。然而必要时,用户应当可以选择忽略这一特性。例如,使用预先定义的语义关系产生概念分层。假定数据挖掘专家(作为管理者)已将五个属性 number、street、city、province_和 country 集成在一起,因为它们与 location 概念语义密切相关。如果用户在定义 location 的分层结构时只说明了属性 city,系统可以自动地拖进以上五个语义相关的属性,形成一个分层结构。用户也可以选择去掉分层结构中的任何属性,如 number 和 street,将 city 作为该分层结构的最低概念层。

本 章 小 结

在数据预处理中,通过数据变换将数据变换成适于挖掘的形式。将属性数据规范化,使得它们可以落在较小的区间,例如[0,1]区间。利用数据约简技术,例如数据立方体聚集、属性子集选择、维度约简、数值约简和离散化,不但可以用来得到数据的归约表示,而且使得信息内容的损失最小。数值数据的数据离散化和概念分层的自动产生涉及分箱、直方图分析、基于熵的离散化、χ^2 分析、聚类分析和基于直观划分的离散化等技术。通过本章内容的学习和课程实验的实践,读者应该能够利用约简工具进行大数据的约简。

第8章

大数据集成

知 识 结 构

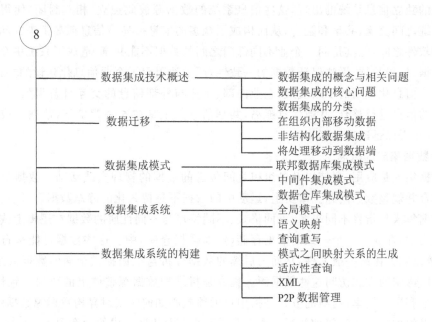

数据集成可以使后面的数据分析工作聚焦到与分析任务相关的数据集中。这样不仅提高了分析效率,而且也保证了分析的准确性。数据集成可以采用对目标数据加以正面限制或条件约束的方式,挑选那些符合条件的数据。也可以对不感兴趣的数据加以排除,只保留那些可能感兴趣的数据。必须深入分析应用目标对数据的要求,以确定合适的数据选择和数据过滤策略,才能保证目标数据的质量。除此之外,还必须要将被挑选的数据整理成合适的存储形式才能被分析算法所使用。下面主要介绍大数据集成的概念、方法与系统。

8.1　数据集成技术概述

数据分析和数据挖掘离不开数据集成,尤其对于大数据分析,数据集成必不可少。数据集成技术具有广泛的应用,在人工智能领域主要通过描述逻辑来描述数据源之间的关系,机器学习为数据集成系统、半自动化建立语义映射提供了一种方法,并且具有巨大的应用潜力。

数据存储中的数据管理就是静态数据持久化的问题。而对不同的系统、应用、数据存储以及交互的运动数据的管理则是一项重要技术。可用的、可信任的数据对于数据分析的成功来说至关重要。使数据可信任的过程是数据治理和数据质量管理所要解决的问题,数据可用就是在正确的地方、正确的时间并且以正确的格式获得相应的数据,数据可用是数据集成的重要目标。下面介绍数据集成概念与其核心问题。

8.1.1　数据集成的概念与相关问题

由于信息系统的开发时间或开发部门的不同,导致多个异构的、在不同的软硬件平台上运行的独立信息系统的出现,这些信息系统的数据源彼此独立、相互封闭,使得数据难以在系统之间交流、共享和融合,从而构成了众多的信息孤岛。信息孤岛带来的问题是使得不同软件之间,尤其是同一企业不同部门之间的数据不能共享,造成了系统中存在大量冗余数据、垃圾数据,无法保证数据的一致性,严重地阻碍了企业信息化建设的整体进程。

随着信息化应用的不断发展,企业内部、企业与外部信息的交互日益强烈,急切需要对已有的信息进行整合,联通信息孤岛,共享信息。正是在这一背景下,数据集成技术应运而生,并得以迅速地发展。

1. 数据集成的概念

数据集成是应用、存储以及各组织之间传送的数据的管理实践活动。数据集成主要是考虑合并规整数据问题。事实上,运动中的数据不是持久化的静态数据。

数据集成是指将不同来源、不同格式、不同特点与不同性质的数据在逻辑上或物理上有机地集中,存放在一个一致的数据存储(例如数据仓库)中。这些数据可能来自多个数据库、数据立方体或一般文件,从而为后续的数据分析与挖掘提供全面的数据共享,使用户能够以透明的方式访问这些数据源。集成是指维护数据源整体上的数据一致性,提高信息共享利用的效率;透明的方式是指用户无须关心如何实现对异构数据源数据的访问,只关心以何种方式访问何种数据。图 8-1 所示的是大数据集成的示意图。

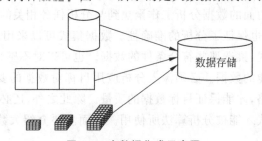

图 8-1　大数据集成示意图

数据集成的最复杂和困难的问题是数据格式转换,也就是将多种数据格式转换为统一的格式,这是在数据集成中经常遇到的问题。为了完成数据格式转换,需要理解被整合的数据及其数据结构。在图 8-2 中,表示将来自三个不同数据源的不同格式的数据转换为统一格式的目标数据。很多数据转换可以简单地通过技术上改变数据的格式而实现,但更常见的情况是,需要提供一些额外的信息,例如通过转换查找表,可以更为高效地将源数据转换为目标数据。

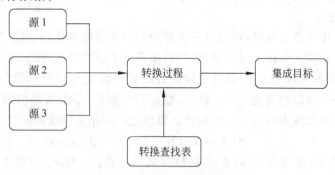

图 8-2　将数据转换为通用格式

2. 数据集成系统

将实现数据集成的系统称为数据集成系统,数据集成系统可以将来自不同的数据源的数据集成,形成统一的数据集,为用户提供统一的数据访问接口,执行用户对数据的访问请求,其模型如图 8-3 所示。

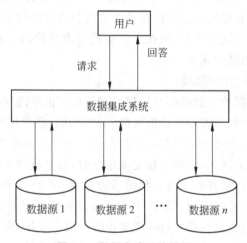

图 8-3　数据集成系统模型

数据集成的数据源主要指各类数据库、XML 文档、HTML 文档、电子邮件、普通文件等结构化、半结构化和无结构化数据。数据集成是信息系统集成的基础和关键。好的数据集成系统能够保证用户低代价、高效率地使用异构的数据。

3. 数据集成需要考虑的问题

主要有下述三个需要考虑的问题。

1) 实体识别问题

来自各个数据源的实体发生冲突是指来自某个数据库的用户和另一个数据库的用户为同一个实体,也就是说,需要知道来自多个信息源的现实世界的实体是否能够匹配。为了知道这个问题,首先要能够识别实体。由若干个相关的元数据元素构成元数据实体,它描述原始数据某一方面的若干个特征。利用元数据实体识别出是否是同一实体之后,可以将同一实体同名化处理,并删除多余的部分。

2) 冗余问题

对于数据库中的重复数据,可以进一步分为元组和属性重复,元组重复是指同一数据存在两个或多个相同的元组。对于属性冗余,如果一个属性是冗余的,那么可以由另一表导出这个属性,例如年收入工资、属性或维命名的不一致,也可以导致数据集中的冗余。

应用相关分析可以检测到冗余。例如,给定两个属性,根据可用的数据,可以度量一个属性性能在多大程度上蕴含另一个属性。属性之间的相关性度量计算公式如下:

$$R_{A,B} = \Sigma(A - X)(B - Y)/(n - 1)\,\sigma_A\sigma_B$$

式中,n 是元组个数;X 和 Y 分别表示 A 和 B 的平均值;σ_A 和 σ_B 分别是 A 和 B 的标准差。其中:

$$A\text{ 的平均值 } X = \Sigma A/n, A\text{ 的标准差 } \sigma = (\Sigma(A - X)^2/(n - 1)^{1/2}$$

如果 $R_{A,B}$ 的值大于 0,则 A 和 B 是正相关,其含义是 A 的值随 B 的值增大而增大,该值越大,则一个属性蕴含另一个属性的可能性就越大。也就是说,很大的 $R_{A,B}$ 值表明 A 或 B 可以作为冗余而被删除。如果结果值为 0,则 A 和 B 是独立的,即它们不相关。如果结果值小于 0,则 A 和 B 负相关,一个值随另一个减少而增加,这表明每一个属性都阻止另一个属性出现。利用属性之间的相关性度量公式可以检测实体之间的相关性。

除了检测属性之间的冗余之外,也在元组级进行重复检测。元组重复是指对于同一数据,存在两个或多个相同的元组。

3) 数据冲突的检测与处理问题

数据集成还涉及数据冲突的检测与处理。对于现实世界的同一实体,由于表示、大小或编码不同,即来自不同数据源的属性值可能不同,例如,重量属性可以在一个系统中以公制单位存放,而在另一个系统中以英制单位存放。对于连锁旅馆,可能涉及不同的服务(如是否有免费早餐)。又例如,不同学校交换信息时,每个学校可能都有自己的课程计划和评分标准。一所大学可能开设 5 门大数据系统课程,用 0~5 评分;而另一所大学可能采用学期制,开设 6 门大数据课程,用 0~100 评分。需要在这两所大学之间制定精确的课程成绩变换规则,进行信息交换。对于现实世界的同一实体,来自不同数据源的属性值可能不同,表示、比例和编码不同,进而形成数据语义的差异性。

将多个数据源中的数据集成起来形成统一的格式,就能够减少或避免结果数据集中数据的冗余和不一致性,提高了数据挖掘和分析的速度和精度。

8.1.2　数据集成的核心问题

1. 异构性

由于被集成的数据源是独立开发的异构数据模型,所以将给集成带来很大困难。这些异构性主要表现在数据语义、相同语义数据的表达形式和数据源的使用环境等方面。

当数据集成需要考虑数据的内容和含义时,就进入到语义异构的层次上。语义异构要比语法异构更为复杂,需要破坏字段的原子性,即需要直接处理数据内容。常见的语义异构包括字段拆分、字段合并、字段数据格式变换、记录间字段转移等方式。语法异构和语义异构的区别可以追溯到数据源建模时的差异。当数据源的实体关系模型相同,只是命名规则不同时,造成的只是数据源之间的语法异构;当数据源构建实体模型时,如果采用不同的粒度划分、不同的实体间关系以及不同的字段数据语义表示,必然会造成数据源间的语义异构,致使给数据集成带来很大麻烦。

数据集成系统的语法异构现象存在普遍性。一些语法异构较为规律,可以用特定的映射方法解决,但对于非结构性数据源存在不易被发现的语法异构,例如数据源在构建时隐含了一些约束信息,在数据集成时,这些约束不易被发现,进而造成错误的产生。如某个数据项用来定义月份,隐含着其值只能在 1～12,而集成时如果忽略了这一约束,有可能造成错误的结果。

2. 分布性

数据源异地分布,并且利用网络传输数据,这就存在网络传输的性能和安全性等问题。

3. 自治性

各个数据源有很强的自治性,可以在不通知集成系统的前提下改变自身的结构和数据,影响了数据集成系统的鲁棒性。

在上述三个问题中,异构性表现突出。数据源的异构性一直是困扰数据集成系统的核心问题,异构性的难点主要表现在语法异构和语义异构。语法异构一般指源数据和目的数据之间的命名规则及数据类型存在不同。对数据库而言,命名规则指表名和字段名。语法异构相对简单,只要实现字段到字段、记录到记录的映射,解决其中的名字冲突和数据类型冲突,这种映射容易实现。因此,语法异构无须关心数据的内容和含义,只要知道数据结构信息,完成源数据结构到目的数据结构之间的映射就可以了。

数据集成技术的任务是将相互关联的分布式异构数据源集成到一起,使用户能够以透明的方式访问这些数据源。在这里,集成是指维护数据源整体上的数据一致性,提高信息共享利用的效率;透明方式是指用户不必关心如何对异构数据源进行访问,只关心用何种方式访问何种数据。

8.1.3　数据集成的分类

1. 基本数据集成

(1) 基本数据集成面临的问题很多,通用标识符问题是数据集成时遇到的最难的问题之一。在前面已提到了实体识别问题,同一业务实体存在于多个系统源中,并且没有明确的办法确认这些实体是同一实体时,就会产生这类问题。解决实体识别问题的办法如下。

① 隔离:保证实体的每次出现都指派一个唯一标识符。

② 调和:确认实体,并且将相同的实体合并。

③ 当目标元素有多个来源时,指定某一个来源系统在冲突时占主导地位。

(2) 数据丢失问题是最常见的问题之一,解决的办法是为丢失数据填补一个非常接近实际的估计值。

2. 多级视图集成

应用多级视图机制有助于对数据源之间的关系进行集成。底层数据表示为局部模型格式,例如关系和文件;中间数据表示为公共模型格式,例如扩展关系模型或对象模型;高级数据表示为综合模型格式。

视图的集成化过程为两级映射:

(1) 数据从局部数据库中,经过数据翻译、转换并集成为符合公共模型格式的中间视图;

(2) 进行语义冲突消除、数据集成和数据导出处理,将中间视图集成为综合视图。

3. 模式集成

模型合并属于数据库设计问题,其设计由设计者的经验而定,在实际应用中缺少成熟的理论指导。实际应用中,数据源的模式集成和数据库设计仍有相当的差距,如模式集成时出现的命名、单位、结构和抽象层次等冲突问题,就无法照搬模式设计的经验。在操作系统中,模式集成的基本框架如属性等价、关联等价和类等价可归于属性等价。

4. 多粒度数据集成

多粒度数据集成是异构数据集成中最难处理的问题,理想的多粒度数据集成模式是自动逐步抽象,与数据综合密切相关。数据精度的转换涉及了数据综合和数据细化过程。

数据综合(或数据抽象)是指由高精度数据经过抽象形成精度较低,但是粒度较大的数据。其作用过程为从多个较高精度的局部数据中获得较低精度的全局数据。在这个过程中,要对各局域中的数据进行综合,提取其主要特征。数据综合集成的过程是特征提取和归并的过程。

数据细化指通过由一定精度的数据获取精度较高的数据,实现该过程的主要途径有时空转换、相关分析或者由综合中数据变动的记录进行恢复。数据集成是最终实现数据共享和辅助决策的基础。

5. 批处理数据集成

当需要将数据以成组的方式从数据源周期性地(如每天、每周、每月)传输到目标应用时,就需要使用批处理数据集成技术。在过去,大部分系统之间的接口通常是周期性地将一个大文件从一个系统传送到另一个系统。文件的内容通常是结构一致的数据记录,发送系统与接收系统都能识别和理解这种数据格式。发送系统将数据传送到接收系统,这种数据传输方式就是所谓的点对点。接收系统将会在特定的时间点上对数据进行及时处理,而不是立即处理,因此,这样的接口是异步的,因为发送系统不需要等待来自接收系统的一个实时反馈以确认事务处理的结束。批处理的数据集成方式对于需要处理非常巨大的数据量的场合依然是比较合适并且高效的,如数据转换以及将数据快照装载到数据仓库等。可以通过适当调优,让这种数据接口获得非常快的处理速度,以便尽可能快地完成大数据量的加载。通常将其视为紧耦合,因为需要在源系统和目标系统之间就文件的格式达成一致,并且只有在两个系统同时改变时才能成功地修改文件格式。

为了在变化发生时不至于接口被破坏或者无法正常工作,就需要非常小心地管理紧耦合系统,以便在多个系统之间进行协调以确保同时实施变化。为了管理比较巨大的应用组合系统,最好选择松耦合的系统接口,以便在不破坏当前系统的前提下允许应用发生改变,并且不需要这么一个同步变化的协调过程。因此,数据集成方案最好是松耦合。

6. 实时数据集成

为了完成一个事务处理而需要即时地通过多个系统的接口,这就是实时接口。一般情况下,这类接口需要以消息的形式传送比较小的数据量。大多数实时接口依然是点对点的,发送系统和接收系统是紧耦合的,因为发送系统和接收系统需要对数据的格式达成特殊的约定,所以任何改变都必须在两个系统之间同步实施。实时接口通常也称为同步接口,因为事务处理需要等待发送方和接口都完成各自的处理过程。

实时数据集成的最佳实践突破了点对点方案和紧耦合接口设计所带来的复杂性问题。多种不同的逻辑设计方案可以用不同的技术去实现,但是如果没有很好地理解底层的设计问题,这些技术在实施时也同样会导致比较低效的数据集成。

7. 大数据集成

大数据是非常大量的数据,也是不同技术和类型的数据。考虑到特别大的数据量和不同的数据类型,大数据集成一般需要将处理过程分布到源数据上进行并行处理,并仅仅对结果进行集成,因为如果预先对数据进行合并会消耗大量的处理时间和存储空间。

集成结构化和非结构化的数据时需要在两者之间建立共同的信息联系,这些信息可以表示为数据库中的主数据或者键值,以及非结构化数据中的元数据标签或者其他内嵌内容。

8. 数据虚拟化

多种数据源的数据不仅包含结构化数据,还包括非结构化数据,而数据虚拟化需要使用数据集成技术对多种数据源的数据进行实时整合,数据仓库以统一的格式将多个不同操作型数据复制到一个持久化存储器中。相对而言,数据仓库不仅分析当前活跃的操作型数据,而且分析历史数据。报表和分析架构通常需要一些持久化数据,这是因为根据以往经验,集成和综合来自其他多个数据源的数据,对于即时数据利用来说实在是过于缓慢了。但是,数据虚拟化技术可使分析的实时数据集成变得可行,特别是在与数据仓库技术结合的情况下。新兴的内存数据存储技术以及其他虚拟化方法则使快速数据集成方案成为可能,并且不再依赖于数据仓库和数据集市等中间形式的数据存储。

8.2 数 据 迁 移

当一个应用被新的定制应用或者新的软件包所替换时,就需要将旧系统中的数据迁移到新的应用中。如果新应用已经在生产环境下使用,此时只需要增加这些额外的数据;如果新应用还没有正式使用,就需要给予空数据结构以添加这些新增的数据。如图 8-4 所示,数据转换过程同时与源和目标应用系统交互,将按源系统的技术格式定义的数据移动并转换为目标系统所需要的格式和结构。这仅允许拥有数据的代码进行数据更新操作,而不是直接更新目标数据结构。然而,在许多情况下,数据迁移进程直接与源或者目标数据结构交互,而不是通过应用接口进行交互。

对于持久化数据(静态数据)和运动中的数据,数据访问和安全管理都是主要的关注点。持久化数据的安全通过不同层次的管理来实现,即物理层、网络层、服务器层、应用层以及数据存储层。而在不同的应用和组织之间传送的数据则需要额外的安全措施来对传输中的数据进行保护,防止非法访问等,例如在发送端进行加密而在接收端解密等。

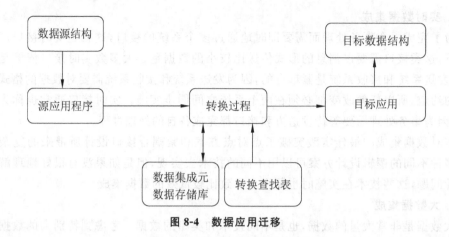

图 8-4　数据应用迁移

在处理过程中,从故障中恢复,对于持久化和临时数据的处理这两类恢复技术既有差别又有关联。事实上,每个技术和工具都能够提供一些不同的恢复方法,以便提供不同的业务和技术解决方案。在选择适当的恢复方案时需要考虑两个重要的方面,即某次失效发生时可以允许多少数据丢失,以及恢复之前系统可以停机多长时间。允许丢失的数据量越小,系统停机时间越短,恢复方案就越昂贵。

对于持久化数据,更多地关注所要存储的数据的模型和结构,而对于运动中的数据管理,则在于如何在不同的系统之间关联、映射以及转换数据。在数据集成实施过程中也有一个非常重要的部分,即需要对临时数据进行建模并对应用之间传送的数据使用中央模型,这就是规范化建模。

8.2.1　在组织内部移动数据

在大中型组织内部拥有数以百计甚至上千的应用系统,这些应用都拥有不同的数据库或者其他形式的数据存储。不管数据存储是基于 OldSQL 还是 NewSQL、NoSQL,重要的是能够共享信息。那些不与组织内部的其他系统之间共享数据的单个孤立的应用系统将逐渐变得越来越没有用处。在很多组织中,信息技术计划的重点通常围绕着高效管理数据库或者其他数据存储中的数据。其中的原因是对于正在运行的各种应用之间的空间的所有权不是很清晰,因此,从某种程度上被忽略了。而数据集成方案的实施往往伴随着数据持久化方案的实施,如数据仓库、数据管理、商务智能以及元数据存储库等。

虽然传统的数据接口通常在两个系统之间用点对点的方式构建,即一个发送数据另外一个接收数据。大多数数据集成需求确实包含这种情况,即多个应用系统需要在多个来自其他应用系统的数据发生更新时被实时通知。但如果以点对点的方式来实现这种需求,那么很快会发现这个方案异常复杂,而且管理困难。如图 8-5 所示,通过设计特殊的数据管理方案,把特定用途的数据进行集中,这样就简化和标准化了组织的数据集成,如数据仓库和主数据管理。

实时数据集成策略和方案则需要不同于点对点的方式去设计数据的移动,如图 8-6 所示。

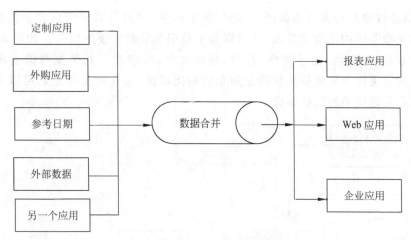

图 8-5　通过合并点的数据移动

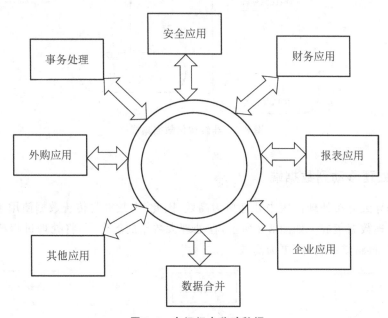

图 8-6　在组织内移动数据

8.2.2　非结构化数据集成

　　传统的数据集成只包含数据库中存储的数据集成。对于大数据,需要将数据库中的结构化的数据与存储在文档、电子邮件、网站、社会化媒体、音频以及视频文件中的数据进行集成。将各种不同类型和格式的数据进行集成需要使用与非结构化的数据相关联的键或者标签(或者元数据),而这些非结构化数据通常包含了其他主数据相关的信息。通过分析包含了文本信息的非结构化数据,就可以将非结构化数据与结构化数据相关联。因此,一封电子邮件可能包含对客户和产品的引用,这可以通过对其包含的文本进行分析识别出来,并据此对该邮件加上标签。一段视频可能包含某个客户信息,可以通过将其与客户图像进行匹配,加上标签,进而与客户信息建立关联。对于集成结构化和非结构化数据来说,元数据和主数据是非常重要的概念。如图 8-7 所示,非结构化数据,如文档、电子邮件、音频、视频文件,可以通过其他主数据引用进行搜索。主数据引用作为元数据标签附加到非结构化数据上,在此基础上就可以实现与其他数据源和其他类型的数据集成。

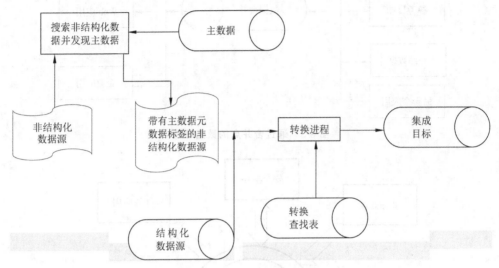

图 8-7　非结构化数据集成

8.2.3　将处理移动到数据端

大数据导致分布处理比集中处理更为高效,因此,大数据与传统数据使用了完全不同的方式去实现数据集成。如图 8-8 所示,在处理大数据的场合下,将处理过程移动到数据端进行处理,再将结果合并,更为高效。

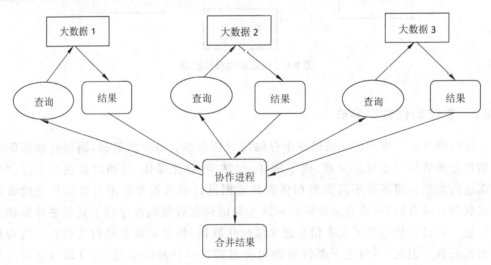

图 8-8　数据处理移动到数据端

8.3　数据集成模式

在数据集成方面,通常采用联邦式数据库模式、中间件模型和数据仓库等模式来构建集成系统,这些技术注重数据共享和决策支持等问题。

8.3.1　联邦数据库集成模式

联邦数据库是一种常用的数据集成模式,其机制与系统如下。

1. 基本机制与描述

联邦数据库模式是一种常用的数据集成模式。其基本思想是在构建集成系统时将各个数据源的数据视图集成为全局模式,使用户能够按照全局模式透明地访问各数据源的数据。全局模式描述了数据源共享数据的结构、语义及操作等。用户直接在全局模式的基础上提交请求,由数据集成系统处理这些请求,并将其转换成在各个数据源的本地数据视图上能够执行的请求。联邦数据库模式集成方法的特点是直接为用户提供透明的数据访问方法。由于用户使用的全局模式是虚拟的数据源视图,所以也可以将模式集成方法称为虚拟视图集成方法。这种模式集成要解决两个基本问题:一个是构建全局模式与数据源数据视图之间的映射关系;另一个是处理用户在全局模式上的查询请求。

2. 全局模式与数据源数据视图之间映射的方法

联邦数据库模式集成过程需要将原来异构的数据模式作适当的转换,消除数据源间的异构性,映射成全局模式。全局模式与数据源数据视图之间映射的构建方法有两种:全局视图法和局部视图法。

1）全局视图法

全局视图法中的全局模式是在数据源数据视图基础上建立的,它由一系列元素组成,每个元素对应一个数据源,表示相应数据源的数据结构和操作。

2）局部视图法

局部视图法先构建全局模式,数据源的数据视图则是在全局模式基础上定义,由全局模式按一定的规则推理得到。用户在全局模式基础上查询请求需要被映射成各个数据源能够执行的查询请求。

3. 联邦数据库系统

联邦数据库系统是一个彼此协作却又相互独立的单元数据库的集合,它将单元数据库系统按不同程度进行集成,对该系统整体提供控制和协同操作的软件叫作联邦数据库管理系统。一个单元数据库可以加入若干个联邦系统,每个单元数据库系统的 DBMS 可以是集中式的,也可以是分布式的,或者是另外一个联邦数据库管理系统。

在联邦数据库中,各数据源共享一部分数据模式,形成一个联邦模式。联邦数据库系统能够统一地访问任何信息存储中以任何格式(结构化的和非结构化的)表示的任何数据。联邦数据库系统按集成度可分为两类:紧密耦合联邦数据库系统和松散耦合联邦数据库系统。联邦数据库系统具有透明性、异构性、高级功能、底层联邦数据源的自治、可扩展性、开放性和优化的性能等特征。其缺点是查询反应慢,不适合频繁查询,而且容易出现争用和资源冲突等问题。图 8-9 所示的是联邦数据库系统的体系结构。

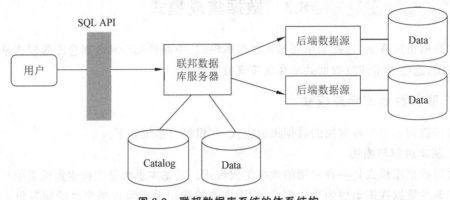

图 8-9　联邦数据库系统的体系结构

1）紧密耦合联邦数据库系统

紧密耦合联邦数据库系统使用统一的全局模式,将各数据源的数据模式映射到全局数据模式上,解决了数据源间的异构性。这种方法集成度较高,用户参与少;缺点是构建一个全局数据模式的算法复杂,扩展性差。

2）松散耦合联邦数据库系统

松散耦合联邦数据库系统没有全局模式,采用联邦模式。该方法提供统一的查询语言,将很多异构性问题交给用户自己去解决。松散耦合方法对数据的集成度不高,但其数据源的自治性强、动态性能好,集成系统不需要维护一个全局模式。

8.3.2　中间件集成模式

中间件集成模式是比较流行的数据集成模式,中间件模式通过统一的全局数据模型来访问异构的数据库、遗留系统和 Web 资源等。中间件位于异构数据源系统(数据层)和应用程序(应用层)之间,向下协调各数据源系统,向上为访问集成数据的应用提供统一数据模式和数据访问的通用接口。中间件系统则主要为异构数据源提供一个高层次检索服务。它同样使用全局数据模式,通过在中间层提供一个统一的数据逻辑视图来隐藏底层的数据细节,使得用户可以把集成数据源看作一个统一的整体。这种模型下的关键问题是如何构造这个逻辑视图并使得不同数据源之间能映射到这个中间层。

与联邦数据库不同,中间件系统不仅能够集成结构化的数据源信息,还可以集成半结构化或非结构化数据源中的信息,如 Web 信息。在 1994 年出现的 TSIMMIS 系统,就是一个典型的中间件集成系统。

典型的基于中间件的数据集成系统模型如图 8-10 所示,主要包括中间件和封装器,其中每个数据源对应一个封装器,中间件通过封装器和各个数据源交互。用户在全局数据模式的基础上向中间件发出查询请求。中间件处理用户请求,将其转换成各个数据源能够处理的子查询请求,并对此过程进行优化,以提高查询处理的并发性,减少响应时间。封装器对特定数据源进行了封装,将其数据模型转换为系统所采用的通用模型,并提供一致的访问机制。中间件将各个子查询请求发送给封装器,由封装器来和其封装的数据源交互,执行子查询请求,并将结果返回给中间件。

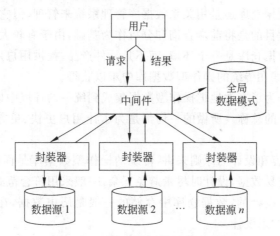

图 8-10 基于中间件的数据集成模型

中间件模式注重全局查询的处理和优化,相对于联邦数据库系统的优势在于:它能够集成非数据库形式的数据源,查询性能强,自治性强。中间件集成模式的缺点是通常支持只读的方式,而联邦数据库对读写方式都支持。

8.3.3 数据仓库集成模式

数据仓库方法是一种典型的数据复制方法。该方法将各个数据源的数据复制到数据仓库中。用户则像访问普通数据库一样直接访问数据仓库,基于数据仓库的数据集成模型如图 8-11 所示。

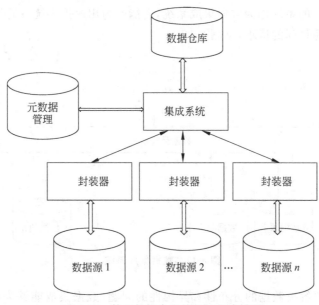

图 8-11 基于数据仓库的数据集成模型

数据仓库是在数据库已经大量存在的情况下,为了进一步挖掘数据资源和决策需要而产生的。大部分数据仓库还是用关系数据库管理系统来管理,但它绝不是大型数据库。数据仓库方案建设的目的是将前端查询和分析作为基础,由于有较大的冗余,所以需要的存储容量也较大。数据仓库是一个环境,而不是一件产品,提供用户用于决策支持的当前和历史数据,这些数据在传统的操作型数据库中难以获得。

数据仓库技术是为了有效地把操作型数据集成到统一的环境中以提供决策型数据访问的各种技术和模块的总称。所做的一切都是为了让用户更快、更方便地查询所需要的信息,提供决策支持。

简而言之,从内容和设计的原则来讲,传统的操作型数据库是面向事务设计的,数据库中通常存储在线交易数据,设计时尽量避免冗余,一般采用符合范式的规则来设计。而数据仓库是面向主题设计的,数据仓库中存储的一般是历史数据,在设计时有意引入冗余,采用反范式的方式来设计。

另一方面,从设计的目的来讲,数据库是为捕获数据而设计,而数据仓库是为分析数据而设计,它的两个基本的元素是维表和事实表。维是看问题的角度,例如时间、部门,维表中存放的就是这些角度的定义,事实表中放着需要查询的数据和维的 ID。

Hive 是基于 Hadoop 的一个数据仓库工具,可以将结构化的数据文件映射为一张数据库表,并提供简单的 SQL 查询功能,可以将 SQL 语句转换为 MapReduce 任务进行运行。其优点是学习成本低,可以通过类 SQL 语句快速实现简单的 MapReduce 统计,不必开发专门的 MapReduce 应用,十分适合数据仓库的统计分析。

8.4 数据集成系统

实现数据集成的系统称为数据集成系统,它能够为用户提供统一的数据源访问接口,执行用户对数据源访问的请求,见图 8-12。

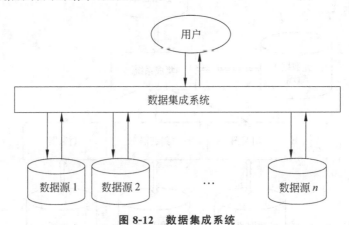

图 8-12 数据集成系统

数据集成主要解决数据的分布性和异构性的问题,数据集成能够为各种异构数据提供统一的表示、存储和管理,屏蔽了各种异构数据间的差异,通过异构数据集成系统完成统一操作,因此,异构数据对用户来说无区别。数据集成将存于自治和异构数据源中的数据进行组合,自下而上设计方法,可以为用户提供一个统一的模式,用于用户提交他们的查询。其中典型的是全局模式,又称中介模式。用户提交的查询都是基于这个全局模式,因此,数据集成系统必须预先建立全局模式与数据源之间的语义映射。利用语义映射,用户提交的基于全局模式的查询会重写转化成对于各数据源的可执行的一系列查询。基于这种原理构建的数据集成系统的架构如图 8-13 所示。

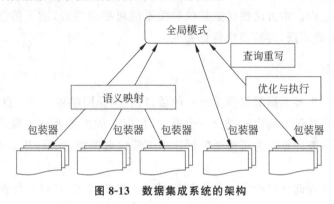

图 8-13 数据集成系统的架构

8.4.1 全局模式

全局模式通过提供一个统一的数据逻辑视图来隐藏底部的数据细节,进而可以使用户将集成的数据源看作一个统一的整体。数据集成系统通过全局模式将各个数据源的数据集成,但被集成的数据仍存储在各局部数据源中,通过各数据源的包装器对数据进行转换,将数据转换成全局模式。由于用户的查询是基于全局的查询,不用知道每个数据源的模式,即每个数据源的模式对用户透明。中介器将基于全局模式的一个查询转换为基于各局部数据源模式的一系列查询,交给查询引擎优化与执行。对每个数据源的查询都会返回结果数据,中介器将这些数据连接与集成,最后把符合用户查询要求的数据返回给用户。

全局模式还解决了各数据源中的数据更新问题。当底层数据源发生变化时,只需修改全局模式的虚拟逻辑图,显著地减少了系统的维护开销。与数据仓库相比较,优势更为明显。在数据更新时,数据仓库的处理方法更为复杂。其过程是必须将各数据源的所有数据都预先取到一个中心仓库中,当数据发生变化时,还需要到底层数据源中再取一次,并且要更新与这些变化了的数据相关的那些数据,显然维护开销增大。

8.4.2 语义映射

这里介绍的映射是全局模式与数据源模式之间的映射,它将多个数据源模式映射到全局模式上。常用的数据集成技术中的映射关系主要有下述两种。

1. 全局视图映射

全局视图映射是将本地数据源的局部视图映射到全局视图,也就是说,全局视图可以被描述成一组源模式视图。用户可以直接查询数据源模式上的全局视图。本方法的优点是查询效率高,缺点是构造出的映射关系的可扩展性差,不适于数据源存在变化的情况。这是因为当局部数据源发生变化时,全局视图必须进行修改,维护困难,开销大。

2. 局部视图映射

局部视图映射是将全局视图映射到个数据源上的本地局部视图,即将各数据源模式描述为全局模式上的视图。当用户提交某个查寻时,中介系统通过整合不同的数据源视图决定如何应答查询。本方法的优点是映射关系的可扩展性好,适于信息源变化较大的情况,缺点是查询效率低,容易出现信息丢失。

8.4.3　查询重写

数据集成系统为多数据源提供了统一的接口,利用视图描述了一个自治的、异构的数据源的集合。用户基于全局模式提交一个查询,数据集成系统通过源模式与全局模式之间的映射关系将该查询重写为可接受的语法形式传给数据源,此后,基于数据源的查询被优化并执行。

利用视图应答查询是指给定一个数据库模式上的查询 Q 与同一数据库模式上的视图定义集 $V=\{V_1,V_2,\cdots,V_n\}$,能使用视图获得对查询 Q 的应答。

8.5　数据集成系统的构建

数据集成系统的构建涉及模式之间映射关系的生成、适应性查询和 P2P 数据管理等问题。

8.5.1　模式之间映射关系的生成

模式之间的语义映射关系是构建数据集成系统的基础。建立源模式和全局模式之间的语义关系,在商业中广泛应用并取得了重要商业价值的方法是:使用机器学习的方法,首先建立一个初步的模式映射关系,并将这些关系作为学习数据,然后对这些映射归纳,再预测出其他未知的模式之间的映射关系。基于机器学习方法的全局模式与源模式映射如图 8-14 所示。

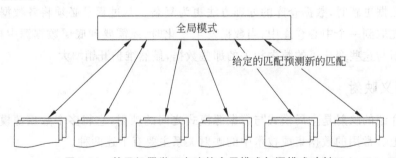

图 8-14　基于机器学习方法的全局模式与源模式映射

8.5.2 适应性查询

当一个提交给全局模式的查询重写为一系列的面向各个数据源的查询时,就需要有效地执行这些查询。这时出现了一些新的问题,这些问题的起因是由数据集成系统中的信息的动态特性所决定的。数据集成系统的数据源具有自治性和异构性,各个数据源数据的可访问性,以及传输速度变化和不可预测,执行引擎没有足够的信息制定出一个标准的查询计划。针对这种情况,需要在查询执行过程中动态调整查询计划,实现适应性查询处理。

8.5.3 XML

XML 是一种可扩展的标记语言,以开放的自我描述方式定义数据结构,在描述数据内容的同时能够突出数据结构描述,进而体现了数据之间的关系。XML 是一种半结构化数据模型,可以用于描述不规则数据,集成来自不同数据源的数据。XML 也能够使来自不同数据源的结构化数据很容易地结合在一起。由于 XML 的存在,数据集成系统就不必了解每个数据库描述数据的模式和规则,这就克服了 Web 数据源中的数据表现形式无穷尽的问题。

8.5.4 P2P 数据管理

点对点(Peer-to-Peer,P2P)计算兴起和点对点文件共享系统的出现,促进了数据管理领域应用 P2P 结构实现数据共享的研究。

(1)P2P 计算提供了一种分布式管理共享数据的模式,每一个数据源仅需要提供自己和它周围一系列邻居数据源的语义映射关系,其他更为复杂的集成是系统遵循网络中的语义路径而形成的。源的描述提供了研究 P2P 结构下的模式及其映射建立的基础。

(2)利用一个全局模式为数据集成系统服务是一个困难的问题。这是由于一个单独的全局模式难以清楚地表述系统中全部的语义关系。但在 P2P 结构下,没有一个单独的全局模式,数据共享发生在网络上的数据源的邻居数据源之间。图 8-15 所示的是 P2P 数据管理的实现。

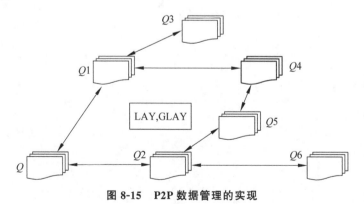

图 8-15 P2P 数据管理的实现

本 章 小 结

　　本章介绍了数据集成的过程,主要包括数据迁移、数据集成模式、数据集成系统、数据集成模式系统的构建等内容。对移动数据,转换数据,把数据从一个应用迁移到另外一个应用,将所有的信息进行整合以及针对数据分发不同的数据过程做了进一步的说明。

第9章

大数据分析

知识结构

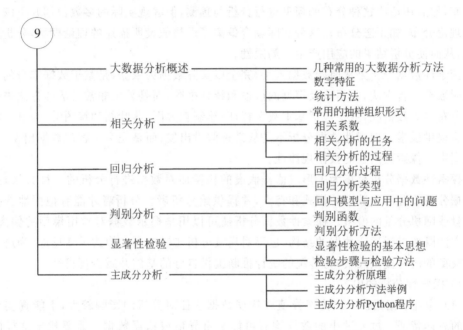

数据分析可以分为广义的数据分析和狭义的数据分析。广义的数据分析包括狭义的数据分析和数据挖掘,狭义的数据分析就是指利用统计分析方法与工具对数据进行处理与分析。

大数据分析主要包括统计分析与数据挖掘。本章主要介绍统计分析方法。

9.1 大数据分析概述

大数据分析是指用准确和适宜的分析方法和工具分析预处理后的大数据,提取具有价值的信息,进而形成有效的结论并通过可视化技术展现出来的过程。更具体地说,大数据分析是通过分析技术与分析工具来分析数据,将已拥有的数据与用户产生的各种数据结合起来,统揽全局。可以进行共享整合、分析和预测结果。

统计分析方法是在已定的假设、先验约束上应用已有的模型与算法方法,将统计数据转化为信息,而这些信息需要进一步的获得认知,转化为有效的预测和决策,这就需要数据挖掘。根据统计分析结果,需要进一步进行数据挖掘才能指导决策。

9.1.1 几种常用的大数据分析方法

首先介绍几种常用的大数据分析方法,即探索性数据分析、证实数据分析、定性数据分析、离线数据分析、在线数据分析和交互式分析等。

1. 探索性数据分析

从统计学原理可知,收集到数据以后,因为对数据结构、数据中隐含的内在统计规律等还不清楚,需要对数据进行研究和探索。

传统的统计方法是先以假设数据服从某种分布,例如多数情况下都假定数据服从正态分布,然后用适应这种分布的模型进行分析与预测,但客观实际的多数数据并不满足假定的理论分布(如正态分布),这种实际场合偏离了严格假设所描述的理论模型,分析效果不佳,从而使分析结果的应用产生了局限性。

探索性数据分析是从原始数据入手,完全以实际数据为依据,是基于数据本身的角度来说明数据分析方法,并不涉及模型的假设和统计推断,而是采用非常灵活的方法来探究数据分布的大致情况,主要包括基本数字特征、绘制直方图、茎叶图和箱图等,为进一步使用模型提供线索。探索性数据分析不是从某种假设出发,而是完全从客观数据出发,从客观数据中去探索其内在的数据规律性。

探索性数据分析是指为了形成值得假设的检验而对数据进行分析的一种方法,探索性数据分析将分离出数据的模式和特点,并提供给分析者。分析者才能有把握地选择结构分量或随机分量的模型。探索性数据分析还可以用来揭示数据对常用模型的偏离,探索性方法既要灵活适应数据的结构,也要对后续分析步骤揭露的模式灵活反应,为进一步结合模型的研究提供线索,为传统的统计推断提供良好的基础并减少盲目性。

1)探索性分析的内容

(1)检查数据错误。因为奇异值或错误数据往往对分析的影响较大,不能真实反映数据的总体特征。过大过小的数据均有可能是奇异值或错误数据。需要找出这样的数据,并分析原因,然后删除这些数据。

(2)获得数据分布特征。很多分析方法对数据分布有一定的要求,例如很多检验就需要数据分布服从正态分布。因此检验数据是否正态分布,决定了是否使用仅适用对正态分布数据的分析方法。

(3)对数据规律的初步观察。通过初步观察获得数据的一些内部规律,例如两个变量间是否线性相关等。

2)探索性分析的考查方法

探索性分析一般对分组与不分组的数据,获得统计量和图形。使用图形方式输出,可以直观帮助用户确定奇异值、影响点、进行假设检验,以及确定用户要使用的某种统计方式是否合理。

2. 证实数据分析

传统的统计推断提供显著性或置信性陈述,证实性数据分析评估观察到的模式或效

应的再现性,证实性分析通常还包括以下两点:

(1) 将其他密切相关数据的信息结合进来;

(2) 通过收集和分析新数据确认结果。

探索性数据分析强调灵活探求线索和证据,而证实性数据分析则着重评估现有证据。探索性数据分析与证实性数据分析在具体运用上可交叉进行,探索性数据分析不仅可用在正式建立统计分析模型之前,还可用在正式建立统计分析模型之后,对所拟合的统计模型进行进一步的检查与验证,提高统计分析的质量。

3. 定性数据分析

定性数据分析是指定性研究照片和观察结果等非数值型数据的分析。定性分析是对对象性质特点的一种概括。

4. 离线数据分析

离线数据分析是指将待分析的数据先存储于磁盘中,然后再进行数据分析。离线数据分析用于较复杂和耗时的数据分析和批处理。

5. 在线数据分析

在线数据分析用来处理用户的在线请求,它对响应时间的要求比较高,通常处于秒级。与离线数据分析相比,在线数据分析能够实时处理用户的请求,并且能够允许用户随时更改分析的约束和限制条件。尽管与离线数据分析相比,在线数据分析能够处理的数据量要小得多,但随着技术的发展,当前的在线分析系统已经能够实时地处理数千万甚至数亿条记录。

6. 交互式分析

交互式分析强调快速的数据分析,典型的应用就是数据钻取。可以对数据进行切片和多粒度的聚合,从而通过多维分析技术实现数据的钻取以构建执行引擎,或者建构一些数据切片,并能够快速地串接起来。好的算法能够提升执行引擎的效率,进而满足交互式分析快速的要求。

9.1.2 数字特征

1. 一维数据的数字特征

在大数据探索性分析中,经常使用均数、中位数、众数等数字特征进行探索性分析。下面主要介绍一维数据的常用数字特征。

数据集 $X = \{x_1, x_2, \cdots, x_n\}$ 表示由 n 个数据构成一个样本容量为 n 的样本数据观测值。数据分析的目的就是对 n 个样本观测值进行分析,提取数据中有用的信息。如果了解数据的数字特征,则可以通过数据的数字特征分析,反映数据集的集中位置、分散程度、分布形状等,这有助于推断出样本数据集中包含的总体信息。

1) 数据位置的数字特征

(1) 均值。均值就是平均值,对于 $X = \{x_1, x_2, \cdots, x_n\}$,可将 $(x_1 + x_2 + x_3 + \cdots + x_n)/n$ 称为这 n 个数的算术平均值,简称均值。均值是数据集的重心,是数学期望值。可以看出,均值反映了数据集中趋势的一项指标,描述了数据的集中位置,是数据集(总体)均值的矩估计,更适合正态分布的数据分析。如果总体分布未知,出现严重偏态或出现若干异常值时,均值所反映数据的集中位置就不十分合理。

(2)众数。在统计分布上,众数是具有明显集中趋势点的数值。众数是一组数据中出现次数最多的数字,有时众数在一组数中有好几个。简单地说,众数就是一组数据中占比例最多的那个数。

例如,数据集{2,3,-1,2,1,3}中,2、3都出现了两次,它们都是这组数据中的众数。

如果所有数据出现的次数都一样,那么这组数据没有众数。例如,{1,2,3,4,5}就没有众数。在高斯分布中,众数位于峰值点。

(3)中位数。中位数又称为中值,是指从小到大排列或从大到小排列的一组数中,处在中间位置上的一个数(或中间两个数的平均数)。中位数将观测数据分成相同数目的两部分,其中一部分都比这个数小,而另一部分都比这个数大。在数据个数为奇数的情况下,中位数是这组数据中的一个数据;但在数据个数为偶数的情况下,其中位数是最中间两个数的平均数,它不一定与这组数据中的某个数相等。对于非对称的数据集,中位数更能实际地描述数据的中心。某些数据的变动对它的中位数影响不大。

均值、众数和中位数的特点比较如下。

① 均数对变量的每一个观察值都加以利用,比众数与中位数可以获得更多的信息。平均数对个别的极端值敏感,当数据有极端值时,最好不要用均值刻画数据。

② 由于可能无法良好定义算术平均数和中位数,众数特别适合没有明显次序的数据。

③ 众数、中位数和平均数在一般情况下各不相等,但在特殊情况下也可能相等。例如,在数据 6,6,6,6,6 中,其众数、中位数、平均数都是 6。

④ 中位数与平均数是唯一存在的,而众数不唯一。

⑤ 众数和中位数可以代表数据分布的大体趋势,并没有对数据中的其他值加以利用,采用何种统计量来刻画数据,需要结合数据的特点及需要说明的问题来进行选择。

⑥ 用众数代表一组数据,虽然可靠性较差,但是,众数不受极端数据的影响,并且求法简便。在一组数据中,如果个别数据有很大的变动,选择中位数表示这组数据的集中趋势就比较适合。

(4)p 分位数。p 分位数又称为百分位数,是中位数的推广。如果将一组数据从小到大排序,并计算相应的累计百分位,则某一百分位所对应数据的值就可称为这一百分位的百分位数。可表示为:一组 n 个观测值按数值大小排列,处于 $p\%$ 位置的值称第 p 百分位数。如果将所有数值由小到大排列并分成四等份,处于三个分割点位置的数值就是四分位数。

第 1 四分位数(Q_1),又称较小四分位数,等于该样本中所有数值由小到大排列后第 25% 的数字。

第 2 四分位数(Q_2),又称中位数 M,等于该样本中所有数值由小到大排列后第 50% 的数字。

第 3 四分位数(Q_3),又称较大四分位数,等于该样本中所有数值由小到大排列后第 75% 的数字。第 3 四分位数与第 1 四分位数的差距又称四分位距。

(5)三均值。均值包含了样本 $x_1, x_2, x_3, \cdots, x_n$ 的全部信息,但是当存在异常值时缺乏鲁棒性。中位数 M 具有较强的鲁棒性,但仅用了数据分布中的部分信息。考虑既要充分利用样本信息,又要具有较强的鲁棒性,可以利用三均值作为数据集中位置的数字特征,三均值 S 的计算公式为:

$$S = Q_1/4 + M/2 + Q_3/4$$

其中,S 是 Q_1、M 和 Q_3 的加权平均,其权重分别为 1/4、1/2 和 1/4。

2) 数据分散性的数字特性

上述内容是关于数据的集中位置,除此之外,还需要关注数据在中心位置附近分布程度的数字特性,其中最主要的是样本方差、变异系数和极差。

(1) 样本方差。样本方差是样本相对于均值的偏差平方和的平均,方差是描述数据分布性的一个重要特征,n 个测量值 $x_1, x_2, \cdots, x_n$ 的样本方差 s^2 的计算公式为:

$$s^2 = \frac{1}{n-1} \sum_{i=1}^{n} (x_i - \bar{x})^2$$

其中 $\bar{x}$ 是样本均值。

例如,$n=5$ 的样本观测值为 3,4,4,5,4,则样本均值为 $(3+4+4+5+4)/5=4$,样本方差 $s^2 = ((3-4)^2 + (4-4)^2 + (4-4)^2 + (5-4)^2 + (4-4)^2)/(5-1) = 0.5$。

样本方差是描述一组数据变异程度或分散程度大小的指标。实际上,样本方差可以理解成是对所给总体方差的一个无偏估计。

(2) 标准差。由于方差是数据的平方,反映了一组数据与其平均值偏离的程度,与检测值本身相差太大,难以直观地衡量,所以常使用方差开方后的值,即标准差,标准差是一组数据平均值分散程度的一种度量,更为精确。

(3) 变异系数。变异系数(coefficient of variance,CV)又称为标准差系数,是标准差与均值的比值。标准差是绝对指标,其值大小不仅取决于样本数据的分散程度,还取决于样本数据平均水平的高低。当进行两个或多个数据变异程度的比较时,如果度量单位和均值相同,可以直接利用标准差来比较;如果单位或平均值不同,则比较其变异程度就不能采用标准差。变异系数可以消除单位和平均值不同对两个或多个数据变异程度比较的影响。

变异系数的计算公式为:

$$CV = (100 \times s/\bar{x})\%$$

(4) 极差。极差又称为全距,是用来描述数据分散性的指标。数据越分散,则其极差越大。但由于极差取决于两个极值,容易受到异常值的影响,所以在实际中应用较少。极差没有充分利用数据的信息,但计算简单,仅适用样本容量较小($n<10$)的情况。

极差是指一组观测值内最大值与最小值之差,又称范围误差或全距,以 R 表示。它标志值变动的最大范围,极差是测定标志变动的最简单的指标,计算公式为:

$$全距 = 最大标志值 - 最小标志值$$

即
$$R = x_{max} - x_{min}$$

其中,x_{max} 为最大值;x_{min} 为最小值。

例如:12,12,13,14,16,21。

这组数的极差就是:$R = 21 - 12 = 9$。

极差越大,表示观测值分得越开,最大数和最小数之间的差就越大,该数越小,数字间就越紧密。

(5)上、下截断点和异常值。将上、下四分位数的差称为四分位数极差或半极差 R_1,它也是度量样本数据分散性的重要数字特征。因为具有隐蔽性,特别是对于异常值的数据,在隐蔽性数据分析中具有重要作用。利用下述方法可以判断数据中是否含有异常值。

定义 $Q_3+1.5R_1$ 和 $Q_1-1.5R_1$ 分别为数据的上、下截断点,大于上截断点的数据称为特大值,小于下截断点的数据称为特小值,并将特大值与特小值统称为异常值。为了减少异常值的影响,可以删除异常值后再对数据进行分析。

3)数据形状的数据特征

偏度系数和峰度系数是刻画数据不对称程度或尾重程度的指标。

(1)偏度系数。偏度系数用来反映曲线偏离正态的程度,正值越大表示越正偏态。偏度系数是描述分布偏离对称性程度的一个特征数。当分布左右对称时,偏度系数为 0。当偏度系数大于 0 时,即重尾在右侧时,该分布为右偏。当偏度系数小于 0 时,即重尾在左侧时,该分布左偏。偏度系数为较大的正值表明该分布具有右侧较长尾部。较大的负值表明有左侧较长尾部。

(2)峰度系数。峰度系数用来反映曲线峰值高低的程度,其值越大表示峰越高。峰度系数是用来反映频数分布曲线顶端尖峭或扁平程度的指标。如果两组数据的算术平均数、标准差和偏态系数都相同,但它们分布曲线顶端的高耸程度有时却不同。

2. 多元数据的数字特性

上述内容是描述一维数据的数字特征问题的简单方法,没有考虑到变量之间的相互关系,其分析结果可能不是很有效。如果采用多元统计分析方法,即将多个变量结合在一起进行考虑,研究它们的相互关系,揭示其内在的相互数量变化规律,其分析结果通常更为有效。研究多元数据的数字特征是多元分析的方法之一。

1)协方差

在概率论和统计学中,协方差用于衡量两个变量的总体误差。协方差表示了两个变量的变化是同向还是反向、变化程度如何。而方差是协方差的一种特殊情况,即当两个变量相同时,协方差就是方差。

当两个变量是同向变化时,其协方差为正值;当两个变量是反向变化时,其协方差为负值;当两个变量无关时,其协方差为 0。协方差的数值越大,两个变量的同向程度也就越大,反之亦然。可以看出来,协方差代表了两个变量之间是否同时偏离均值,和偏离的方向是相同还是相反。

如果有 X,Y 两个变量,每个时刻的 X 值与其均值之差乘以 Y 值与其均值之差得到一个乘积,再对这每时刻的乘积求和并求出均值,即为协方差:

$$Cov(X,Y)=E((X-\mu_x)(Y-\mu_y))$$

公式简单解释为:如果有 X,Y 两个变量,每个时刻的 X 值与其均值之差乘以 Y 值与其均值之差得到一个乘积,再对这每时刻的乘积求和并求出均值(数学期望)。

$$Cov(X,Y)=E[(X-E(X))(Y-E(Y))]$$

$$Cov(X,Y)=E(XY)-E(X)E(Y)$$

根据协方差的定义，$E(X)$ 为随机变量 X 的数学期望，同理，$E(XY)$ 是 XY 的数学期望。

$$\rho(X,Y) = Cov(X,Y)/\sigma_X \sigma_Y$$

其中，$Cov(X,Y)$ 是 X,Y 的协方差；σ_X，σ_Y 是 X,Y 的标准差；$\rho(X,Y)$ 是皮尔逊相关系数。

例如：

x_i 为 1.1，1.9，3；

y_i 为 5.0，10.4，14.6。

$$E(X) = (1.1 + 1.9 + 3)/3 = 2$$
$$E(Y) = (5.0 + 10.4 + 14.6)/3 = 10$$
$$E(XY) = (1.1 \times 5.0 + 1.9 \times 10.4 + 3 \times 14.6)/3 = 23.02$$
$$Cov(X,Y) = E(XY) - E(X)E(Y) = 23.02 - 2 \times 10 = 3.02$$

此外，还可以计算 X 和 Y 的方差 $D(X)$ 和 $D(Y)$，进而计算出标准差：

$$D(X) = E(X^2) - E^2(X) = (1.1^2 + 1.9^2 + 3^2)/3 - 4 = 4.60 - 4 = 0.6$$
$$\sigma_X = 0.77$$
$$D(Y) = E(Y^2) - E^2(Y) = (5^2 + 10.4^2 + 14.6^2)/3 - 100 = 15.44$$
$$\sigma_Y = 3.93$$

协方差与方差之间有如下关系：

$$D(X+Y) = D(X) + D(Y) + 2Cov(X,Y)$$
$$D(X-Y) = D(X) + D(Y) - 2Cov(X,Y)$$

协方差与期望值有如下关系：

$$Cov(X,Y) = E(XY) - E(X)E(Y)$$

协方差的性质：

$$Cov(X,Y) = Cov(Y,X)$$
$$Cov(aX,bY) = abCov(X,Y)，\quad (a,b \text{ 是常数})$$
$$Cov(x_1 + x_2, Y) = Cov(x_1,Y) + Cov(x_2,Y)$$

2）协方差矩阵

在统计学与概率论中，协方差矩阵的每个元素是各个向量元素之间的协方差，是从标量随机变量到高维度随机向量的自然推广。

设 $\boldsymbol{X} = (x_1, x_2, \cdots, x_n)^T$ 为 n 维随机变量，则称矩阵 $\boldsymbol{C}$ 为 x 的协方差矩阵，记为：

$$\boldsymbol{C} = (c_{ij})_{n \times n} = \begin{pmatrix} c_{11} & c_{12} & \cdots & c_{1n} \\ c_{21} & c_{22} & \cdots & c_{2n} \\ \vdots & \vdots & \ddots & \vdots \\ c_{n1} & c_{n2} & \cdots & c_{nn} \end{pmatrix}$$

其中，$c_{ij} = Cov(x_i, x_j)$，$i,j = 1,2,\cdots,n$，为 X 的分量 x_i 和 x_j 的协方差（设它们都存在）。

例如，二维随机变量 (x_1, x_2) 的协方差矩阵为：

$$\boldsymbol{C} = \begin{pmatrix} c_{11} & c_{12} \\ c_{21} & c_{22} \end{pmatrix}$$

其中，$c_{11}=E[x_1-E(x_1)]^2$；$c_{12}=E[x_1-E(x_1)]^2[x_2-E(x_2)]$；$c_{21}=E[x_2-E(x_2)][x_1-E(x_1)]$；$c_{22}=E[x_2-E(x_2)]^2$。

由于 $c_{ij}=c_{ji}(i,j=1,2,\cdots,n)$，所以协方差矩阵为对称非负定矩阵。

协方差矩阵具有如下性质。

(1) $Cov(X,Y)=Cov(Y,X)^T$。

(2) $Cov(AX+b,Y)=A\,Cov(Y,X)$，其中，A 是矩阵；b 是向量。

(3) $Cov(X+Y,Z)=Cov(X,Z)=Cov(Y,Z)$。

3）协方差意义

协方差表示度量各个维度偏离其均值的程度。协方差的值如果为正值，则说明两者是正相关的（从协方差可以引出"相关系数"的定义），结果为负值就说明负相关的，如果为 0，也就是统计意义上的"相互独立"。如果正相关，这个计算公式、每个样本对 (X_i,Y_i)、每个求和项大部分都是正数，即两个同方向偏离各自均值，而不同时偏离的也有，但是少，这样当样本多时，总和结果为正。

在概率论中，两个随机变量 X 与 Y 之间的相互关系，大致有下列 3 种情况。

（1）正相关。

当 X,Y 的联合分布如图 9-1 时，可以看出，如果 X 越大，则 Y 也越大，如果 X 越小，则 Y 也越小，即 $Cov(X,Y)>0$ 时，表明 X 与 Y 正相关，将这种情况称为"正相关"。

（2）负相关。

当 X,Y 的联合分布如图 9-2 时，可以看出，如果 X 越大，则 Y 反而越小，如果 X 越小，则 Y 反而越大，即 $Cov(X,Y)<0$ 时，表明 X 与 Y 负相关，将这种情况称为负相关。

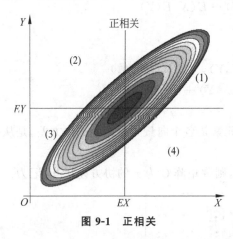

图 9-1　正相关

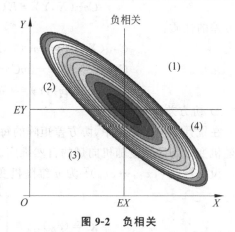

图 9-2　负相关

（3）不相关。

当 X,Y 的联合分布如图 9-3 时，可以看出：既不是 X 越大 Y 也越大，也不是 X 越大 Y 反而越小，即 $Cov(X,Y)=0$ 时，表明 X 与 Y 不相关，将这种情况称为不相关。

方差、标准差和协方差之间的联系与区别如下。

方差和标准差都是对一组（一维）数据进行统计的，反映的是一维数组的离散程度；而协方差是对二维数据进行的，反映的是二组数据之间的相关性。标准差和均值的量纲（单

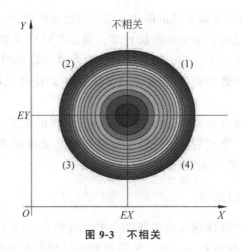

图 9-3　不相关

位)是一致的,在描述一个波动范围时标准差比方差更方便。方差可以被看作协方差的一种特殊情况,即两组数据完全相同。协方差只表示线性相关的方向,取值正无穷到负无穷。协方差只是说明了线性相关的方向,不能说明线性相关的程度,若衡量相关程度,则使用相关系数。

9.1.3　统计方法

统计学与大数据融合将颠覆传统的思维方式。统计学是收集、分析、表述和解释数据的科学。统计学是指对某一现象的数据的收集、整理、计算、分析、解释和表述等活动。在实际应用中,统计包括统计工作、统计数据和统计科学等内容。统计学的目标是揭示现象发展过程的特征和规律性,即从各种类型的数据中提取有价值的信息。有关统计方法简述如下。

1. 统计工作

统计工作是指利用科学的方法收集、整理和分析,提供关于某方面的数据的工作总称,是统计的基础。统计工作是随着人类社会的发展和管理的需要而产生和发展起来的,统计工作是一种认识现象总体的实践过程,主要包括统计设计、统计调查、统计整理和统计分析四个环节。

2. 统计数据

统计数据是指通过统计工作取得的、用来反映现象的数据的总称。统计工作所取得的各项数据一般反映在统计表、统计图、统计手册、统计年鉴、统计数据汇编和统计分析报告中。统计数据也称统计信息,是反映一定的特征或规律的数据、图表数据及其他相关数据的总称。包括调查取得的原始数据和经过一定程度整理、加工的次级数据,其存在形式主要有统计表、统计图、统计年鉴、统计公报、统计报告和其他有关统计信息的载体。

3. 统计科学

统计科学也称统计学,是统计工作经验的总结和理论概括,是系统化的知识体系。统计科学是指研究收集、整理和分析统计数据的理论与方法。统计学是应用数学的一个分支,主要通过利用概率论建立数学模型,收集所观察系统的数据,进行量化的分析与总结,并进行推断和预测,为相关决策提供依据和参考。现已被广泛地应用在各门学科之中。

统计学又细分为描述统计学和推断统计学。描述统计学是指给定一组数据,可以摘要并且描述这份数据的统计学。推论统计学是指观察者以数据的形态建立出一个用以解释其随机性和不确定性的数学模型,据此来推论研究中的步骤及母体。这两种用法都被称作应用统计学。

上述的各个方面内容联系紧密,统计数据是统计工作的成果,统计工作与统计科学之间是实践与理论的关系。在它们中的计算主要包括欧几里得距离平均值、中位数、众数、正态分布、抽样、标准差、概率论、检验、方差分析等。

9.1.4 常用的抽样组织形式

样本是从总体中按随机原则抽取的那部分单位的集合。样本是总体的缩影、总体的代表,是用于推断总体特征的基本依据。抽样推断就是依据抽样所获得的样本信息对总体做出推断,并对结论的正确性给予一定的可靠性保证。抽样推断是建立在随机抽样的基础之上的,即遵循随机原则;是一种由部分推断总体的方法,即根据样本的已知数据来估计未知的总体特征;使用的是概率估计的方法。抽样推断的主要内容是参数估计和假设检验。下面介绍几种常用的抽样组织形式。

1. 简单随机抽样

简单随机抽样是按随机原则直接从总体 N 个单位中抽取 n 个单位作为样本,不论重复抽样或不重复抽样,都要保证每个单位在抽取中有相等的中选机会。简单随机抽样适用于均匀总体,均匀总体是指具有某种特征的单位均匀地分布于总体的各个部分。

2. 分层抽样

分层抽样又称为类型抽样,是指先将总体单位按主要标志加以分类,分成互不重叠且有限的类型,称为层。然后再从各层中独立地随机抽取单位,各层样本单位合起来构成样本,据此对总体指标做出估计。

3. 等距抽样

等距抽样也称系统抽样,是指先按某一标志对总体各单位进行排序,然后按一定顺序和间隔来抽取样本单位。由于这种抽取是在各单位大小排序的基础上,再按某种规则依一定间隔取样,所以可以保证取得的样本单位比较均匀地分布在总体的各个部分,具有较高的代表性。

4. 整群抽样

整群抽样又称集团抽样,是按某一标志将总体的所有单位划分为若干群,然后从中随机选取若干群,对中选群的所有单位进行全面分析。可以看出,整群抽样的抽样单位是群。

9.2 相 关 分 析

相关分析是研究概率变量之间的相关性的一种统计方法。如果被研究现象之间存在某种依存关系,则需要通过相关分析给出其相关方向以及相关程度。有关相关系数、相关分析任务和相关分析的过程内容如下。

9.2.1　相关系数

相关系数又称线性相关系数,是衡量两个随机变量之间线性相关程度的指标。由于相关现象之间的特征不同,所以其统计指标的名称也不同。例如,将反映两变量间线性相关关系的统计指标称为相关系数,相关系数的平方称为判定系数。将反映两变量间曲线相关关系的统计指标称为非线性相关系数,相关系数的平方称为非线性判定系数。将反映多元线性相关关系的统计指标称为复相关系数。相关系数主要有下述四种类型。

1. 单相关系数

单相关系数又称为相关系数或线性相关系数,一般用字母 R 表示,用来度量两个变量间的线性关系。

2. 复相关系数

复相关系数又叫多重相关系数。复相关是指三个或三个以上因素的相关关系,即研究时涉及两个或两个以上的自变量和因变量相关。

3. 偏相关系数

在某一现象与多种现象相关的场合,当假定其他变量不变时,其中两个变量之间的相关关系称为偏相关。偏相关系数用来度量偏相关变量间的线性关系。

4. 典型相关系数

相关系数可以描述两个变量之间的相关程度。根据计算方法不同,相应出现了皮尔逊相关系数、斯皮尔曼相关系数和肯德尔相关系数等,而通常所说的相关系数是指皮尔逊相关系数。

9.2.2　相关分析的任务

相关关系是一种非确定性的关系。例如,以 X 与 Y 分别记一个人的身高和体重,则 X 与 Y 显然有关系,而又不能准确地说明可由其中的一个决定另一个的程度,那么这就是相关关系。相关关系在因果分析中有广泛应用,例如应用相关分析判断指标之间的替代关系和关联度。相关分析可以用来研究两个变量的关系,测定它们之间联系的紧密程度。相关分析法是测定现象之间相关关系的规律性,并据以进行预测和控制的分析方法。

现象之间存在着大量的相互联系、相互依赖、相互制约的数量关系。这种关系可分为函数关系和相关关系。相关分析主要研究相关关系。

1. 函数关系

函数关系反映着现象之间严格的依存关系,也称确定性的依存关系。在这种关系中,对于变量的每一个数值,都有一个或几个确定的值与之对应,记为 $y = f(x)$,x 为自变量,y 为函数。

2. 相关关系

在相关关系中,变量之间存在着不确定、不严格的依存关系,对于变量的某个数值,可以有另一变量的若干数值与之相对应,这若干个数值围绕着它们的平均数呈现出有规律的波动。例如某些商品价格的升降与消费者需求的变化存在着这样的相关关系。

9.2.3 相关分析的过程

1. 相关分析的步骤

（1）确定现象之间有无相关关系以及相关关系的类型。对于不熟悉的现象，须收集变量之间大量的对应数据，用绘制相关图的方法做初步判断。基于变量之间相互关系的方向考虑，变量之间有时存在着同增同减的同方向变动，是正相关关系；有时变量之间存在着一增一减的反方向变动，是负相关关系。基于变量之间相关的表现形式考虑，有直线关系和曲线相关。基于相关关系涉及的变量的个数考虑，有单相关关系和复相关关系。

（2）判定现象之间相关关系的密切程度，需要计算相关系数 R，如果绝对值在 0.8 以上，则表明高度相关，必要时应对 R 进行显著性检验。

2. 相关分析的实现

如果两个变量变化的方向一致，则称为正相关；如果两个变量变化的方向不一致，则称为负相关；否则为无线性相关。皮尔逊相关系数可用于度量两个变量之间的线性相关程度，其取值范围为 $[-1,1]$。如果相关系数大于 0，则表示一个变量增大时，另一个变量也随之呈线性增大；如果相关系数小于 0，则表示一个变量增大时，另一个变量却随之变小。如果皮尔逊相关系数为 0，则表示两个变量之间无相关关系。

利用皮尔逊相关系数判断线性关系，可以快速找出类似于 $Y=aX+b$ 的线性关系。皮尔逊相关系数定义如下：

$$\rho(X,Y)=Cov(X,Y)/\sigma_X\sigma_Y$$

其中，$Cov(X,Y)$ 是 X、Y 的协方差；σ_X，σ_Y 是 X、Y 的标准差；$\rho(X,Y)$ 是皮尔逊相关系数，其值就是用 X、Y 的协方差除以 X 的标准差和 Y 的标准差。所以，相关系数也可以被看作协方差（一种剔除了两个变量量纲影响、标准化后的特殊协方差）。它可以反映两个变量变化时是同向还是反向，如果同向变化就为正，反向变化就为负；由于它是标准化后的协方差，因此具有更重要的特性是它消除了两个变量变化幅度的影响，而只是单纯反映两个变量每单位变化时的相似程度。

例如，在前面的例子中，给定 X 和 Y 后，可以计算出方差和标准差，然后再计算 X，Y 的皮尔逊相关系数。

$$X=\{1.1,1.9,3\}$$
$$Y=\{5.0,10.4,14.6\}$$
$$E(X)=(1.1+1.9+3)/3=2$$
$$E(Y)=(5.0+10.4+14.6)/3=10$$
$$E(XY)=(1.1\times5.0+1.9\times10.4+3\times14.6)/3=23.02$$
$$Cov(X,Y)=E(XY)-E(X)E(Y)=23.02-2\times10=3.02$$

此外，还可以计算 X 和 Y 的方差 $D(X)$ 和 $D(Y)$，进而计算出标准差：

$$D(X)=E(X^2)-E^2(X)=(1.1^2+1.9^2+3^2)/3-4=4.60-4=0.6$$
$$\sigma_X=0.77$$
$$D(Y)=E(Y^2)-E^2(Y)=(5^2+10.4^2+14.6^2)/3-100=15.44$$
$$\sigma_Y=3.93$$

X,Y 的相关系数：

$$R(X,Y)=Cov(X,Y)/(\sigma_X\sigma_Y)=3.02/(0.77\times3.93)=0.9979$$

9.3 回 归 分 析

回归分析是应用广泛的数据分析方法之一,回归分析是在掌握大量观测数据的基础之上,建立被观测数据变量之间的依赖关系,分析数据的内在规律,进而应用于预报与控制等领域。

9.3.1 回归分析过程

回归分析是研究一个随机变量 Y 对另一个 X 变量或一组 $(X_1,X_2,\cdots,X_k)$ 变量关系的一种统计分析方法。回归分析主要用于获得变量之间的关系,即变量是否相关联、相关的方向和相关的强度等,之后利用数理统计方法建立变量与自变量之间的回归方程式,通过变量预测,找出能够代表所有观测数据的函数曲线,然后用此函数表示变量与自变量之间的关系。可以看出,相关分析是回归分析的基础。回归分析的步骤如下。

(1) 确定自变量与因变量。

(2) 根据自变量与因变量的历史统计数据进行计算,建立回归分析预测模型。

(3) 获得自变量与因变量之间的某种因果关系。

(4) 模型检验,预测误差。误差越小,模型越好。

(5) 运用获得的回归预测模型进行预测计算,再根据具体的实际情况进行全面分析,进而得到最终的预测值。

9.3.2 回归分析类型

(1) 回归分析按照所涉及的自变量是一个或多个,可分为一元回归分析和多元回归分析。

(2) 按照自变量和因变量之间的关系类型,可分为线性回归分析和非线性回归分析。如果在回归分析中,只包括一个自变量和一个因变量,且二者的关系可用一条直线近似表示,称为一元线性回归分析。如果回归分析中包括两个或两个以上的自变量,且因变量和自变量之间是线性关系,则称为多元线性回归分析。

(3) 多重回归分析是指一个或多个随机变量 $Y_1,Y_2,\cdots,Y_i$ 与另一些变量 $X_1,X_2,\cdots,X_k$ 之间的统计关系的分析,通常称 $Y_1,Y_2,\cdots,Y_i$ 为因变量,$X_1,X_2,\cdots,X_k$ 为自变量。

相关分析与回归分析的基本区别是,相关分析研究的是现象之间是否相关、相关的方向和密切程度,不区别是自变量或因变量。而回归分析则要分析现象之间相关的具体形式,并用数学模型来表现其具体因果关系。

9.3.3 回归模型与应用中的问题

1. 回归模型

回归分析是一种数学回归模型,当因变量和自变量为线性关系时,它是一种简单的线性模型。最简单的情形是一个自变量和一个因变量,且它们具有线性关系,这叫一元线性回归,即模型为 $Y = a + bX + \varepsilon$,这里 X 是自变量,Y 是因变量,ε 是残差,通常假定残差的均值为 0,方差为 σ^2(σ^2 大于 0),σ^2 与 X 的值无关。如果假设残差遵从正态分布,就叫作正态线性模型。一般的情形,它有 k 个自变量和一个因变量,因变量的值可以分解为两部分:一部分是由于自变量的影响,即表示为自变量的函数,其中函数形式已知,但含一些未知参数;另一部分是由于其他未被考虑的因素和随机性的影响,即残差。当函数形式为未知参数的线性函数时,称线性回归分析模型;当函数形式为未知参数的非线性函数时,称为非线性回归分析模型。当自变量的个数大于 1 时称为多元回归,当因变量个数大于 1 时称为多重回归。

2. 回归分析应用需要注意的问题

1) 要求因变量必须随机,但自变量不能随机

相关分析要求相关两个变量都必须随机,而回归分析则要求因变量必须随机,自变量则不能随机,而是规定的值,这与在回归方程中用给定的自变量值来估计平均的因变量值相一致。

2) 需要防止虚假相关和虚假回归

在对两个时间数列进行相关分析和回归分析时,常因各期指标值受时间因素的强烈影响而损害了所需要的随机性;也有两个时间数列表面上似有同升同降的变动,实际上并无本质联系。对这类数据求出的高度相关系数或回归联系,往往是一种假象。为此,在用相关分析法研究复杂的现象时,需要有科学的理论指导和正确的判断。

9.4 判 别 分 析

要确定一个新的样本是属于已知类型中哪一类的问题就属于判别统计分析问题。基本原理是根据一定的判别准则来建立一个或多个判别函数,利用对象的大量数据来确定判别函数中的待定系数,并计算判别指标,据此确定某一样本属于何类。

判别分析是一种统计判别的分组技术,根据一定数量样本的一个分组变量和相应的其他多元变量的已知信息,进行判别分组。例如,已知某种事物有几种类型,现在从各种类型中各取一个样本,由这些样本设计出一套标准,使得从这种事物中任取一个样本,都可以按这套标准判别它的类型。

9.4.1 判别函数

1. 判别函数的类型

判别函数主要分为两种类型,即线性判别函数和典则判别函数。

1) 线性判别函数

对于某一个总体,如果各组样品互相独立,且服从多元正态分布,就可建立线性判别函数,可以基于下述四种基本形式之一。

(1) 判别组数,需要判别的组的个数。

(2) 判别指标又称判别分数或判别值,根据所用的方法不同,可能是概率,也可能是

坐标值或分值。

（3）自变量或预测变量，即可以反映研究对象特征的变量。

（4）各变量系数，也称判别系数。

建立函数必须使用一个训练样本来训练，就是已知实际分类且各指标的观察值，即已测得的样本，它对判别函数的建立非常重要。

2）典则判别函数

典则判别函数是原始自变量的线性组合，通过建立少量的典则变量可以比较方便地描述各类之间的关系，例如可以用散点图和平面区域图直观地表示各类之间的相对关系等。

2. 判别函数的建立方法

建立判别函数的方法一般有四种：全模型法、向前选择法、向后选择法和逐步选择法。后三种方法具有启发性。

（1）全模型法是指将用户指定的全部变量作为判别函数的自变量，而不管该变量是否为显著变量或对判别函数产生贡献。此方法适用于对研究对象的各变量有全面认识的情况。如果未加选择地使用全变量进行分析，可能产生较大的偏差。

（2）向前选择法是从判别模型中没有变量开始，每一步把一个对判别模型的判断能力贡献最大的变量引入模型，直到没有被引入模型的变量都不符合进入模型的条件时，变量引入过程结束。当希望较多变量留在判别函数中时，应使用向前选择法。

（3）向后选择法与向前选择法完全相反。它把用户所有指定的变量建立一个全模型。每一步把一个对模型的判断能力贡献最小的变量剔除，如果模型中的所用变量都符合留在模型中的条件时，剔除工作结束。在希望较少的变量留在判别函数中时，应使用向后选择法。

（4）逐步选择法是一种选择最能反映类间差异的变量子集建立判别函数的方法。它是从模型中没有任何变量开始，每一步都对模型进行检验，将模型外对模型的判别贡献最大的变量加入到模型中，同时也检查在模型中是否存在由于新变量的引入而对判别贡献变得不太显著的变量，如果有，则将其从模型中剔除。以此类推，直到模型中的所有变量都符合引入模型的条件，而模型外所有变量都不符合引入模型的条件为止，则整个过程结束。

9.4.2 判别分析方法

根据判别中的组数，判别分析方法可以分为两组判别分析方法和多组判别分析方法。根据判别函数的形式，可以分为线性判别方法和非线性判别方法。根据判别式处理变量的方法不同，可以分为逐步判别方法、序贯判别方法等。根据判别标准不同，可以分为距离判别方法、费歇判别方法、贝叶斯判别方法等。

判别方法是确定待判样品归属于哪一组的方法，可分为参数法和非参数法，也可以根据资料的性质分为定性资料的判别分析和定量资料的判别分析。

1. 距离判别

距离判别是最简单、直观的一种判别方法，其基本思想是由训练样本得出每个分类的重心坐标,然后对新对象求出它们离各个类别重心的距离远近,从而归入离得最近的类。

其准则是判别新对象属于它的距离最小的总体。根据各对象与各总体之间的距离远近做出判断,即根据数据建立各总体的距离判别函数式,将各对象数据逐一代入判别函数式计算,得出各对象与各总体之间的距离值,进而判断对象属于距离值最小的那个总体。

1) 马氏距离

马氏距离判别适用于对自变量为连续变量的情况进行分类,且对变量的分布类型无严格要求,特别是并不严格要求总体协方差矩阵相等。马氏距离是由印度统计学家马哈拉诺比斯提出,表示数据的协方差距离。它是一种有效的计算两个未知样本集的相似度的方法。与欧氏距离不同的是,它考虑到各种特性之间的联系(例如:一条关于身高的信息会带来一条关于体重的信息,因为两者是有关联的),并且是尺度无关的,即独立于测量尺度。

马氏距离也可以定义为两个服从同一分布并且其协方差矩阵为 $\boldsymbol{\Sigma}$ 的随机变量之间的差异程度。如果协方差矩阵为单位矩阵,那么马氏距离就简化为欧氏距离,如果协方差矩阵为对角阵,则其也可称为正规化的欧氏距离。

对于一个均值为 μ、协方差矩阵为 $\boldsymbol{\Sigma}$ 的多变量向量,其马氏距离 M 为:

$$M = ((x - \mu)^{\mathrm{T}} \boldsymbol{\Sigma}^{-1} (x - \mu))^{1/2}$$

2) 马氏距离与欧氏距离的比较

欧氏距离是将样本的不同属性(即各指标或各变量)之间的差别等同看待,这一点有时不能满足实际要求。例如,个体的不同属性对于区分个体有着不同的重要性。因此,有时需要采用不同的距离函数。

(1) 马氏距离的计算是建立在总体样本的基础之上,这一点从上述协方差矩阵的解释中可以得出。也就是说,如果拿同样的两个样本,放入两个不同的总体中,最后计算得出的两个样本间的马氏距离通常是不相同的,除非这两个总体的协方差矩阵完全相同。

(2) 在计算马氏距离过程中,要求总体样本数大于样本的维数,否则得到的总体样本协方差矩阵逆矩阵不存在,这时用欧氏距离计算即可。

(3) 当满足了条件总体样本数大于样本的维数,但是协方差矩阵的逆矩阵仍然不存在时,例如三个样本点(3,4),(5,6) 和(7,8),这是因为这三个样本在其所处的二维空间平面内共线。这种情况下,可以采用欧氏距离计算。

(4) 在实际应用中总体样本数大于样本的维数这个条件是很容易满足的,而所有样本点出现(3)中所描述的情况很少,所以在绝大多数情况下,马氏距离是可以顺利计算的。但是马氏距离的计算不稳定,不稳定的来源是协方差矩阵,这也是马氏距离与欧氏距离的最大差异之处。

马氏距离的明显优点是不受量纲的影响,两点之间的马氏距离与原始数据的测量单位无关,由标准化数据和中心化数据(即原始数据与均值之差)计算出的两点之间的马氏距离相同。马氏距离还可以排除变量之间的相关性的干扰。其缺点是夸大了变化微小的变量的作用。

2. 费歇判别

由 Fisher 在 1936 年首先提出的费歇判别法,是根据方差分析建立的一种能较好区分各个总体的线性判别法,其优点是该判别方法对总体的分布不做任何要求。

费歇判别法是一种投影方法,在原有的坐标系下,很难把样本分开,而投影后却区别明显。将高维空间的点向低维空间投影,然后利用方差分析的思想选出一个最优的投影方向。其过程是,可以先投影到一维空间(直线)上,如果效果不理想,再投影到另一条直线上(从而构成二维空间),以此类推。每个投影可以建立一个判别函数。

图 9-4 所示的是费歇判别的示意说明,费歇判别的优势是对分布、方差等都没有任何限制,非常方便,应用广泛。

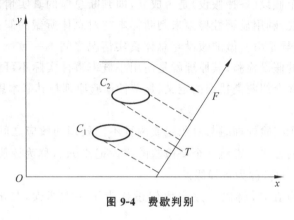

图 9-4　费歇判别

3. 贝叶斯判别

贝叶斯判别是根据最小风险代价判决或最大似然比判决,依照贝叶斯准则进行判别分析的一种多元统计分析法。

贝叶斯判别是根据先验概率求出后验概率,并依据后验概率分布做出统计推断。先验概率是用概率来描述人们事先对所研究的对象的认识的程度;后验概率就是根据具体数据、先验概率、特定的判别规则所计算出来的概率,它是对先验概率修正后的结果。

设有两个总体,它们的先验概率分别为 q_1、q_2,各总体的密度函数为 $f_1(x)$、$f_2(x)$,在观测到一个样本 x 的情况下,可用贝叶斯公式计算它来自第 k 个总体的后验概率为:

$$P(G_k/x) = \frac{q_k f_x(x)}{\sum\limits_{k=1}^{2} q_k f_x(x)} \quad k = 1, 2$$

一种常用判别准则是:对于待判样本 x,如果在所有的 $P(G_k/x)$ 中 $P(G_h/x)$ 是最大的,则判定 x 属于第 h 总体。通常会以样本的频率作为各总体的先验概率。

贝叶斯判别式假定对研究对象已有一定的认识,这种认识常用先验概率来描述,当取得样本后,就可以用样本来修正已经有的先验概率分布,得出后验概率分布,然后通过后验概率分布进行各种统计推断。

距离判别分析方法是判别样品所属类别的应用性很强的多因素决策方法,根据已掌握的、历史上每个类别的若干样本数据信息,总结出客观事物分类的规律性,建立判别准则,当遇到新的样本点,只需根据总结得出的判别公式和判别准则,就能判别该样本点所属的类别。距离判别分析的基本思想是:样本与哪个总体的距离最近,就判它属于哪个总体。

9.5　显著性检验

9.5.1　显著性检验的基本思想

显著性检验首先对总体(随机变量)的参数或总体分布形式提出一个假设,然后利用样本信息来判断这个假设(备择假设)是否成立,即判断总体的真实情况与原假设有无显著性差异。也就是说,利用显著性检验来判断样本与对总体所做的假设之间的差异是否是机会变异,这种变异是由所做的假设与总体真实情况之间不一致所引起的。显著性检验是针对总体所做的假设检验,其原理就是使用小概率事件实际不可能性原理来决定接受或否定假设。下面介绍两类错误的定义、显著性检验原理与其基本思想。

1. 两种错误

显著性检验用于实验处理组与对照组或两种不同处理的效应之间是否有差异,以及这种差异是否显著的方法。常将一个要检验的假设记作 H_0,称为原假设(或零假设),与 H_0 对立的假设记作 H_1,称为备择假设。

(1) 在原假设为真时,将决定放弃原假设称为第一类错误,其出现的概率通常记作 α。

(2) 在原假设不为真时,将决定不放弃原假设称为第二类错误,其出现的概率通常记作 β。

通常只限定出现第一类错误的最大概率 α,不考虑出现第二类错误的概率 β。这样的假设检验又称为显著性检验,概率 α 称为显著性水平。最常用的 α 值为 0.01、0.05、0.10等。一般情况下,根据研究的问题,如果放弃真假设损失大,为减少这类错误,α 取值小些,反之 α 取值大些。

进行显著性检验的目的是消除第一类错误和第二类错误。

2. 显著性检验的原理

(1) 无效假设。显著性检验的基本原理是提出无效假设和检验无效假设成立的概率 p 水平的选择。无效假设就是当比较实验处理组与对照组的结果时,假设两组结果间差异不显著,即实验处理对结果没有影响或无效。经统计学分析后,如发现两组间差异是抽样引起的,则无效假设成立,可认为这种差异为不显著(即实验处理无效)。如果两组间差异不是由抽样引起的,则无效假设不成立,可认为这种差异是显著的(即实验处理有效)。

(2) 无效假设成立的概率水平。检验无效假设成立的概率水平一般定为5%,其含义是将同一实验重复 100 次,两者结果间的差异有 5 次以上是由抽样误差造成的,则无效假设成立,可认为两组间的差异为不显著,记为 $p > 0.05$。如果两者结果间的差异在 5 次以下是由抽样误差造成的,则无效假设不成立,可认为两组间的差异为显著,记为 $p \leqslant 0.05$。如果 $p \leqslant 0.01$,则认为两组间的差异为非常显著。

3. 基本思想

显著性检验的基本思想可以用小概率原理来解释。

（1）小概率原理：小概率事件在一次实验中是几乎不可能发生的。假若在一次实验中小概率事件事实上发生了，那只能认为该事件不是来自我们假设的总体，也就是认为我们对总体所做的假设不正确。

（2）观察到的显著水平：由样本资料计算出来的检验统计量观察值所截取的尾部面积。这个概率越小，越反对原假设，认为观察到的差异表明真实的差异存在的证据便越强，观察到的差异便越能充分地表明真实差异存在。

（3）检验所用的显著水平：针对具体问题的具体特点，事先规定这个检验标准。

（4）在检验的操作中，把观察到的显著性水平与作为检验标准的显著水平标准比较，小于这个标准时，得到了拒绝原假设的证据，认为样本数据表明了真实差异存在；大于这个标准时，拒绝原假设的证据不足，认为样本数据不足以表明真实差异存在。

（5）检验的操作可以用稍许简便一点的做法：根据所提出的显著水平查表得到相应的值，称作临界值，直接用检验统计量的观察值与临界值作比较，观察值落在临界值所划定的尾部内，便拒绝原假设；观察值落在临界值所划定的尾部之外，则认为拒绝原假设的证据不足。

9.5.2　检验步骤与检验方法

1. 显著性检验的步骤

（1）提出假设 H_0、H_1，与备择假设相应，指出所作检验为双尾检验还是左单尾或右单尾检验。双尾检验是指在概率分布函数曲线两侧尾端的小概率事件都需要考虑，即双侧检验。

（2）构造检验统计量，收集样本数据，计算检验统计量的样本观测值。

（3）根据所提出的显著水平，确定临界值和拒绝域。

（4）做出检验决策。

将检验统计量的样本观测值与临界值比较，或者把观测到的显著水平与显著水平标准比较，最后按检验规则做出检验决策。当样本值落入拒绝域时，则表述为拒绝原假设，显著表明真实的差异存在。当样本值落入接受域时，则表述为没有充足的理由拒绝原假设，没有充足的理由表明真实的差异存在。另外，在表述结论之后应当注明所用的显著水平。

2. 常用的检验方法

1）t 检验

处理时不用判断数据集的分布类型就可以使用 t 检验。t 检验的使用条件是样本含量 n 较小，样本值符合正态分布。

2）t' 检验

t' 检验的应用条件与 t 检验大致相同，但 t' 检验用于两组间方差不齐时，t' 检验的计算公式实际上是方差不齐时 t 检验的校正公式。

3）U 检验

U 检验的应用条件与 t 检验的条件基本相同，只是当大样本时用 U 检验，而小样本时则用 t 检验。U 检验的使用条件是样本含量 n 较大，样本数据符合正态分布。

9.6   主成分分析

主成分分析(Principal Component Analysis,PCA)可以考虑将关系紧密的变量转变成尽可能少的新变量,使这些新变量是互不相关的,这样就可以使用较少的综合指标代表存在于各个变量中的各类信息。

9.6.1   主成分分析原理

主成分分析是一种使用最广泛的数据降维算法。其主要思想是将 n 维特征映射到 k 维上,这 k 维是全新的正交特征,也被称为主成分,是在原有 n 维特征的基础上重新构造出来的 k 维特征,$k<n$。PCA 的工作就是从原始的空间中顺序地找一组相互正交的坐标轴,新的坐标轴的选择与数据本身是密切相关。其中,第一个新坐标轴选择是原始数据中方差最大的方向,第二个新坐标轴选取是与第一个坐标轴正交的平面中使得方差最大方向,第三个轴是与第一、第二个轴正交的平面中方差最大的方向。依此类推,可以得到 n 个这样的坐标轴。通过这种方式获得的新的坐标轴,可以发现,大部分方差都包含在前面 k 个坐标轴中,后面的坐标轴所含的方差几乎为 0。于是,可以忽略余下的坐标轴,只保留前面 k 个含有绝大部分方差的坐标轴。事实上,这相当于只保留包含绝大部分方差的维度特征,而忽略包含方差几乎为 0 的特征维度,进而实现对数据特征的降维处理。

获得这些包含最大差异性的主成分方向是通过计算数据矩阵的协方差矩阵,然后得到协方差矩阵的特征值特征向量,选择特征值最大(即方差最大)的 k 个特征所对应的特征向量组成的矩阵。这样就可以将数据矩阵转换到新的空间当中,实现数据特征的降维。由于得到协方差矩阵的特征值特征向量有两种方法:特征值分解协方差矩阵、奇异值分解协方差矩阵。所以 PCA 算法有两种实现方法:基于特征值分解协方差矩阵实现 PCA 算法、基于 SVD 分解协方差矩阵实现 PCA 算法。在这里,举例说明基于 SVD 分解协方差矩阵实现 PCA 算法的降维和特征抽取过程。

9.6.2   主成分分析方法举例

主成分分析方法的思想是将 n 维特征映射到 k 维上($k<n$),这 k 维是全新的正交特征。将重新构造出来的 k 维特征称为主元,构造主元不是简单地从 n 维特征中去除其余 $n-k$ 维特征,而是需要遵循一定的选择计算。

1. 基本步骤

(1) 对数据进行归一化处理,直接减去均值。

(2) 计算协方差矩阵的特征值和特征向量。

(3) 保留最重要的 k 个特征($k<n$)。

(4) 找出 k 个特征值相应的特征向量。

(5) 将 $m \times n$ 的数据集乘以 k 个 n 维的特征向量的特征向量($n \times k$),得到最后降维的数据。

2. 举例说明

例如,如果获得的二维数据如下。

X	Y
2.5	2.4
0.5	0.7
2.2	2.9
1.9	2.2
3.1	3.0
2.3	2.7
2.0	1.6
1.0	1.1
1.5	1.6
1.1	0.9

行代表了样例,列代表特征,这里有 10 个样例,每个样例两个特征。对上述样例,应用主成分分析特征抽取算法降维过程如下。

(1) 分别求 X 和 Y 的平均值,其中 X 的均值是 1.81,Y 的均值是 1.91。

(2) 然后对于所有的样例,都减去对应的均值,10 个样例的转换结果如下。

x	y
0.69	0.49
−1.31	−1.21
0.39	0.99
0.09	0.29
1.29	1.09
0.49	0.79
0.19	−0.31
−0.81	−0.81
−0.31	−0.31
−0.71	−1.01

(3) 求特征的协方差矩阵。

① 协方差的定义。

标准差和方差一般是用来描述一维数据的,但现实中经常遇到含有多维数据的数据集,协方差就是一种用来度量两个随机变量关系的统计量,度量各个维度偏离其均值的程度。可以仿照方差的定义,协方差定义如下,对于一维数据的协方差与方差相类似:

$$Var(X) = \frac{\sum_{i=1}^{n}(X_i - \overline{X})(X_i - \overline{X})}{n-1}$$

对含有二维数据的数据集,协方差用来度量各个维度偏离其均值的程度,协方差定义如下:

$$Cov(X) = \frac{\sum\limits_{i=1}^{n}(X_i - \overline{X})(Y_i - \overline{Y})}{n-1}$$

协方差的结果如果为正值,则说明两者是正相关的;结果为负值就说明负相关的,如果为0,也就是统计上说的相互独立。从协方差的定义上可以看出如下显而易见的性质:

$$Cov(X,X) = Var(X)$$
$$Cov(X,Y) = Cov(Y,X)$$

维数多了自然就需要计算多个协方差,如 n 维的数据集就需要计算 $n!/((n-2)! \times 2)$ 个协方差,那自然而然的使用矩阵来组织这些数据。

假设数据集有三个维度,则协方差矩阵为:

$$C = \begin{bmatrix} Cov(X,X) & Cov(X,Y) & Cov(X,Z) \\ Cov(Y,X) & Cov(Y,Y) & Cov(Y,Z) \\ Cov(Z,X) & Cov(Z,Y) & Cov(Z,Z) \end{bmatrix}$$

协方差矩阵是一个对称的矩阵,而且对角线是各个维度上的方差。

② 协方差矩阵计算举例。

X、Y 是一个列向量,它表示了每种情况下每个样本可能出现的数。假如给定了 4 个样本,每个样本都是二维的,则只有 X 和 Y 两种维度。所以:

$$X = (1,3,4,5)^T$$
$$Y = (2,6,2,2)^T$$

$$\begin{aligned} Cov(X,Y) &= [(1-3.25, 3-3.25, 4-3.25, 5-3.25) \\ &\quad * (2-3, 6-3, 2-3, 2-3)]/(4-1) \\ &= [(-2.25, -0.25, 0.75, 1.75) * (-1,3,-1,-1)]/3 \\ &= [2.25 - 0.75 - 2.5]/3 \\ &= [-0.25 - 0.75]/3 \\ &= -0.3333 \end{aligned}$$

$$\begin{aligned} Cov(X,X) &= [(-2.25, -0.25, 0.75, 1.75) * (-2.25, -0.25, 0.75, 1.75)]/3 \\ &= 2.9167 \end{aligned}$$

$$Cov(Y,X) = -0.3333$$

$$\begin{aligned} Cov(Y,Y) &= [(-1,3,-1,-1) * (-1,3,-1,-1)]/3 \\ &= (1+9+1+1)/3 \\ &= 4.0000 \end{aligned}$$

所以协方差矩阵:

$$\begin{bmatrix} Cov(X,X) & Cov(X,Y) \\ Cov(Y,X) & Cov(Y,Y) \end{bmatrix} = \begin{bmatrix} 2.9167 & -0.3333 \\ -0.3333 & 4.0000 \end{bmatrix}$$

③ 按照上述计算方法,计算本问题的特征的协方差矩阵。

如果数据是二维,有 X 和 Y,则求解为:

$$Cov = \begin{bmatrix} 0.616555556 & 0.615444444 \\ 0.615444444 & 0.716555556 \end{bmatrix}$$

对角线上分别是 X 和 Y 的方差,非对角线上是协方差。协方差大于 0 表示当 X 和 Y 有一个增加,另一个也增加;当小于 0 表示一个增加,一个减小;当协方差为 0 时,两者独立。协方差绝对值越大,两者对彼此的影响越大,反之越小。

(4) 计算协方差矩阵的特征值和特征向量。

特征值为:

$$\begin{bmatrix} 0.0490833989 \\ 1.28402771 \end{bmatrix}$$

特征向量为:

$$\begin{bmatrix} -0.735178656 & -0.677873399 \\ 0.677873399 & -0.725178656 \end{bmatrix}$$

这里的特征向量都归一化为单位向量。

(5) 将特征值按照从大到小的顺序排序,选择其中最大的 k 个,然后将其对应的 k 个特征向量分别作为列向量组成特征向量矩阵。这里特征值只有两个,如选择其中最大的是 1.28402771,对应的特征向量是 $(-0.677873399, -0.735178656)^{\mathrm{T}}$。

(6) 将原始样本点分别往特征向量对应的轴上做投影。

如果样例数为 m,特征数为 n,减去均值后的样本矩阵为 $DataAt(m \times n)$,协方差矩阵是 $n \times n$,选取的 k 个特征向量组成的特征向量矩阵为 $EigenVectors(n \times k)$。那么投影后的数据 $FinalData$ 为 $FinalData(m \times k) = DataAv(m \times n) \times EigenVectors(n \times k)$。

如果取 $k = 2$,那么计算结果 $FinalData$ 是:

X	Y
−0.827970186	−0.175115307
1.77758033	0.142857227
−0.992197494	0.384374989
−0.274210416	0.130417207
−1.67580142	−0.209498461
−0.912949103	0.175282444
0.0991094375	−0.349824689
1.14457216	0.046172582
0.438046137	0.0177646297
1.22382056	−0.162675287

上述就是利用主成分分析的方法重新构造出来的 k 维特征,而不是简单地从 n 维特征中去除其余 $n-k$ 维特征,完成特征抽取。

9.6.3　主成分分析 Python 程序

主成分分析算法的两个主要函数:一个是完成文件中的数据读出并进行预处理的 dataset()函数,另一个是完成数据降维 pca()函数。

通过方差的百分比来计算将数据降到的维数,eigValPct_fun 函数传入的参数是特征值和百分比 percentage，返回需要降到的维度数 num。

```
def eigValPct_fun(eigVals,percentage):
    sortArray=sort(eigVals)              #使用 numpy 中的 sort()对特征值按照从小到大排序
    sortArray=sortArray[-1::-1]          #特征值从大到小排序
    arraySum=sum(sortArray)              #数据全部的方差 arraySum
    tempSum=0
    num=0
    for i in sortArray:
        tempSum+=i
        num+=1
        if tempSum>=arraySum * percentage:
            return num

def dataset(fileName, delim='\t'):       #读出数据并转换矩阵的函数
    ff=open(fileName)                    #打开文件
    string_Arr=[line.strip().split(delim) for line in ff.readlines()]
                                         #逐行处理文件
    data_Arr=[map(float,line) for line in string-Arr]      #获得 data_Arr 数组
    return mat(data_Arr)                 #返回由 data_Arr 数组转换的数据矩阵 dataMat

def pca_fun(dataMat, topNfeat=999999):
    meanVals=mean(dataMat, axis=0)       #计算每列的平均值
    DataAdjust=dataMat -meanVals         #减去平均值
    covMat=cov(DataAdjust, rowvar=0)     #计算协方差
    eigVals,eigVects=linalg.eig(mat(covMat))    #计算特征值和特征向量
    k=eigValPct_fun(eigVals,percentage)         #确定前 k 个向量
    eigValInd=argsort(eigVals)                   #对特征值 eigVals 从小到大排序
    eigValInd=eigValInd[:-(k+1):-1]             #完成特征值的从大到小排列
    redEigVects=eigVects[:,eigValInd]          #返回排序后特征值对应的特征向量
    low_DataMat=DataAdjust * redEigVects       #将数据转换到低维新空间
    recon_Mat=(low_DataMat * redEigVects.T) +meanVals    #重构数据,用于调试
    return low_DataMat, recon_Mat
```

利用上面定义的 dataset()函数将在文件在的数据读出并进行预处理之后，再由pca()函数完成数据降维。下面的主程序将存储在 testSet.txt 文件中的 1000 个数据点数据读出并进行预处理之后，再对数据进行降维，并用 matplotlib 模块将降维后的数据和原始数据一起绘制输出，结果如图 9-5 所示。

主程序程序如下：

```
if __name__ =='__main__':
    dataMat=dataset('testSet.txt')
    print(pca(dataMat))
    low_DMat, recon_Mat=pca(dataMat,1)
```

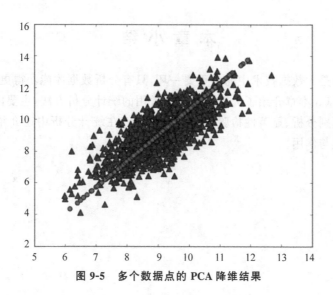

图 9-5　多个数据点的 PCA 降维结果

```
print("shape(low_DMat): ",shape(low_DMat))
fig=plt.figure()
ax=fig.add_subplot(111)
ax.scatter(dataMat[:,0].flatten().A[0],dataMat[:,1].flatten().A[0],
marker='^',s=90)
ax.scatter(recon_Mat[:,0].flatten().A[0],recon_Mat[:,1].flatten().A[0],
marker='o',s=50,c='red')
plt.show()
```

程序运行结果如下：

```
matrix([[-2.51033597, 0.15840394],
        [-2.86915379, 0.5092619 ],
        [0.09741085, -0.20728318],
        ......,
        [-0.50166225,-0.62056456],
        [-0.05898712,-0.02335614],
        [-0.18978714,-1.37276015]])
```

　　如图 9-5 描述的是使用 PCA 方法数据降维的可视化表示。圆点表示降维后的数据点，三角形点表示降维前的数据点。显然，圆点比三角形点少很多，这是 PCA 降维的结果。

　　PCA 可将 n 个特征降维到 k 个，可以用来进行数据压缩，例如 100 维的向量最后可以用 10 维来表示，那么压缩率为 90%。图像处理领域的 KL 变换也可以使用 PCA 做图像压缩。

　　关于 PCA 的更全面、更深入论述可自行查询相关文献。

本 章 小 结

　　大数据分析是大数据技术中的最重要一环，只有分析数据才能获得更多智能的、深入的、有价值的信息。本章介绍了大数据分析中常用的统计分析方法，主要内容包括相关分析、回归分析、判别分析、显著性检验和主成分分析。在统计分析中还介绍了数字特征和常用的误差种类与作用。

第 10 章

大数据挖掘

知 识 结 构

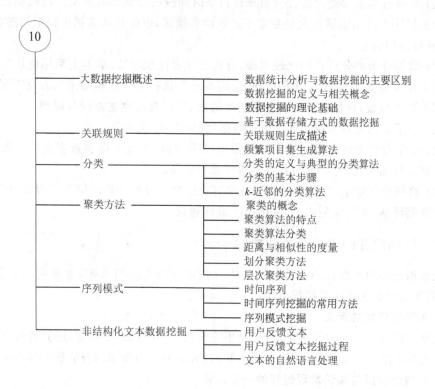

```
(10)
├── 大数据挖掘概述 ──┬── 数据统计分析与数据挖掘的主要区别
│                   ├── 数据挖掘的定义与相关概念
│                   ├── 数据挖掘的理论基础
│                   └── 基于数据存储方式的数据挖掘
├── 关联规则 ──┬── 关联规则生成描述
│             └── 频繁项目集生成算法
├── 分类 ──┬── 分类的定义与典型的分类算法
│         ├── 分类的基本步骤
│         └── k-近邻的分类算法
├── 聚类方法 ──┬── 聚类的概念
│             ├── 聚类算法的特点
│             ├── 聚类算法分类
│             ├── 距离与相似性的度量
│             ├── 划分聚类方法
│             └── 层次聚类方法
├── 序列模式 ──┬── 时间序列
│             ├── 时间序列挖掘的常用方法
│             └── 序列模式挖掘
└── 非结构化文本数据挖掘 ──┬── 用户反馈文本
                          ├── 用户反馈文本挖掘过程
                          └── 文本的自然语言处理
```

大数据分析是以输入的数据为基础,通过先验的约束,对数据进行处理。因此大数据分析的重点在于数据的有效性、真实性和先验约束的正确性。

大数据挖掘是通过建模和构造算法来获取信息与知识。数据挖掘融合了数据库技术、人工智能、机器学习、统计学、知识工程、面向对象方法、信息检索、云计算、高性能计算以及数据可视化等技术。本章主要介绍大数据挖掘的常用基本方法。

10.1 大数据挖掘概述

数据挖掘是数据分析的核心内容,数据挖掘工具提供了关联规则、分类、聚类、决策树等多种模型和算法。数据挖掘需要对数据进行微观、中观和宏观的综合和推理。数据挖掘中的知识发现不是要求发现放之四海而皆准的真理,也不是要去发现崭新的自然科学定理和纯数学公式。发现的知识与信息都是面向特定领域的,并易于被用户理解与实际应用。数据挖掘通过发现数据之间的关联性、未来趋势以及一般性的概括等知识来指导高级领域性活动。

10.1.1 数据统计分析与数据挖掘的主要区别

在从数据获取信息的过程中,数据分析与数据挖掘起着不同的作用。数据分析是把数据变成信息的工具,数据挖掘是把信息变成认知的工具,如果需要从数据中提取一定的规律,需要数据分析和数据挖掘结合使用。数据分析与数据挖掘的主要区别如下。

(1)数据分析主要通过统计分析来评价某时间段内已获得的效果。而数据挖掘需要依靠挖掘算法来找出隐藏在大量数据中的规律和模式,也就是从数据中提取出隐含的、未知的、有价值的信息。

(2)数据分析的分析目标比较明确,分析条件也比较清楚,基本上采用统计方法对数据进行多维度地描述,是从一个假设出发,需要自行选择方程或模型来与假设匹配。而数据挖掘不需要假设,数据挖掘的目标不是很清晰,需要自动建立方程与模型。

(3)数据挖掘能够采用不同类型的数据,例如声音、文本等。

(4)数据分析是针对历史数据分析得出各项指标,为决策提供数据支持。数据挖掘是对数据分析加上机器决策,为将来的事件提供决策。

(5)数据分析对结果进行解释,呈现出有效信息。数据挖掘的结果不容易解释,对信息进行价值评估,基于预测未来,并提出决策性建议。

10.1.2 数据挖掘的定义与相关概念

大数据挖掘的主要目的是从数据集中寻找未知的模式与规律,主要应用了分类、聚类、关联和定量定性预测等挖掘方法。

1. 大数据挖掘的定义

大数据挖掘是从大型数据集(可能是不完全的、有噪声的、不确定性的、各种存储形式的)中,挖掘出隐含在其中的、人们事先不知的、对决策有用的知识与信息的过程。

2. 大数据挖掘是知识发现过程的一个步骤

知识发现是从数据中辨别有效的、新颖的、潜在有用的、最终可理解的模式的过程,数据挖掘是通过特定算法在可接受的计算效率内生成特定模式的一个步骤。

3. KDD 是数据挖掘的一个特例

大数据挖掘系统可以在关系数据库、事务数据库、数据仓库、空间数据库、文本数据以及 Web 等多种数据组织形式中挖掘知识,而在数据库中的知识发现(Knowledge Discovery in Databases,KDD)只是数据挖掘的一个方面。

10.1.3 数据挖掘的理论基础

数据挖掘方法可以是一般到特殊的演绎过程,也可以是特殊到一般的归纳过程。数据挖掘的理论基础如下。

1. 模式架构

在模式架构下,数据挖掘过程是从源数据集中发现知识模式的过程。

2. 规则架构

数据挖掘目标主要包括分类、关联及序列,规则架构给出了统一的挖掘模型和规则发现过程中的基本运算集建模和发现规则的方法。

3. 概率和统计理论

统计学已在数据挖掘中得到广泛的应用。从概率和统计理论角度来说,数据挖掘是从大量源数据集中发现随机变量的概率分布情况的过程,现已在分类和聚类的应用中取得了很好的成果。

4. 微观经济学观点

数据挖掘技术是一个问题的优化过程。基于微观经济学框架的判断模式价值的理论体系指出:如果一个知识模式对一个企业是有效的,那么它就是有趣的。有趣的模式发现是一个新的优化问题,可以根据基本的目标函数,对被挖掘的数据的价值提供一个特殊的算法视角,导出优化的企业决策。

5. 数据压缩理论

数据挖掘也是数据压缩的过程,关联规则、决策树、聚类等算法实际上都是对大数据的不断概念化或抽象的压缩过程。利用最小描述长度原理可以评价一个压缩方法的优劣。

6. 基于归纳数据库理论

在基于归纳框架下,数据挖掘技术是对数据库进行归纳。一个数据挖掘系统必须具有原始数据库和模式库,数据挖掘的过程也就是归纳的数据查询过程。

7. 可视化数据挖掘

可视化数据挖掘需要结合其他相关技术和方法。以可视化数据处理为中心来实现数据挖掘的交互式过程可以更好地、更直观地展示挖掘结果。

10.1.4 基于数据存储方式的数据挖掘

数据挖掘可以在任何存储数据的环境中挖掘,但是挖掘方法将因数据源的存储类型的不同而有所不同。由于数据存储类型多而复杂,所以除了提出通用模型与构架之外,也提出了针对复杂或新型数据存储方式下的挖掘模型与算法,例如大数据的挖掘模型与算法。常用的事务数据库和数据仓库中的数据挖掘介绍如下。

1. 事务数据库中的数据挖掘

从事务数据库中发现知识是数据挖掘中开展较早的研究。通过特定的方法对事务数据库进行挖掘,可以获得动态行为所蕴藏的知识模式。从数据库挖掘的介绍如下。

1) 关系数据库中的数据挖掘

关系数据库中的数据挖掘是指从一个关系数据库中,根据挖掘目标获得需要的知识类型或模式。

2) 多维知识挖掘

事务数据库挖掘的知识一般是一维的知识。多维的知识获得更为重要,多维数据库可以成为多维数据挖掘的理想载体。

3）多表挖掘和数量数据挖掘

传统的事务数据库挖掘算法一般基于单表，在关系数据库挖掘中必须考虑多表的挖掘技术。另外，在关系数据库中的非离散的数量属性向传统的数据挖掘方法提出了新的挑战。

4）多层广义知识挖掘

多层次广义知识挖掘是指在一定的背景知识下，一个关系数据库可以在多个概念层次上来挖掘相关的知识。

5）约束数据挖掘

为了提高挖掘效率和准确度，数据挖掘系统应在用户的约束下进行工作。在可视化和交互式数据挖掘中，使用和输入用户约束是可视化和交互式挖掘的前提。对关系数据库而言，由于它的属性的复杂性、属性关联的蕴涵存储以及多表或多层次概念等问题，约束数据挖掘更为重要。

2. 基于数据仓库中的大数据挖掘

数据仓库中的数据是面向主体的，存储的数据可以从历史的观点提供信息。如果一个数据仓库模型具有多维数据模型或多维数据立方体模型支撑，那么基于多维数据立方体的操作算子，就可以达到高效率的计算和快速存取。数据仓库辅助工具可以帮助完成数据分析。

随着数据仓库技术的出现，出现了联机分析处理应用，追求基于大型数据集的高级分析应用。数据挖掘注重数据分析后所形成的知识表示模式，注重利用多维等高级数据模型实现数据的聚合。

1）在关系模型基础上发展的新型数据库中的数据挖掘

面向对象数据库、对象-关系型数据库以及演绎等新型数据库也成为数据挖掘的新研究对象。随着数据库技术的发展，新型数据库系统的产生与发展是为了满足新的应用需求。在这些新型数据库系统上的数据挖掘成为挑战性课题。

2）新型数据源中的数据挖掘

面向新型应用的数据库，如空间数据库、时态数据库、工程数据库和多媒体数据库，面向大数据的 NoSQL 数据库和 NewSQL 数据库等，现已得到了快速的发展。这些新型应用需要处理和分析空间数据、时态数据、工程设计数据和多媒体数据等，需要高效的数据结构和可用的处理复杂结构、长变量记录、半结构或无结构数据的方法。例如，股票数据记录了随时间变化的数据序列，通过它可以挖掘出数据的发展趋势，进而可以帮助制定正确的投资战略。在这些数据集或数据库上的知识发现工作为数据挖掘提供了丰富的开发基础与源泉。

3. Web 数据源中的数据挖掘

在大数据中，非结构化数据或半结构化数据占 85% 以上。随着互联网的广泛应用，出现了大量在线文本，开发一种工具能协助用户从非结构或半结构型数据中抽取关键概念以及快速而有效地发现所需信息，这将是一个非常重要的研究领域。Web 的数据挖掘是一项复杂的技术，必须面对下述问题。

1) 异构数据源环境

Web 网站上的信息是一个更大、更复杂的数据体。如果把 Web 上的每一个站点信息看作是一个数据源,那么这些数据源是异构的。因为每个站点的信息和组织不同,需要研究站点之间异构数据的集成问题,其次,还要解决 Web 上的数据搜索问题。

2) 半结构化的数据

Web 数据是半结构化的数据,面向 Web 的数据挖掘必须以半结构化模型和半结构化数据模型抽取技术为基础。针对 Web 上的数据半结构化的特点,除了要定义一个半结构化数据模型外,还需要半结构化模型数据抽取技术。

3) 动态变化的应用环境

Web 应用环境的动态变化主要表现如下。

(1) 信息频繁变化。例如新闻、股票等信息实时更新,页面的动态链接和随机存取的高频变化。

(2) 用户难以预测。用户具有不同的知识背景、兴趣以及访问目的。

(3) 高噪声的数据环境。不超过 1% 的 Web 站点信息与特定挖掘主题相关,其他的可视为噪声,Web 数据挖掘需要克服高噪声。

10.2　关　联　规　则

关联规则具有实用价值,这里主要介绍关联规则的频繁项集生成和强规则生成的概念与方法。

10.2.1　关联规则生成描述

应用关联规则进行挖掘可以发现数据集中的不同项之间的联系规则。一个事务数据库中的关联规则挖掘描述如下:

设 $I = \{i_1, i_2, \cdots, i_m\}, i \in [1, m]$ 为项(Item)的集合,$D = \{T_1, T_2, \cdots, T_n\}, i \in [1, n]$ 为事务数据集,事务 T_i 由 I 中若干项组成。

设 s 为由项组成的一个集合,$s = \{i \mid i \in I\}$ 简称项集。包含 k 个项的项集称为 k-项集。主要定义如下。

1. 频繁项集

设 t 为一条事务,如果 $s \subseteq t$,则称事务 t 包含 s。

s 的支持度:

$$Sup(s) = (包含 s 的事务数量 / D 中总的事务数量) \times 100\%$$

如果 s 的支持度大于或等于给定的最小支持度,称 s 为频繁项集(frequent itemset)。支持度其实就是概率论中的频次,支持度阈值指分辨频繁项集的临界值。

频繁项集:如果 I 是一个项集,且 I 的出现频次(即支持度)大于或等于支持度阈值,则 I 是频繁项集。

2. 超集

若一个集合 S_2 中的每一个元素都在集合 S_1 中,且集合 S_1 中可能包含 S_2 中没有的元素,则集合 S_1 就是 S_2 的一个超集。如果 S_1 是 S_2 的超集,则 S_2 是 S_1 的真子集,反之亦然。

例如,现在有项集 $S_1=\{b,c\}$,那么它就是 $\{b\}$、$\{c\}$ 的超集。S_1 也是 $\{a,b,c\}$ 的真子集。

3. 最大频繁项集

频繁项集是最大频繁项集的子集。最大频繁项集中包含了频繁项集的频繁信息,且通常项集的规模要小几个数量级。所以在数据集中含有较长的频繁模式时挖掘最大频繁项集是非常有效的手段。最大频繁项集是各频繁 k 项集中符合无超集条件的频繁项集。

4. 可信度

一个定义在 I 和 D 上的形如 $I_1 \Rightarrow I_2$ 的关联规则通过满足一定的可信度(Confidence)来给出。规则的可信度是指包含 I_1 和 I_2 的事务数与包含 I_1 的事务数之比,即

$$Confidence(I_1 \Rightarrow I_2) = s(I_1 \bigcup I_2)/s(I_1)$$

其中,$I_1,I_2 \subseteq I, I_1 \bigcap I_2 = \varnothing$。

关联规则的可信度计算为 $Confidence = I \bigcup \{j\}/I$。

5. 强关联规则

D 在 I 上满足最小支持度和最小信任度的关联规则称为强关联规则。

给定一个事务数据库,关联规则挖掘过程就是通过用户指定最小支持度和最小可信度来寻找强关联规则的过程,主要解决下述两个子问题。

(1) 发现频繁项目集。通过用户给定的最小支持度,寻找所有频繁项目集,频繁项目集是满足不小于最小支持度的所有项目子集。如果频繁项目集具有包含关系,只关心那些不被其他频繁项目集所包含的最大频繁项目集的集合,发现所有的频繁项目集是形成关联规则的基础。

(2) 生成关联规则。通过用户给定的最小可信度,在每个最大频繁项目项目集中,寻找不小于最小可信度的关联规则。

上述的两个问题中的第 2 个子问题比第 1 个子问题相对简单,强关联规则基本由第 1 个子问题所决定。

6. 项集的单调性

如果项集 I 是频繁的,那么它的所有子集也都是频繁的。这个规律的推论就是:频繁一元组的个数>频繁二元组的个数>频繁三元组的个数,这就是项集的单调性。

10.2.2 频繁项目集生成算法

基于项目集空间理论构建了经典发现频繁项目集算法,并引入数据分割、哈希技术,提出了改进的频繁项目集生成算法。

1. 项目集格空间理论

项目集格空间理论的核心是:频繁项目集的子集是频繁项目集;非频繁项目集的超集是非频繁项目集。不难看出,如果项目集 X 是频繁项目集,那么它的所有非空子集也都是频繁项目集;如果项目集 X 是非频繁项目集,那么它的所有超集也都是非频繁项

目集。

基于上述结果所建立的 Apriori(发现频繁项目集)算法已成为关联规则挖掘的经典算法而被广泛应用。

2. 经典发现频繁项目集算法

Apriori 算法是经典发现频繁项目集算法,Apriori 算法描述如下,其中 D 为数据集, minsup_count 为最小支持数,L 为频繁项集。D 为输入,L 为输出。

```
L1={large 1-itemsets};           //所有支持度不小于 minsupport 的 1-项目集
FOR (k=2; L_{k-1}≠Φ; k++) DO BEGIN
    C_k=apriori-gen(L_{k-1});       //C_k 是 k 个元素的候选集
    FOR all transactions t∈ D DO BEGIN
      C_t=subset(C_k,t);          //C_t 是所有 t 包含的候选集元素
      FOR all candidates c∈ C_t DO c.count++;
    END
    L_k={c∈ C_k|c.count≥minsup_count}
    END
L=∪L_k;
```

在上述算法中,调用了 apriori-gen(L_{k-1}),可为通过$(k-1)$频繁项目集产生 k-候选集。$(k-1)$频繁项目集(L_{k-1})为输入,k-候选项目集 C_k 为输出。apriori-gen(L_{k-1})候选集产生过程描述如下:

```
FOR all itemset p∈ L_{k-1} DO
  FOR all itemset q∈ L_{k-1} DO
    IF p.item_1=q.item_1,p.itemk_2=q.item_2,…,q.item_{k-2}=q.item_{k-2},p.item_{k-1}<
q.item_{k-1}THEN BEGIN
c=p∞q;                  //把 q 的第 k-1 个元素连到 p 后
    IF has_infrequent_subset(c,L_{k-1})   THEN
        delete c;        //删除含有非频繁项目子集的候选元素
ELSE add c to C_k;
    END
Return C_k;
```

在上述算法中,调用 has_infrequent_subset(c,L_{k-1})的作用是判断 c 是否需要加入 k-候选集中。根据项目集空间理论,由于含有非频繁项目子集的元素不可能是频繁项目集,因此应该及时裁减掉那些含有非频繁项目子集的项目集,以提高效率。例如,如果 $L_2=\{AB,AD,AC,BD\}$,对于新产生的元素 ABC 不需要加入 C_3 中,因为它的子集 BC 不在 L_2 中;而 ABD 应该加入 C_3 中,因为它的所有 2-项子集都在 L_2 中。输入一个 k-候选项目集 c,$(k-1)$-频繁项目集 L_{k-1},是否从候选集中删除输出 c 的判断的算法如下。

```
FOR all(k-1)-subsets of c DO
IF s∉ L_{k-1}THEN  Return TURE;
Return FALSE;
```

Apriori 算法通过项目集元素数目不断增长来逐步完成频繁项目集发现。首先产生

1-频繁项目集 L_1，然后是 2-频繁项目集 L_2，直到不再能扩展频繁项目集的元素数目而止。在第 k 次循环中，过程先产生 k-候选项目集的集合 C_k，然后通过扫描数据库生成支持度并测试产生 k-频繁项目集 L_k。输入频繁项目集和最小信任度 minconf。从给定的频繁项目集中生成强关联规则算法如下。

```
Rule-generate(L,minconf)
    FOR each frequent itemset lₖ in L
        genrules(lₖ,lₖ);
```

上述算法的核心是 genrules 递归过程，实现了一个频繁项目集中所有强关联规则的生成。

递归测试一个频繁项目集中的关联规则算法如下。

```
genrules(lₖ: frequent k-itemset,xₘ: frequent m-itemset)
    X={(m-1)-itemsets xₘ₋₁| xₘ₋₁ in xₘ};
    FOR each xₘ₋₁ in X BEGIN
conf=support(lₖ)/support(xₘ₋₁);
    IF(conf≥minconf) THEN BEGIN
        print the rule "xₘ₋₁⇨(lₖ-xₘ₋₁),with support=support(lₖ),confidence=conf";
IF(m-1>1) THEN //generate rules with subsets of xₘ₋₁ as antecedents
genrules(lₖ,xₘ₋₁);
    END
END;
```

由于 X_1 是项目集 X 的一个子集，如果规则 $X \Rightarrow (l-X)$ 不是强规则，那么 $X_1 \Rightarrow (l-X_1)$ 一定不是强规则。在生成关联规则中，利用这个定理可以用已知的结果来有效避免测试不是强规则的检测。例如，上面的例子中，在已经知道 $BC \Rightarrow AD$ 不是强关联规则时，就可以断定所有形如 $B \Rightarrow *$ 和 $C \Rightarrow *$ 的规则一定不是强关联规则，因此在此之后的测试中就不必再考虑这些规则，提高了效率。

又由于 X_1 是项目集 X 的一个子集，如果规则 $Y \Rightarrow X$ 是强规则，那么规则 $Y \Rightarrow X_1$ 一定也是强规则。可以在生成关联规则中利用已知的结果来有效避免测试肯定是强规则，也将保证注意最大频繁项目集的合理性。实际上，因为其他频繁项目集生成的规则的右项一定包含在对应的最大频繁项目集生成的关联规则的右项中，所以只需要从所有最大频繁项目集出发去测试可能的关联规则即可。

3. Apriori 的改进算法

为了提高 Apriori 算法的效率，引入了数据分割、哈希（Hash）等技术，改进了 Apriori 算法的适应性和效率。数据分割、哈希技术是分布计算经常采用的技术。

1）数据分割的方法

应用数据分割方法的基本思想是，首先把大容量数据库从逻辑上分成几个互不相交的块，每块应用挖掘算法（如 Apriori 算法）生成局部的频繁项目集；然后把这些局部的频繁项目集作为候选的全局频繁项目集，通过测试其支持度来得到最终的全局频繁项目集。这种方法的优势如下。

（1）合理利用主存空间。I/O 支付的代价昂贵，大数据集无法将全部数据一次导入内存。数据分割为块内数据一次性导入内存提供了机会，因而提高了对大容量数据集的挖掘效率。

（2）支持并行挖掘算法。由于引入数据分割技术，每个分块的局部频繁项目集挖掘独立生成，因此可以把分块内的局部频繁项目集的生成工作分配给不同的处理器完成，提供了并行数据挖掘算法的良好机制。

2）哈希技术

哈希（Hash）技术又称为散列技术，基于哈希技术的频繁项目集的生成算法寻找频繁项目集的计算，主要是生成 2-频繁项目集，这种方法将扫描的项目放到不同的 Hash 桶中，每对项目最多只可能在一个特定的桶中。这样可以对每个桶中的项目子集进行测试，减少了候选集生成的代价。基于这种思想可以扩展到任何的 k-频繁项目集生成。

4. 关联规则挖掘质量

关联规则挖掘主要使用"支持度-可信度"度量机制。如果不加限制条件将产生大量的、并不是对用户都有用的规则，为此，需要从下述三方面综合考虑关联规则挖掘的效果。

- 准确性：挖掘出的规则必须要在一定的可信度之内。
- 实用性：挖掘出的规则必须简洁可用，而且针对挖掘目标。
- 新颖性：挖掘出的关联规则可以为用户提供新的有价值信息。

1）用户主观层面

因为用户决定规则的有效性与可行性，所以应将用户需求与系统紧密结合。约束数据挖掘可以为用户参与知识发现工作提供一种有效的机制。

用户可以在不同的层面、不同的阶段，使用不同的方法来主观设定约束条件。数据挖掘中常用的约束类型如下。

（1）知识类型的约束。对于不同的商业应用问题，特定的知识类型可能更能反映问题。一个多策略的知识发现工具可以提供多种知识表示模式，所以需要针对应用问题选择有效的知识表达模式。

（2）数据的约束。对数据的约束可以减少数据挖掘算法所用的数据量，提高数据质量。可以对用户指定的数据进行挖掘，通过数据抽取，将粗糙的、混杂的庞大源数据集逐步压缩到与任务相关的数据集上。

（3）维/层次约束。从不同粒度挖掘出来的知识可能存在冗余问题，由于维数不加限制也可能引起挖掘效率低下等问题。因此，可以限制聚焦的维数或粒度层次，也可以针对不同的维设置约束条件。

（4）知识内容的约束。可以通过限定需要挖掘的知识的内容，减少探索的代价和加快知识的形成过程。

（5）针对具体知识类型的约束。不同的知识类型在约束形式和使用上存在差异，因此需要对具体知识类型进行约束挖掘和实现机制。例如，对于关联规则挖掘，使用指定要挖掘的规则形式（如规则模板）等。

2）系统客观层面

使用"支持度-可信度"的关联规则挖掘度量框架，在客观上也可能出现与事实不相符的结果，为此，可以引入新的度量机制和重新认识关联规则的系统客观性来改善挖掘质量。

10.3 分 类

分类是数据挖掘、机器学习和模式识别中一个重要的研究领域。分类是一个经典的科学问题，现已积累了大量有效的分类方法。

10.3.1 分类的定义与典型的分类算法

1. 分类的定义

给定一个数据集 $D=\{t_1, t_2, \cdots, t_n\}$ 和一组类 $C=\{C_1, C_2, \cdots, C_m\}$，分类是确定一个映射 $f: D \rightarrow C$，每个数据 t_i 被分配到一个类中。一个类 C_j 包含映射到该类中的所有数据，即 $C_j=\{t_i \mid f(t_i)=C_j, 1 \leqslant i \leqslant n,$ 而且 $t_i \in D\}$。

2. 常用的分类算法

解决分类问题的方法很多，单一的分类方法主要包括决策树、贝叶斯、人工神经网络、k-近邻、支持向量机和基于关联规则的分类等。另外还有用于组合单一分类方法的集成学习算法，如 Bagging 和 Boosting 等。

通过对当前数据挖掘中具有代表性的优秀分类算法进行分析和比较，总结出了各种算法的特性，为使用者选择算法或改进算法提供了依据。

1）决策树

决策树是用于分类和预测的主要技术之一，决策树学习是以实例为基础的归纳学习算法，它着眼于从一组无次序、无规则的实例中推理出以决策树表示的分类规则。构造决策树的目的是找出属性和类别间的关系，用它来预测将来未知类别记录的类别。它采用自顶向下的递归方式，在决策树的内部节点进行属性的比较，并根据不同属性值判断从该节点向下的分支，在决策树的叶节点得到结论。

主要的决策树算法有 ID3、C4.5(C5.0)、CART、PUBLIC、SLIQ 和 SPRINT 等。它们在选择测试属性采用的技术，生成的决策树的结构，剪枝的方法以及时刻，能否处理大数据集等方面都有各自的不同之处。

2）人工神经网络

人工神经网络(Artificial Neural Networks，ANN)是一种应用类似于大脑神经突触连接的结构进行信息处理的数学模型。在这种模型中，大量的节点(或称"神经元"或"单元")之间相互连接构成神经网络，以达到处理信息的目的。神经网络通常需要进行训练，训练的过程就是网络进行学习的过程。训练改变了网络节点的连接权的值使其具有分类的功能，经过训练的网络就可用于对象的识别。

神经网络已有上百种不同的模型，常见的有 BP 网络、径向基 RBF 网络、Hopfield 网络、随机神经网络(Boltzmann 机)、竞争神经网络(Hamming 网络，自组织映射网络)等。

3）支持向量机

支持向量机（Support Vector Machine，SVM）是根据统计学习理论提出的一种学习方法，它的最大特点是根据结构风险最小化准则，以最大化分类间隔构造最优分类超平面来提高学习机的泛化能力，较好地解决了非线性、高维数、局部极小点等问题。对于分类问题，支持向量机算法根据区域中的样本计算该区域的决策曲面，由此确定该区域中未知样本的类别。

4）VSM 法

VSM 法即向量空间模型（Vector Space Model）法，其基本思想是将文档表示为加权的特征向量，然后通过计算文本相似度的方法来确定待分样本的类别。当文本被表示为空间向量模型时，文本的相似度就可以借助特征向量之间的内积来表示。

在应用中，VSM 法一般事先依据语料库中的训练样本和分类体系建立类别向量空间。当需要对一个待分样本进行分类的时候，只需要计算待分样本和每一个类别向量的相似度即内积，然后选取相似度最大的类别作为该待分样本所对应的类别。

5）贝叶斯

贝叶斯（Bayes）分类算法是一类利用概率统计知识进行分类的算法，如朴素贝叶斯（Naive Bayes）算法。这些算法主要利用 Bayes 定理来预测一个未知类别的样本属于各个类别的可能性，选择其中可能性最大的一个类别作为该样本的最终类别。由于贝叶斯定理的成立本身需要一个很强的条件独立性假设前提，而此假设在实际情况中经常是不成立的，因而其分类准确性就会下降。为此出现了许多降低独立性假设的贝叶斯分类算法，它是在贝叶斯网络结构的基础上增加属性对之间的关联来实现的算法。

6）k-近邻

k-近邻（k-Nearest Neighbors，k-NN）算法是一种基于实例的分类方法。该方法就是找出与未知样本 x 距离最近的 k 个训练样本，这 k 个样本中多数属于哪一类，就把 x 归为那一类。k-近邻方法是一种懒惰学习方法，它存放样本，直到需要分类时才进行分类，如果样本集比较复杂，可能会导致很大的计算开销，因此无法应用到实时性很强的场合。

7）基于关联规则的分类

关联规则挖掘是数据挖掘中一个重要的研究领域。关联分类方法一般由两步组成：第一步用关联规则挖掘算法从训练数据集中挖掘出所有满足指定支持度和置信度的类关联规则；第二步使用启发式方法从挖掘出的类关联规则中挑选出一组高质量的规则用于分类。关联分类的算法主要包括 CBA[44]、ADT、CMAR 等。

8）集成学习

实际应用的复杂性和数据的多样性往往使得单一的分类方法不够有效。因此，对多种分类方法的融合即集成学习进行了广泛的研究。集成学习已成为机器学习界的研究热点，并被称为当前机器学习四个主要研究方向之一。

集成学习是一种机器学习范式，它试图通过连续调用单个的学习算法，获得不同的基学习器，然后根据规则组合这些学习器来解决同一个问题，可以显著地提高学习系统的泛化能力。组合多个基学习器主要采用（加权）投票的方法，常见的算法有装袋，提升/推进等。

在没有更多背景信息给出时,如果追求预测的准确程度,一般使用支持向量机(SVM),如果要求模型可以解释,一般使用决策树。使用 SVM 时选择高斯核(RBF kernel),同时要用交叉验证(cross validation)选择合适的模型参数。

10.3.2　分类的基本步骤

1. 建立模型

模型建立的过程也就是向样本数据学习的过程,随机地从样本集中抽取,对于小样本技术,越随机,则学习效果越好。每个学习样本还有一个特定的类标签与之对应。由于提供了每个学习样本的类标号,该步也称作有指导的学习。它不同于无指导的聚类学习,聚类的每个学习样本的类标号是未知的,要学习的类集合或数量也可能事先不知道。通常学习模型使用分类规则、决策树或数学公式的形式提供。这些规则可以用来为以后的数据样本分类,也能对数据库的内容提供更好的理解。

2. 使用模型进行分类

使用模型进行分类的过程是对类标号未知的数据进行分类的过程,首先评估模型预测准确率。保持方法是一种使用类标号样本测试集的简单方法。这些样本随机选取,并独立于学习样本。模型在给定测试集上的准确率是正确被模型分类的测试样本的百分比。对于每个测试样本,将已知的类标号与该样本的学习模型进行类的预测比较。如果模型的准确率根据学习数据集评估,评估可能是乐观的,因为学习模型倾向于过分拟合数据。

10.3.3　k-近邻分类算法

k-近邻分类算法存在一个样本数据集合,也称作训练样本集,并且样本集中每个数据都存在标签,就是每一个样本都有一个标签与之对应。输入没带标签的新数据之后,将新数据的每个特征与样本集中数据对应的特征进行比较,然后提取样本集中特征最相似数据(最近邻)的分类标签,然后给新数据添加该标签。只选择样本数据集中前 k 个最相似的数据,最后选择 k 个最相似数据中出现次数最多的类别作为新数据的类别。上述内容举例说明如图 10-1 所示。

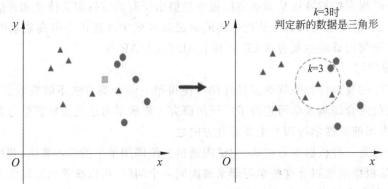

图 10-1　k-近邻分类算法

假定新加入了一个正方形,现在要判定它是属于三角形还是属于圆形。首先根据找出距离正方形最近的图形,然后根据它们离正方形的距离进行排序,再根据确定的 k 值进行划分,选出离目标最近的 k 个图形,然后判定在 k 中哪类图形占多数,则将该目标归为占多数的哪一类。在图中,当 $k=3$ 时,正方形归为三角形类。

k-近邻分类算法的结果很大程度取决于 k 的选择,其中 k 通常是不大于 20 的整数。k-近邻算法中,所选择的邻居都是已经正确分类的对象。该方法在定类决策上只依据最邻近的一个或者几个样本的类别来决定待分样本所属的类别。

1. 距离度量

因为在各种不同的环境下采用 k-近邻分类算法,度量变量距离也有许多种不同的算法。免了对象之间的匹配问题,在 k-近邻分类算法中一般采用的是欧氏距离或曼哈顿距离。

2. 实现算法

k-近邻分类算法具体描述如下:

```
输入:训练数据
     最近邻数目 k
     待分类的元组 t
输出:输出类别 c
N={}
FOR each d∈T DO BEGIN
    IF |N|≦K THEN
        N=N∪{d}
    ELSE
        IF ∃ u∈N such that sim(t, u)<sim(t,d) THEN
        BEGIN
            N=N-{u};
            N=N∪{d};
        END
END
```

应用 k-近邻分类算法的过程如下。

收集数据→处理数据(标准化)→分析数据→训练算法→测试算法→使用算法。

k-近邻分类算法的 Python 代码如下:

```python
import numpy as np
import operator

def c_datasets():              #创建数据集代码
sets=np.array([[1.0,1.1],[1.0,1.0],[0,0],[0,0.1]])
labels=['A','A','B','B']
return sets,labels
true=1                        #K-近邻分类算法代码
#inX:输入向量; dataSet:训练样本集; labels:标签向量 k=最近邻居个数;其中标签元素数
```

```
#目和矩阵 dataSet 的行数相同
def class_01(inX,dataSet,labels,k):
dataSetSize=dataSet.shape[0]                    #行数
#计算欧式距离
d-Mat=tile(inX,(dataSetSize,1))-dataSet         #扩展 dataSet 行,分别相减,形成
                                                //(x1-x2)矩阵
sqD-Mat=d-Mat * * 2
sqDistances=sqD-Mat.sum(axis=1)
distances=sqDistances * * 0.5
sortedDistIndicies=distances.argsort()          #从小到大排序,获得索引值(下标)
#选择距离最小的 k 个点
class-Count={}
for i in range(k):
voteIlabel=labels[sortedDistIndicies[i]]
class-Count[voteIlabel]=class-Count.get(voteIlabel,0) +1
#排序
sorted-Class-Count=sorted(class-Count.items(),key=operator.itemgetter(1),
reverse=true)
return sorted-Class-Count[0][0]
```

测试程序如下:

```
import KNN
from numpy import *
dataSet,labels=KNN.c_datasets()
inX=array([0,0.3])
k=3
output=KNN.class_01(inX,dataSet,labels,k)
print("测试数据为:",inX,"分类结果为: ",output)
```

程序运行结果如下。

测试数据为:[0,0.3],分类结果为: B

10.4　聚　类　方　法

　　将物理或抽象对象的集合分成由类似的对象组成的多个类的过程被称为聚类。由聚类所生成的簇是一组数据对象的集合,这些对象与同一个簇中的对象彼此相似,与其他簇中的对象相异。聚类与分类不同,聚类所要求划分的类是未知的。聚类分析内容非常丰富,有系统聚类法、有序样品聚类法、动态聚类法、模糊聚类法、图论聚类法、聚类预报法等。在数据挖掘中,聚类也是很重要的一个概念。

10.4.1　聚类的概念

　　聚类分析又称群分析,它是研究(样品或指标)分类问题的一种统计分析方法,同时也

是数据挖掘的一个重要算法。聚类分析是由若干模式组成的,通常,模式是一个度量的向量,或者是多维空间中的一个点。聚类分析以相似性为基础,在一个聚类中的模式之间比不在同一聚类中的模式之间具有更多的相似性。

聚类分析的输入可以用一组有序对 (X, s) 或 (X, d) 表示,X 表示一组样本,s 和 d 分别是度量样本间相似度或相异度(距离)的标准。聚类系统的输出是一个分区,如果 $C = \{C_1, C_2, \cdots, C_k\}$,其中 $C_i (i = 1, 2, \cdots, k)$ 是 X 的子集,满足下述条件:

$$C_1 \bigcup C_2 \bigcup, \cdots, \bigcup C_k = X$$
$$C_i \bigcap C_j = \varnothing, \quad i \neq j$$

C 中的成员 $C_1, C_2, \cdots, C_K$ 称为类,每一个类都是通过一些特征描述的,通常有下述表示方式:

(1) 通过它们的中心或类中关系远的(边界)点表示空间的一类点;

(2) 使用聚类树中的节点图形化地表示一个类;

(3) 使用样本属性的逻辑表达式表示类。

用中心表示一个类是最常见的方式,当类是紧密的或各向同性时用这种方法非常好。然而,当类是伸长的或向各方向分布异性时,这种方式就不能正确地表示。

聚类的用途广泛,在商业推荐系统上,聚类可以帮助市场分析人员从消费者数据库中区分出不同的消费群体,并且概括出每一类消费者的消费模式或者说习惯。它作为数据挖掘中的一个模块,可以作为一个单独的工具以发现数据库中分布的一些深层的信息,并且概括出每一类的特点,或者把注意力放在某一个特定的类上以做进一步的分析。并且,聚类分析也可以作为数据挖掘算法中其他分析算法的一个预处理步骤。

10.4.2　聚类算法的特点

1. 可伸缩性

许多聚类算法在小数据集合上效果很好,但是,一个大规模数据集可能包含几百万个数据,在这样的大数据集合样本上进行聚类可能导致有偏差的结果。因此,需要具有高度可伸缩性的聚类算法。

2. 不同属性

许多算法用来聚类数值类型的数据。但是,有的应用还要求聚类其他类型的数据,例如二元类型、分类/标称类型、序数型数据,或者这些数据类型的混合。

3. 任意形状

许多聚类算法基于欧几里得或者曼哈顿距离度量来决定聚类,基于这样的距离度量的算法趋向于发现具有相近尺度和密度的球状簇。但是,一个簇可能是任意形状的,需要能发现任意形状簇的算法。

4. 领域最小化

许多聚类算法在聚类分析中要求用户输入一定的参数,例如希望产生的簇的数目。聚类结果对于输入参数十分敏感,特别是对于包含高维对象的数据集,参数通常很难确定。这样不仅加重了用户的负担,也使得聚类的质量难以控制。

5. 处理噪声

绝大多数现实中的数据库都包含了离群点、缺失，或者错误的数据。一些聚类算法对于这样的数据敏感，可能导致低质量的聚类结果。

6. 记录顺序

一些聚类算法对于输入数据的顺序敏感。例如，同一个数据集合，当以不同的顺序交给同一个算法时，可能生成差别很大的聚类结果。开发对数据输入顺序不敏感的算法具有重要的意义。

7. 高维度

一个数据库或者数据仓库可能包含若干维或者属性。许多聚类算法擅长处理低维的数据，仅涉及二到三维。人类的眼睛在最多三维的情况下能够很好地判断聚类的质量。在高维空间中聚类数据对象是非常有挑战性的工作，特别是考虑到这样的数据可能分布非常稀疏，而且高度偏斜。

8. 基于约束

现实世界的应用可能需要在各种约束条件下进行聚类。假设工作是在一个城市中为给定数目的自动提款机选择安放位置，为了做出决定，可以对住宅区进行聚类，同时考虑如城市的河流和公路网，每个地区的客户要求等情况。要找到既满足特定的约束，又具有良好聚类特性的数据分组是一项具有挑战性的任务。

9. 解释性

用户希望聚类结果是可解释的、可理解的和可用的。也就是说，聚类需要特定的语义解释和应用相联系，应用目标如何影响聚类方法的选择也是一个重要的研究课题。

10.4.3 聚类算法分类

常用的聚类算法分类主要有如下几种。

1. 聚类算法划分法

划分法是给定一个有 N 个元组或者纪录的数据集，分裂法将构造 K 个分组，每一个分组就代表一个聚类，$K < N$。使用这个基本思想的算法有 K-MEANS 算法、K-MEDOIDS 算法、CLARANS 算法。

2. 聚类算法层次法

层次法(hierarchical methods)对给定的数据集进行层次似的分解，直到某种条件满足为止。具体又可分为自底向上和自顶向下两种方案。

例如，在自底向上方案中，初始时每一个数据纪录都组成一个单独的组，在接下来的迭代中，它把那些相互邻近的组合并成一个组，直到所有的记录组成一个分组或者某个条件满足为止。

层次聚类方法可以是基于距离的或者基于密度或连通性的。层次聚类方法的一些扩展也考虑了子空间聚类。层次方法的缺陷在于，一旦一个步骤(合并或分裂)完成，它就不能被撤销。这个严格规定是有用的，因为不用担心不同选择的组合数目，它将产生较小的计算开销。然而这种技术不能更正错误的决定。已经提出了一些提高层次聚类质量的方法。代表算法有 BIRCH、CURE、CHAMELEON 等。

3. 聚类算法密度算法

基于密度的方法(density-based methods)与其他方法的一个根本区别是它不是基于各种各样的距离,而是基于密度的。这样就能克服基于距离的算法只能发现类圆形的聚类的缺点。这个方法的指导思想就是,只要一个区域中的点的密度大于某个阈值,就把它加到与之相近的聚类中去。这类算法主要有 DBSCAN、OPTICS、DENCLUE 等。

4. 聚类算法图论聚类法

图论聚类方法解决的第一步是建立与问题相适应的图,图的节点对应于被分析数据的最小单元,图的边(或弧)对应于最小处理单元数据之间的相似性度量。因此,每一个最小处理单元数据之间都会有一个度量表达,这就确保了数据的局部特性比较易于处理。图论聚类法是以样本数据的局域连接特征作为聚类的主要信息源,因而其主要优点是易于处理局部数据。

5. 聚类算法网格算法

基于网格的方法首先将数据空间划分成为有限个单元的网格结构,所有的处理都是以单个的单元为对象。这么处理的一个突出的优点就是处理速度很快,通常这是与目标数据库中记录的个数无关的,它只与把数据空间分为多少个单元有关。代表算法有 STING、CLIQUE、WAVE-CLUSTER 等。

6. 聚类算法模型算法

基于模型的方法是给每一个聚类假定一个模型,然后去寻找能够很好地满足这个模型的数据集。这样一个模型可能是数据点在空间中的密度分布函数或者其他。它的一个潜在的假定就是目标数据集是由一系列的概率分布所决定的。通常有两种尝试方向:统计的方案和神经网络的方案。

10.4.4　距离与相似性的度量

聚类分析过程的质量取决于对度量标准的选择,为了度量对象之间的接近或相似程度,需要定义一些相似性度量标准。用 $s(x,y)$ 表示样本 x 和样本 y 的相似度,当 x 和 y 相似时,$s(x,y)$ 的取值大;当 x 和 y 不相似时,$s(x,y)$ 的取值小。相似度的度量具有自反性 $s(x,y)=s(y,x)$。对于大多数聚类方法,相似性度量标准被标准化为 $0 \leqslant s(x,y) \leqslant 1$。

在通常情况下,聚类算法不是计算两个样本间的相似度,而是用特征空间中的距离作为度量标准来计算两个样本间的相异度。对于某个样本空间来说,距离的度量标准可以是度量的或半度量的,以便用来量化样本的相异度。相异度的度量用 $d(x,y)$ 来表示,通常称相异度为距离。当 x 和 y 相似时,距离 $d(x,y)$ 的值很小,当 x 和 y 不相似时,$d(x,y)$ 的值就很大。

下面介绍距离函数和类间距离的判断方法。

1. 距离函数

在定义样本之间距离测量时,需要满足距离公理的四个条件:自相似性、最小性、对称性以及三角不等式,常用的距离函数有以下 4 种。

(1) 明可夫斯基距离。

(2) 二次型距离。

（3）余弦距离。

（4）二元特征样本的距离度量。

2. 类间距离

设有两个类 C_a 和 C_b，它们分别有 m 和 h 个元素，它们的中心分别为 r_a 和 r_b。设元素 $x \in C_a, y \in C_b$，这两个元素间的距离记为 $d(x,y)$，假如类间距离记为 $D(C_a, C_b)$。

1）最短距离法

定义两个类中最靠近的两个元素间的距离为类间距离：

$$D_S(C_a, C_b) = \min\{d(x,y) \mid x \in C_a, y \in C_b\}$$

2）最长距离法

定义两个类中最远的两个元素间的距离为类间距离：

$$D_L(C_a, C_b) = \max\{d(x,y) \mid x \in C_a, y \in C_b\}$$

3）中心法

定义两类的两个中心间的距离为类间距离。中心法涉及类的中心的概念，首先定义类中心，然后给出类间距离。

假如 C_i 是一个聚类，x 是 C_i 内的一个数据点，即 $x \in C_i$，那么类中心 $\bar{x}_i$ 定义如下：

$$\bar{x}_i = \frac{1}{n_i} \sum_{x \in C_i} x$$

其中，n_i 是第 i 个聚类中的点数。则 C_a 和 C_b 的类间距离：

$$D_C(C_a, C_b) = d(r_a, r_b)$$

4）类平均法

将两个类中任意两个元素间的距离定义为类间距离。

$$D_G(C_a, C_b) = \frac{1}{mh} \sum_{x \in C_a} \sum_{y \in C_b} d(x,y)$$

5）离差平方和

离差平方和使用了类直径的概念，类直径反映了类中各元素间的差异，可定义为类中各元素至类中心的欧氏距离之和，其量纲为距离的平方。

$$r_a = \sum_{i=1}^{m} (x_i - \bar{x}_a)^{\mathrm{T}} (x_i - \bar{x}_b)$$

根据上式得到两类 C_a 和 C_b 的直径分别为 r_a 和 r_b，类 $C_{a+b} = C_a \bigcup C_b$ 直径为 r_{a+b}，则可定义类间距离的平方为：

$$D_W^2(C_a, C_b) = (r_{a+b} - r_a - r_b)$$

10.4.5 划分聚类方法

划分聚类算法的主要思想、特点和 k-平均算法如下所述。

1. 划分聚类方法的主要思想

划分法：给定一个 n 个对象或者元组的数据库，划分方法构建数据的 k 个划分，每个划分表示一个簇，并且 $k \leqslant n$。也就是说，它将 n 个数据对象划分为 k 个簇，而且这 k 个划分满足下列两个条件：

① 每一个簇至少包含一个对象；

② 每一个对象属于且仅属于一个簇。

对于给定的 k，算法首先给出一个初始的划分方法，以后通过反复迭代的方法改变划分，使得每一次改进之后的划分方案都比前一次更好。更好的标准就是：同一簇中的对象越近越好，而不同簇中的对象越远越好。目标是最小化所有对象与其参照点之间的相异度之和，这里的远近或者相异度/相似度就是聚类的评价函数。

2. k-means 算法

k-means 算法又称为 k-平均算法或 k-均值算法，是得到最广泛应用的一种聚类算法。k-means 算法以 k 为参数，把 n 个对象分为 k 个簇，以使簇内具有较高的相似度，而簇间的相似度较低。相似度的计算根据一个簇中对象的平均值来进行。

首先随机地选择 k 个对象，每个对象初始地代表了一个簇的平均值或中心。对剩余的每个对象根据其与各个簇中心的距离，将它赋给最近的簇。然后重新计算每个簇的平均值。这个过程不断重复，直到准则函数 E 收敛，即使生成的结果簇尽可能地紧凑和独立。准则如下：

$$E = \sum_{i=1}^{k} \sum_{x \in C_i} |x - \bar{x}_i|^2$$

其中，E 是数据库所有对象的平方误差的总和；x 是空间中的点，表示给定的数据对象；$\bar{x}_i$ 是簇 C_i 的平均值。输入簇的数目 k 和包含 n 个对象的数据库，输出 k 个簇，使平方误差准则最小，k-means 算法如下：

```
assign initial value for means;        /*任意选择 k 个对象作为初始的簇中心*/
REPEAT
FOR j=1 to n DO assign each xⱼ to the cluster which has the closest mean;
    /*根据簇中对象的平均值，将每个对象赋给最类似的簇*/
FOR i=1 to k DO x̄ᵢ= |Cᵢ| ∑ x;
                         x∈cᵢ
    /*更新簇的平均值，即计算每个对象簇中对象的平均值*/

    Compute   E = ∑  ∑  |x - x̄ᵢ|²     /*计算准则函数 E*/
                 i=1 x∈Cᵢ
UNTIL E 不再明显地发生变化
```

3. k-means 聚类算法 Python 代码实现

数据集存于 testSet.txt 文件中，如采用二维数据集，总计 m 个样本，对给定的数据集完成 k 个类的聚类。k-means 聚类算法 Python 程序如下。

在下述程序中，定义了 4 个函数，即加载数据集函数、计算欧氏距离函数、构建聚簇中心函数和 k-means 聚类算法函数。

```
coding=utf-8
from numpy import *

#定义加载数据集函数
    def data_Set(fileName):   #解析文件，按 tab 分割字段，得到一个浮点数字类型的矩阵
```

```
            data_Mat=[]                                     #文件的最后一个字段是类别标签
            ff=open(fileName)
            for line in ff.readlines():
                curLine=line.strip().split('\t')
                fltLine=map(float, curLine)                 #将每个元素转成 float 类型
                data_Mat.append(fltLine)
            return data_Mat

#定义计算欧氏距离函数
def distance_E(vec_A, vec_B):
    return sqrt(sum(power(vec_A-vec_B, 2)))         #计算两个向量之间的欧氏距离

#定义聚簇中心,取 k 个随机质心的函数
def randCent(dataset-01, k):
    n=shape(dataset_01)[1]
    centroids=mat(zeros((k,n)))                         #每个质心有 n 个坐标值,总计 k 个质心
    for j in range(n):
        minJ=min(dataset_01[:,j])
        maxJ=max(dataset_01[:,j])
        rangeJ=float(maxJ-minJ)
        centroids[:,j]=minJ+rangeJ * random.rand(k, 1)
    return centroids

#k-means 定义聚类算法函数
def k-M(dataset_01, k, distance_M=distance_E, createCent=randCent):
    m=shape(dataset_01)[0]
    clusterAssment=mat(zeros((m,2)))                    #用于存放该样本归类及质心距离
    #clusterAssment 第 1 列存放该数据所属的中心点,第 2 列是该数据到中心点的距离
    centroids=createCent(dataset_01, k)
    clusterChanged=True                                 #判断聚过程类是否收敛
    while clusterChanged:
        clusterChanged=False;
        for i in range(m):    #将每一个数据点划分到离它最近的中心点
            minDist=inf; minIndex=-1;
            for j in range(k):
                distJ=distance_M(centroids[j,:], data_Set[i,:])
                if distJ<minDist:
                    minDist=distJ; minIndex=j       #如点 i 到中心点 j 更近,则 i 归属 j
            if clusterAssment[i,0] !=minIndex: clusterChanged=True;
                                                    #如分配有变,则继续迭代
            clusterAssment[i,:]=minIndex,minDist**2     #将点 i 分配情况存入字典
        print(centroids)
        for cent in range(k):                           #重新计算中心点
            ptsInClust=data_Set[nonzero(clusterAssment[:,0].A==cent)[0]]
```

```
            centroids[cent,:]=mean(ptsInClust, axis=0)    #算出这些数据的中心点
        return centroids, clusterAssment

datMat=mat(data-Set('testSet.txt'))
myCentroids,clustAssing=k-M(datMat,4)
print(myCentroids)
print(clustAssing)
```

k 值的选择是用户指定的,不同的 k 得到的结果有很大的不同,对 k 个初始质心的选择比较敏感,影响收敛效果,容易陷入局部最小值。

4. 算法的特点

1) 优点

(1) k-means 算法是解决聚类问题的一种经典算法,其特点是简单、快速。

(2) 对处理大数据集,其中,n 是所有对象的数目,k 是簇的数目,t 是迭代的次数。通常地,$k \ll n$,且 $t \ll n$。这个算法经常以局部最优结束。

(3) 算法试图找出使平方误差函数值最小的 k 个划分。当结果簇密集、而簇与簇之间区别明显时效果好。

2) 缺点

(1) k-means 算法只在簇的平均值被定义的情况下才能使用。这不适用于涉及有分类属性的数据。

(2) 要求用户必须事先给出 k(要生成的簇的数目),而且对初值敏感,对于不同的初始值,将导致不同的聚类结果。

(3) k-means 算法不适合于发现非凸面形状的簇或者大小差别很大的簇。而且,它对于噪声和孤立点数据敏感,因为少量的该类数据能够对平均值产生极大影响。

10.4.6　层次聚类方法

层次聚类方法对给定的数据集进行层次的分解,直到某种条件满足为止。具体又可分为凝聚的、分裂的两种方案。

凝聚的层次聚类是一种自底向上的策略,首先将每个对象作为一个簇,然后合并这些原子簇为越来越大的簇,直到所有的对象都在一个簇中,或者某个终结条件被满足,绝大多数层次聚类方法属于这一类,它们只是在簇间相似度的定义上有所不同。

分裂的层次聚类与凝聚的层次聚类相反,采用自顶向下的策略,它首先将所有对象置于一个簇中,然后逐渐细分为越来越小的簇,直到每个对象自成一簇,或者达到了某个终结条件。

层次凝聚的代表是 AGNES 算法;层次分裂的代表是 DIANA 算法。

AGNES 算法是凝聚的层次聚类方法,AGNES 自底向上凝聚算法如下:

(1) 将每个对象当成一个初始簇;

(2) REPEAT;

(3) 根据两个簇中最近的数据点找到最近的两个簇;

(4) 合并两个簇,生成新的簇的集合;

(5) UNTIL 达到定义的簇的数目。

10.5 序 列 模 式

时间序列模式是序列模式中的一种,在这里首先介绍时间序列挖掘相关的内容。

10.5.1 时间序列

时间序列就是将某一指标在不同时间上的不同数值,按照时间的先后顺序排列而成的数列。这种数列彼此之间存在着在统计上的依赖关系,前后时刻的数值或数据点的相关性可呈现某种趋势性或周期性变化,这表明时间序列挖掘的可行性。

1. 时间序列定义

如果对某一过程中的某一变量进行 $X(t)$ 观察测量,在一系列时刻 $t_1, t_2, \cdots, t_n$(t 为自变量,且 $t_1 < t_2 < \cdots < t_n$)得到的离散有序数集合 $X_{t1}, X_{t2}, \cdots, X_{tn}$ 称为离散数字时间序列。设 $X(t)$ 是一个随机过程,$X_{ti}(i=1,2,\cdots,n)$ 称为一次样本实现,也就是一个时间序列。

2. 常用的时间序列

(1) 一元时间序列:可以通过单变量随机过程的观察获得规律性信息。

(2) 多元时间序列:通过多个变量描述变化规律。

(3) 离散型时间序列:每一个序列值所对应的时间参数为间断点。

(4) 连续型时间序列:每个序列值所对应的时间参数为连续函数。

序列的统计特征可以表现平稳或者有规律的震荡,这样的序列是分析的基础点。此外如果序列按某类规律的分布,那么序列的分析就有了理论根据。

10.5.2 时间序列挖掘的常用方法

时间序列挖掘的一个重要应用是预测,即根据已知时间序列中数据的变化特征和趋势,预测未来属性值,时间序列预测的主要方法如下。

1. 确定性时间序列预测方法

对于平稳变化特征的时间序列,如果未来行为与现在的行为有关,则可以利用现在值的属性来预测将来的值。

1) 多维综合

更为科学的评价时间序列变动的方法是将变化在多维上加以综合考虑,把数据的变动看成是长期趋势、季节变动和随机型变动共同作用的结果。

(1) 长期趋势:随时间变化的,按照某种规则稳步增长,下降或保持在某一水平上的规律。

(2) 季节变动:在一定时间内(如一年)的周期性变化规律。

(3) 随机型变动:不可控的偶然因素等。

2）确定性时间序列模型

设 T_t 表示长期趋势，S_t 表示季节变动趋势项，C_t 表示循环变动趋势项，R_t 表示随机干扰项，y_t 是观测目标的观测记录，则常见的确定性时间序列模型有以下几种类型。

（1）加法模型：

$$y_t = T_t + S_t + C_t + R_t$$

（2）乘法模型：

$$y_t = T_t \cdot S_t \cdot C_t \cdot R_t$$

（3）混合模型：

$$y_t = T_t \cdot S_t + R_t \quad 或 \quad y_t = S_t + T_t \cdot C_t \cdot R_t$$

基于上述的方法，时间序列分析就是设法消除随机型波动、分解季节性变化、拟合确定型趋势，因而形成对发展水平分析、趋势变动分析、周期波动分析和长期趋势加周期波动分析等一系列确定性时间序列的预测方法。虽然这种确定型时间序列预测技术可以控制时间序列变动的基本样式，但是它对随机变动因素的分析缺少可靠的评估方法。

2. 随机时间序列预测方法

随机型波动尽管可能是由许多偶然因素共同作用的结果，但也有规律可循。因此，研究随机时间序列预测方法是必要的。通过建立随机模型，对随机时间序列进行分析，可以预测未来值。如果时间序列平稳，可以用自回归模型、移动回归模型或自回归移动平均模型进行分析预测。

3. 其他方法

可用于时间序列预测的方法很多，其中比较成功的是神经网络。由于大量的时间序列是非平稳的，因此特征参数和数据分布随着时间的推移而变化。假如通过对某段历史数据的学习，通过数学统计模型估计神经网络的各层权重参数初值，就可能建立神经网络预测模型，用于时间序列的预测。

10.5.3　序列模式挖掘

序列模式挖掘是指从序列数据中发现蕴涵的序列模式。时间序列挖掘和序列模式挖掘有许多相似之处，但是，序列挖掘一般是指相对时间或者其他顺序出现的序列的高频率子序列的发现，典型的应用还是仅限于离散型的序列。

序列模式挖掘是指挖掘相对时间或其他模式出现频率高的模式。由于很多商业交易、电传记录、天气数据和生产过程都是时间序列数据，在针对目标市场、客户吸引、气象预报等的数据分析中，序列模式挖掘应用广泛。

序列模式挖掘的对象以及结果都是有序的，即数据集中的每个序列的条目在时间或空间上是有序排列的，输出的结果也是有序的。例如，一个用户多次不同时间点在超市的交易记录就构成了一个购买序列，N 个用户的购买序列就组成一个规模为 N 的序列数据集。序列模式挖掘能挖掘出带有一定因果性质的规律。

序列模式挖掘已经成为数据挖掘的一个重要方面，其应用范围也不局限于交易数据库，在 DNA 分析等尖端科学研究领域、Web 访问等新型应用数据源等众多方面得到了有效应用。

1. 基本概念

一个序列是项集的有序表，记为 $\alpha = \alpha_1 \rightarrow \alpha_2 \rightarrow \cdots \rightarrow \alpha_n$，其中每个 α_i 是一个项集。一个序列的长度是它所包含的项集。具有 k 长度的序列称为 k-序列。

设序列 $\alpha = \alpha_1 \rightarrow \alpha_2 \rightarrow \cdots \rightarrow \alpha_n$，序列 $\beta = \beta_1 \rightarrow \beta_2 \rightarrow \cdots \rightarrow \beta_m$，若存在整数 $i_1 < i_2 < \cdots < i_n$，使得 $\alpha_1 < \beta_{i1}, \alpha_2 < \beta_{i2}, \cdots, \alpha_n < \beta_{in}$，则称序列 α 是序列 β 的子序列，或序列 β 包含序列 α。在一组序列中，如果某序列 α 不包含其他任何序列中，则称 α 是该组中最长序列。

序列数据库 D_T，序列 S 的支持度是指 S 在 D_T 中相对于整个数据库元组，所包含 S 的元组出现的百分比。支持度大于最小支持度(min-sup)的 k-序列，称为 D_T 上的频繁 k-序列。

2. 数据源

序列挖掘适合的数据源广泛，常用的数据源如下所述。

1) 带交易时间的交易数据库

带交易时间的交易数据库的典型形式是包含客户号、交易时间以及在交易中购买的项等的交易记录表。将这样的数据源进行形式化描述，其中一个理想的预处理方法就是转换成顾客序列，即将一个顾客的交易按交易时间排序成项目序列。于是，顾客购买行为的分析可以通过对顾客序列的挖掘得到实现。

2) 系统调用日志

操作系统及其系统进程调用是评价系统安全性的一个重要方面。通过对正常调用序列的学习可以预测随后发生的系统调用序列、发现异常的调用。将进程号和调用号按时间组成调用序列，再通过相应的挖掘算法达到跟踪和分析操作系统审计数据的目的。

3) Web 日志

Web 服务器中的日志文件记录了用户访问信息，这些信息包括客户访问的 IP 地址、访问时间、URL 调用以及访问方式等。考察用户 URL 调用顺序并从中发现规律，可以为改善站点设计和提高系统安全性提供重要的依据。对 URL 调用的整理可以构成序列数据，为挖掘使用。

3. 序列模式挖掘的一般步骤

基于概念发现序列模式的序列模式挖掘由排序阶段、大项集阶段、转换阶段、序列阶段以及选最长序列阶段五个阶段组成。

1) 排序阶段

对数据库进行排序，排序的结果将原始的数据库转换成序列数据库。例如，上面介绍的交易数据库，如果以客户号和交易时间进行排序，那么在通过对同一客户的事务进行合并就可以得到对应的序列数据库。

2) 大项集阶段

大项集阶段要找出所有频繁的项集(即大项集)组成的集合 L，也同时得到所有频繁 1-序列组成的集合，即 $\{<l> | l \in L\}$。

3) 转换阶段

在寻找序列模式的过程中，要不断地进行检测一个给定的大序列集合是否包含于一个客户序列中。为了使这个过程尽量地快，用另一种形式来替换每一个客户序列。在转换完成的客户序列中,每条交易都被其所包含的所有大项集所取代。如果一条交易不包含任何大项集,在转换完成的序列中它将不被保留。但是,在计算客户总数时仍将其计算在内。

4）序列阶段

利用转换后的数据库寻找频繁的序列,即大序列。

5）选最长序列阶段

在大序列集中找出最长序列。

10.6　非结构化文本数据挖掘

有些数据虽然是文本或字符串的形式,但并不是真正意义上的非结构化,例如浏览器的类型信息、推荐来源,虽然取值为文本,但取值都有规律,这些数据在数据库中更多的是作为外键(FK)关联到维度表,因此都不是严格意义上的非结构化数据。真正的非结构化文本数据有以下几项。

（1）搜索词:永远无法准确定义用户的搜索词都有哪些。

（2）完整 URL 地址:尤其是含有特定监测 Tag 的地址。

（3）特定监测标签:通常鉴于以 URL Tag 形式进行监测的情形。

（4）页面名称:名称的规范性取决于系统配置信息。

（5）用户自定义标签:例如用户对自身的评价标签。

（6）文章特定信息:如文章摘要、关键字等。

（7）用户评论、咨询内容:绝对的非结构化段落。

（8）唯一设备号:如 IMEI、MAC 等(这部分通常会作为关联主键和唯一识别标识,不会作为规则提取的字段)。

上述信息的特点是:取值通常是文本或字符串、长度不一致、无明确的值域范围。

文本挖掘是从大量的文档中发现隐含知识和模式,是"自动化或半自动化处理文本的过程"。文本挖掘带有明显的机器学习色彩,依赖于数据信息抽取、分类、聚类等基础算法和技术。

作为用户问题、建议、态度的载体的用户反馈文本,对产品评估和改进优化极具价值。在这里以用户反馈文本为例说明非结构化文本数据挖掘过程与方法。

10.6.1　用户反馈文本

用户自发的反馈来源于实际,用户在使用某产品后,将自发地发表对产品使用的评价、意见,甚至遇到的问题等。

用户自发的反馈依其内容特性,大致包括传播类、评价类、意见建议类 3 种。这些反馈中,包含着用户对产品的关注热点、遇到的 bug 和投诉,以及用户的情感态度等宝贵信息。如果能够对这些信息加以挖掘和利用,将取得极大的收获。基于文本数据的角度来看,这类用户自发的反馈具备以下几个特性。

1. 来源丰富

用户发表意见的地点不受限制,这就表明所需的资料分布在互联网上的各个地方。

就经验来看,App Store、安卓应用商店、微博、贴吧,当然还有网易游戏论坛等,是几个主要的数据来源。

2. 数量巨大

鉴于数据来源的丰富,以用户基数为基础,能够获得的用户反馈数量也是巨大的。

3. 数据类型多样

在发表关于产品使用体验时,不仅仅是文字表达,还附带图片等,而在客服系统中还存在着语音记录。其中文本形式的用户反馈仍然占据最大比重,相对也更容易在技术上实现。但随着技术的提升,多媒体形式的用户反馈挖掘将日益增多。

4. 价值密度低

用户反馈文本中存在着大量的垃圾数据,也存在大量共现但又毫无意义的关联模式。这一问题的严重性取决于数据源的质量,而技术上,则需要通过算法进行识别和清洗。

文本挖掘处理的对象是文本。用户反馈文本是用一种自然语言书写,计算机能识别其中的每个汉字,但却无法识别比字更高的单位(如词、句、段、篇、章)。正是这一原因,文本挖掘要经历一个自然语言处理的过程。简单地说,就是要把人能轻易理解的自然语言加工成适用于数据挖掘的形式,同时又不失其本意,这就涉及语料库、文本词典和分词技术等的使用。

在应用场景上,文本挖掘则具有独特的价值。如商品标签、情感评估、意见抽取等,都需要文本挖掘技术作为支撑。

10.6.2 用户反馈文本挖掘过程

如前所述,用户反馈文本挖掘遵循数据挖掘的一般过程,但某些步骤上有所差异,见图 10-2。

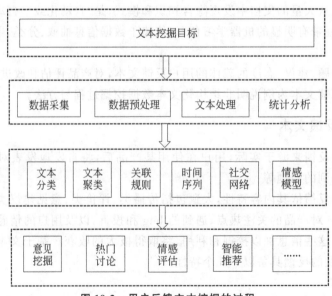

图 10-2 用户反馈文本挖掘的过程

1. 确定文本挖掘目标

确定文本挖掘目标是数据挖掘的起点,因为文本挖掘也需要有明确的目标。例如,希望了解新版本 App 存在的用户体验问题,或者了解用户对 App 历来的情感态度等。

2. 确定数据源并获取

用户反馈的来源异常丰富,因此对数据源的筛选,既包括数据存在平台的挑选,也包括文本字段的筛查。选择哪些数据源,首先要考虑文本挖掘的目标,也就是要回答的问题。另一个要考虑的因素就是用户群体的特征,尤其是用户群体最有可能出现的地方,这决定了能否获得足够的数据。

这一步骤还可以梳理出高质量用户反馈数据源文档、数据爬取文档等中间产物,这对以后同类项目的开展必不可少。

3. 文本数据预处理

文本数据同样也要经过一定的预处理才能进行后续的分析使用,如数据的清洗、规约等也是文本数据预处理所必需的。例如从网易游戏论坛抓取发帖数据时会发现,新近帖子的发帖时间为“发表于 x 天前”,而更早的帖子则标记为“发表于 2016-6-8”。这就要求获得数据以后把发帖时间处理为统一格式,才更便于后续分析中使用该指标。

4. 文本的自然语言处理

用户反馈文本是基于自然语言的非结构化数据,因此文本挖掘过程最基本的步骤就是自然语言处理。主要包括语料库整理、专业词典、停用词词典等的准备,还包括文本分词、特征提取等步骤。

5. 初步的统计学分析

文本分词之后,可以根据分词的结果进行简单的统计分析,例如词频统计、文档-词项(共现)矩阵等。根据词频可以获得用户关注的核心话题、整体情感倾向等。表 10-1 所示的是词频统计结果举例。

表 10-1　词频统计结果举例

词　序	词　项	词　频
1	理财	876
2	收益	620
3	产品	819
4	赎回	501
5	网易理财	434
6	到账	380
7	购买	350
8	公司	295
...	...	...

这时的统计分析比较粗糙,仅是从整体上了解当前分析的数据中的整体状况。如用户关注的所有热点话题是什么,不同情感的话题又有哪些,不同类型的用户关注的话题差异等问题却无法回答。

6. 文本数据建模

如果需要进一步了解大量用户反馈的详情与细节,可以应用机器学习对已有文本数据进行建模,进行更深层次的挖掘。例如,通过文本聚类可以知道产品还存在哪些问题;通过文本分类可以快速地将每一条用户反馈记录划分到其所属的类别中;通过文本情感分析可以掌握用户对产品的情感态度,甚至是用户对产品的哪些方面产生了积极或消极的情感。

文本数据建模是用户反馈文本挖掘最重要的一步,具体要针对用户反馈文本建立什么样的模型,既取决于文本挖掘的目标,也受到文本数据丰富性的限制。用户反馈文本的价值是在其中包含了用户对产品的关注热点、遇到的 bug 以及用户的情感态度等,而对这些内容的挖掘则有利于掌握产品的发展状态,以及找到后续优化的突破点。因此,出于不同的研究问题,需要对文本数据建构不同的模型。

7. 文本数据模型应用

利用机器学习技术获得数据模型后,可以利用这些文本模型对产品做出改进。例如,通过对大量用户反馈文本进行文本聚类或主题建模后,知道了用户最常遇到的问题,后续就可以把这些问题的解决办法加入 App 的帮助中心,引导用户自助解决问题,从而缓解客服压力并提升用户体验。

10.6.3　文本的自然语言处理

作为非结构化数据,用户反馈文本必须经过自然语言处理操作才能进行分析,过程如下。

1. 文本语料库整理

文本挖掘的一大特性就是,文本数据中包含着大量的无意义字符,如标点符号、数字、空格、英文字母等。为了提高文本数据的价值密度,在分词之前需要删除其中的杂乱信息,而整理出的文档就是后续分析所用到的语料库。

2. 文本切分(分词)

为了让计算机更好地理解自然语言形式的用户反馈文本,需要对文本进行切分,就是告诉计算机哪些字可以作为一个单位(词),哪些字必须分开为两个单位。目前,已有大量成熟的分词工具流行,为文本挖掘提供了很大便利。常用的分词系统/工具如下。

(1) BosonNLP

(2) IKAnalyzer(中文分词库 IKAnalyzer)

(3) NLPIR(NLPIR 汉语分词系统,又名 ICTCLAS 2015)

(4) SCWS(SCWS 中文分词)

(5) 结巴分词(jieba)

(6) 盘古分词(盘古分词-开源中文分词组件)

(7) 庖丁解牛(paoding)

（8）搜狗分词

（9）腾讯文智

（10）新浪云

（11）语言云

但实际上，并不是所有的分词工具都能够很好地满足需要，必要的时候，还需要对所用到的分词算法进行优化。

3. 自定义词典的使用

文本分词存在的另一个问题就是，有些专业领域内的词，一开始在使用的分词系统中并不存在。这时，就需要使用自定义的分词词典，提高文本分析的精度。文本分词也可利用搜狗词库提高分词精确度。

4. 去除停用词

用户反馈文本中同时还存在一些语气词、助词等无任何实义的词，分词完成后，需要将它们去除。因为即便对它们进行分析，得到的结果也毫无意义。

与分词类似，去除停用词的过程中，需要用到停用词词典。目前网络上也有停用词词典可供下载，基本能够满足需要。

5. 不断优化文本切分

并不能保证分词词典能够涵盖数据集中的所有词，所以总会出现个别词无法准确切分的情况。这时，就需要将新词加入已有词典，再次进行分词。虽然该过程较为烦琐，但对后续建模至关重要，尤其是在某些关键词无法准确切分时。

6. 分词后的初步分析

分词完成之后，可以简单统计数据集中的词频。

本 章 小 结

大数据挖掘是大数据分析阶段中的核心内容，通过建模和构造算法来获取信息与知识。融合了数据库技术、人工智能、机器学习、统计学、知识工程、面向对象方法、信息检索、高性能计算以及数据可视化等最新技术。本章主要介绍了数据挖掘理论基础、关联规则挖掘、分类、聚类方法、序列模式挖掘和非结构化文本数据的挖掘等。

第 11 章

数据可视化与可视分析

知 识 结 构

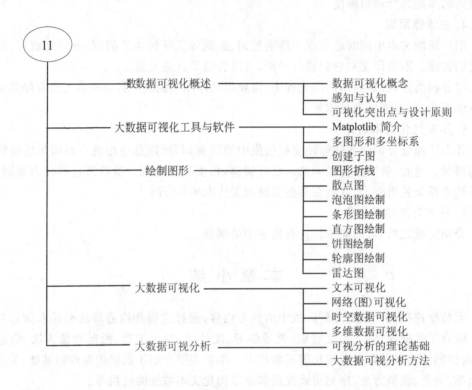

数据可视化技术是大数据技术中的重要分支,利用 Python 的扩展库 matplotlib 可以快速有效地实现数据可视化。数据可视化和数据挖掘都是分析数据的一种手段,数据挖掘是以代码为探索途径,而数据可视化是将数据转换为图形与图表等可视的形式来进行分析。通过数据可视化不但可以实现分析结果的可视化解释与展示,还可以通过可视分析获得更有价值的结果。

11.1 数据可视化概述

一幅图画最伟大的价值莫过于它能够使我们实际看到的比期望看到的内容丰富得多。

11.1.1 数据可视化概念

数据可视化是指将数据以图形与图表的形式表示,并使用数据分析工具来发现未知信息的过程。数据可视化的基本过程如图 11-1 所示。

图 11-1 数据可视化的基本过程

原始数据经过规范化处理,将原始数据转换为由规范化数据组成的数据表,然后将表中的数据映射成形状、位置、色彩、尺寸和方向等视觉结构,最后将这些视觉结构进行组合,转换成图像呈现给用户。也就是说,通过数据可视化能够利用图形化手段,有效地将数据中的各种属性和变量呈现出来,使用户可从不同的维度和角度观察数据,有助于对数据更深入地分析。

11.1.2 感知与认知

感知是客观事物通过感觉器官在人脑中的直接反映。感知是人对内外界信息的视觉、觉察、感觉的一系列过程,认知是人的最基本的心理过程,是获得知识或应用知识的过程。

1. 感知

感知可分为感觉过程和知觉过程。感觉过程中被感觉的信息包括有机体内部的生理状态、心理活动,也包含外部环境的存在以及存在关系信息。感觉不仅接受信息,也受到心理作用影响。知觉过程中对感觉信息进行有组织的处理,对事物存在形式进行理解认识。主体的关系表达是为感知,感知是表现出的主客关系。生命的物与环境关系的达成是生命主体的感知。感知是以生命的物为主体与存在的所有客体的关系表达。有了表达的感知,就有了生命的主体,生命的主体与客体的基本关系是感知的关系。所有生命的物都具备感知的能力,没有了感知生命的物就没有了生命。

2. 认知

认知是指人们获得知识或应用知识的过程或信息加工的过程,这是人的最基本的心理过程。它包括感觉、知觉、记忆、思维、想象和语言等。人脑接受外界输入的信息,经过头脑的加工处理,转换成内在的心理活动,进而支配人的行为,这个信息加工的过程也是认知过程。

认知能力与人的认识过程密切相关,认知是人的认识过程的一种产物。一般说来,人们对客观事物的感知(感觉、知觉)、思维(想象、联想、思考)等都是认识活动。认识过程是主观客观化的过程,即主观反映客观,使客观表现在主观中。认知能力是指人脑加工、存储和提取信息的能力,即智力,如观察力、记忆力与想象力等。人们认识客观世界,获得各种各样的知识,主要依赖于人的认知能力。

3. 视觉感知处理过程

心理学的双重编码理论认为,人类的感知系统分别由负责语言方面和其他非语言事物(特别是视觉信息方面)的两个子系统组成。实验结果表明,如果给被试者以很快的速度呈现一系列的图画或字词,被试者回忆出来的图画数目远多于字词数目。这个实验说明,非语言信息加工具有一定的优势,也就是说,大脑对于视觉信息的记忆效果和记忆速度优于对语言的记忆效果和记忆速度。这是可视化有助于数据信息表达的一个重要支撑理论。

4. 格式塔理论

格式塔心理学认为整体不等于部分之和,意识不等于感觉元素的集合,行为不等于反射弧的循环。如果一个人向窗户外看去,他看到的是树木、天空和建筑物,但构造主义元素学说看到的是组成这些物体的各种感觉元素,例如亮度和色调等。格斯塔心理学家认为,感知的事物多于眼睛所看见的事物。任何一种经验的现象,其中的每一成分都牵连到其他成分,每一个成分之所以有其特性,是因为它与其他部分具有关系。由此构成的整体,并不决定其个别元素,而局部过程却取决于整体的内在特性,完整的现象具有完整性,它既不能分解成简单的元素,其特性也不包含于元素之内。

格式塔心理学感知理论最基本的法则是简单精炼法则,认为人们在进行观察时,倾向于将视觉感知内容理解为常规的、简单的、相连的、对称的或有序的结构。同时,人们在获取视觉感知的时候,倾向于将事物理解为一个整体,而不是将事物理解为组成该事物所有部分的集合。格斯塔法则又称为完图法则,主要包括下述一些原则。

(1) 贴近原则:是指当视觉元素在空间距离较近时,通常倾向于将它们归为一组。

(2) 相似原则:是指人们在观察事物时,自然地根据事物的相似性进行感知分组。

(3) 连续原则:是指人们在观察事物时,很自然地沿着物体的边界,将不连续的物体视为连续的整体。

(4) 闭合原则:是指在某些视觉映像中,其中的物体可能是不完整的或者不是闭合的,但是,只要物体是足以表征物体本身,就很容易地感知整个物体而忽视未闭合的特征。

(5) 共势原则:是指如果一组物体有沿着相似的光滑路径的运动趋势或具有相似的排列模式,人眼会将它们识别为同一物体。

(6) 好图原则:是指人眼通常会自动将一组物体按照简单、规则、有序的元素排列方式进行识别。

(7) 对称原则:是指人们在观察事物时,自然地沿着物体的边界将不连续的物体视为连续的整体。

(8) 经验原则:是指在某修情况下,视觉感知与过去的经验有关。如果两个物体看上去距离相似,或者时间间隔小,则通常将其识别为一类。

简单地说,格式塔就是知觉的最终结果。

从上述可以看出,格式塔理论的基本思想是:视觉形象是首先作为同一的整体被认知的,然后才以部分的形式被认知,也就是说,人们先看见一个构图的整体,然后才看见组成这一构图整体的各部分。尽管格式塔心理学的部分理论对可视化设计没有直接的影响,但是在视觉传达设计的理论和实践上,格式塔理论都得到了应用。

11.1.3 可视化突出点与设计原则

1. 可视化过程的突出点

1）高亮显示重点内容

通过高亮显示可以引导用户迅速看到重点,使用明亮的颜色画出边框、将线加粗,引入可使关注点看上去不一样的视觉元素。

2）注解可视化表达

注解有助于清楚地解释了可视化的表达内容。

(1) 数据:注解需要层次性,需要解释具体的点和区域,好的注解关键在于对图标的解释和高亮需要与数据以及读者联系起来。

(2) 不熟悉的概念的解释:对于读者不熟悉的概念需要注解解释,需要考虑读者可能会理解什么、不理解什么,进行注解。

(3) 排版:使用粗体字来凸显视觉的突出点,刻度标签不需太多的关注,所以字体相对小些。

3）增强图表的可读性

(1) 数据点之间比较:允许数据点之间进行比较是数据可视化的主要指标。

(2) 描述背景信息:背景信息能够帮助读者更好地理解可视化数据,可以提供直观印象。

(3) 留白:可以使图形在图表内使用留白分割,可使图表变得更易阅读。

2. 可视化设计原则

可视化视图设计分为三个主要步骤:确定数据到图形元素和视觉通道的映射;视图的选择与用户交互控制的设计;数据的筛选,确定在有限的可视化视图空间中选择适当容量的信息进行编码,避免数据量过大产生视觉混乱。可视化设计主要原则如下。

1）数据到可视化的直接映射

数据到可视化的直接映射需要充分利用已有的先验知识,进而加快对信息感知与认知的速度。使用基础数据类型实例组合构造实际数据,其可视化方法一般是采用基于不同视觉编码通道的组合。例如对于空间属性,可将纬度和经度映射到空间位置;如果两种数据都与时间相关联,则可以使用动画对其可视化。

2）视图选择与交互设计

对于复杂的数据,需要使用较复杂的可视化视图,不管使用一个视图还是多个视图的可视化设计,每个视图都必须采用有效的简单方式进行命名与归类,视图的交互主要包括下述几方面。

(1) 滚动与缩放。

(2) 颜色映射的控制。

(3) 数据映射方式的控制。

(4) 数据缩放和裁剪工具。

(5) 细节层次的控制。

3）信息密度/数据的筛选

设计者需要决定可视化视图所需要包含的信息量,过多与过少地展示信息都不是好的选择。应该对用户提供的数据进行筛选操作,进而达到用户选择的数据得以显示。

4)美学因素

仅提供上述的三个步骤仍不能使用户可视化的结果中获得足够的信息,以判断和理解可视化所需要的内容。这时需要增进可视化美学因素,进而可以实现功能与形式的完美结合。主要包括下述几方面。

(1)聚焦:通过技术手段,将用户的注意力集中到可视化结果中的最重要区域,例如,可以利用人类视觉感知的前向注意力,将重要的可视化元素通过突出的颜色编码进行展示,抓住可视化用户的注意力。

(2)平衡:充分利用可视化的设计空间,使重要元素放在可视化空间的中心或中心附近,同时使元素在可视化空间中的平衡分布。

(3)简单:尽量避免包含过多的造成混乱的图形元素和过于复杂的视觉效果,为了达到可视化结果美学特征与传达的信息含量的平衡,需要过滤多余的数据信息时,需要衡量信息损失。

5)动画与过渡

在可视化系统中,动画与过渡效果的主要功能如下。

(1)用时间换空间,在有限的屏幕空间上展现更多的数据。

(2)辅助不同可视化视图之间的转换与跟踪,或者辅助不同可视化视觉通道的变换。

(3)增加用户在可视化系统中交互的反馈效果。

(4)引起观察者注意力。

6)可视化隐喻

隐喻是指在解释或者介绍人们不熟悉的事物和概念时,经常将其与一个人们所熟悉的事物进行比较来帮助理解。在可视化设计中也经常使用隐喻手法,比如时间隐喻和空间隐喻,选取合适的源域和喻体表示时间和空间概念,就可以创造更佳的可视和交互效果。

7)颜色与透明

颜色在数据可视化设计中用于数据的分类或定序属性。颜色通常使用三个分量值进行表示。为了更好地观察数据和探索数据可以给颜色增加一个表示不透明度的分量通道。用于表示距离观察者更近的颜色对背景颜色的透明程度,从而实现当前颜色与背景颜色的混合,创造出可视化的上下文效果。

11.2　大数据可视化工具与软件

数据可视化工具分有编程工具和非编程工具,数据可视化编程工具是指需要通过基于某种编程语言程序设计数据来实现可视化。数据可视化非编程工具不需要用户具备编程能力,操作简单,但需要提供新颖灵活的可视化方法时,其数据展示能力有限以及可编辑能力不足。Python 语言是大数据环境下的可视化编程语言,具有丰富的可视化库,在这里,主要介绍利用 Python 语言实现数据可视化的基本方法。

11.2.1　Matplotlib 简介

Matplotlib 是 Python 的一个 2D(二维)绘图库,通过 Matplotlib,开发者可以完成折线图、散点图、条形图、饼图、直方图和雷达图等图形的绘制。

Matplotlib 主要包括 pylab、pyplot 等绘图函数,其中 pylab、pyplot 函数可以利用简洁的代码绘制出各种图案。matplotlib.pyplot 是一个有命令风格的函数集,绘图函数直接作用于当前 axes,axes 是 matplotlib 中的专有名词,表示图形中的组成部分,不是数学中的坐标系。

使用 pylab、pyplot 绘图的过程是:首先读入数据,然后根据实际需要绘制所需要的图形,设置轴和图像属性,最后显示和存储绘图结果。

使用面向对象 API 的方法不需要创建一个全局实例,而是将新建实例的引用保存在 fig 变量中,如果需要在图中创建一个坐标轴,只需要调用 fig 实例的 add_axes 方法就可完成。

1. 图形

在绘图之前,需要一个 figure 对象,可以将其看作为一张空白的画布,用于容纳图表的各种组件,例如图例和坐标等。

1) 创建画布

在默认的方式下,可以在画布上创建简单的图形,默认的画布是一个固定大小的白色画布。如果需要绘制更为复杂的图形需要在绘制之前,首先使用 figure() 函数创建画布。

(1) figure() 函数。

可以使用 figure() 函数创建画布,其格式为:

```
plt.figure()
```

其中 plt 为 matplotlib 扩展库的别名。

figure() 函数的语法说明如下。

```
igure(num=None, figsize=None, dpi=None, facecolor=None, edgecolor=None,
frameon=True)
```

- num:图像编号或名称,数字为编号,字符串为名称。
- figsize:指定 figure 的宽和高,单位为英寸。
- dpi 参数指定绘图对象的分辨率,即每英寸多少个像素,缺省值为 80,1 英寸等于 2.5cm,A4 纸是大小为 21cm×30cm 的纸张。
- facecolor:正面颜色。
- edgecolor:边框颜色。
- frameon:是否显示边框。

(2) plot() 函数。

利用 plot() 函数可以展现变量的趋势变化。例如:

```
plt.plot(x, y, ls="-", lw=2, label="plot figure")
```

- x：x轴上的数值。
- y：y轴上的数值。
- ls：折线图的线条风格。
- lw：折线图的线条宽度。
- label：标记图内容的标签文本。

（3）linspace()函数

linspace()函数是按线性方法在指定区间取数。而且它不像 range 那样能指定步长，这是它们之间的区别，如 linspace(m,n,z)，z 是指定在 m、n 之间取点的个数，另外它取点的区间是[m,n]，即是会包括终点 n 的。例如 linspace(10,15,5)是指在 10～15 取 5 个点，包括终点 15。

例如，绘制 cons(x)图形。

```
import matplotlib.pyplot as plt
import numpy as np

x=np.linspace(0.05, 10, 1000)        #取 1000 个点
y=np.cos(x)计算 1000 个点的 cos(x)值
plt.plot(x, y, ls="-", lw=2)
plt.show()
```

运行程序结果如图 11-2 所示。

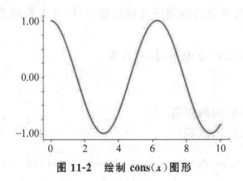

图 11-2　绘制 cons(x)图形

2）举例

```
import matplotlib.pyplot as plt
fig=plt.figure(figsize=(4,3),facecolor='blue')     #定义宽为 4、高为 3 的蓝色背景
                                                   //颜色画布
plt.plot([1,2,3,4])
plt.show()
```

运行结果如图 11-3 所示。

x 和 y 轴是 0～3 和 1～4 的原因是，为 plot()命令提供了一个列表，作为在 y 轴上的取值，并且自动生成 x 轴上的值。因为 python 中的范围是从 0 开始的，因此 x 轴就是从 0 开始，长度与 y 的长度相同，也就是[0,1,2,3]。

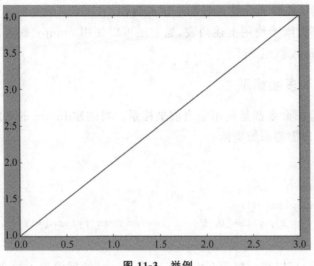

图 11-3　举例

plot()命令的参数可以是任意数量的列表,例如:

```
plt.plot([1, 2, 3, 4], [1, 4, 9, 16])
```

这里有两个列表作参数,表示的是(x,y)对:$(1,1)$、$(2,4)$、$(3,9)$、$(4,16)$。其中还有第三个可选参数,它是字符串格式的,表示颜色和线的类型。例如,使用红色实头圆(由于本书为黑白印刷,图例不显示颜色)绘制点集。

```
import matplotlib.pyplot as plt
plt.plot([1,2,3,4], [1,4,9,16], 'ro')
plt.axis([0, 6, 0, 20])
plt.show()
```

程序运行结果如图 11-4 所示。

图 11-4　绘制点集

axis()命令可以获取和设置 x 轴和 y 轴的属性。

Matplotlib 不仅限于使用上述列表,通常还可以使用 numpy 数组,将所有的序列都在内部转化成 numpy 数组。

11.2.2　多图形和多坐标系

plot 所有的绘图命令都是应用于当前坐标系。当创建 figure 的对象之后,还需要绘图基准的坐标系,即需要添加坐标。

例如:

```
fig=plt.figure()
ax=fig.add_subplot(111)
ax.set(xlim=[0, 8], ylim=[0, 5], title='An Axes',ylabel='Y', xlabel='X')
plt.show()
```

运行上述程序,可以在一幅图上添加了一个 Axes,然后设置了这个 Axes 的 x 轴以及 y 轴的取值范围,如图 11-5 所示。

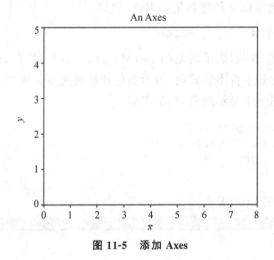

图 11-5　添加 Axes

使用 fig.add_subplot(111)完成添加 Axes,参数(111)表明画板分割为 1 行 1 列,生成一个 Axes 对象来准备作画。也可以通过 fig.add_subplot(2,2,1)的方式生成 Axes,前面两个参数确定了面板的划分,例如 2,2 表示将整个面板划分成 2×2 的方格,第 3 个参数表示第 3 个 Axes。例如:

```
fig=plt.figure()
ax1=fig.add_subplot(221)          #4个方格中的第 1 个方格添加 Axes
ax2=fig.add_subplot(222)          #4个方格中的第 2 个方格添加 Axes
ax4=fig.add_subplot(224)          #4个方格中的第 4 个方格添加 Axes
```

程序运行后的结果如图 11-6 所示。

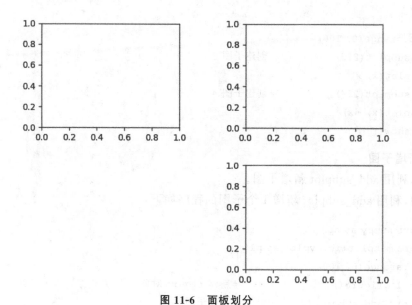

图 11-6　面板划分

11.2.3　创建子图

1. 创建单个子图

在一个画布中可以创建多个子图,利用 subplot 函数可以创建子图。

1) subplot()函数

subplot 语法格式如下:

```
subplot(nrows,ncols,sharex,sharey,subplot_kw,**fig_kw)
```

subplot 参数说明如表 11-1 所示。

表 11-1　subplot 参数说明

参　　数	说　　明
nrows	subplot 行数
ncols	subplot 列数
sharex	所有 subplot 使用相同的 x 轴刻度,调节 xlim 将影响所有 subplot
sharey	所有 subplot 使用相同的 y 轴刻度,调节 ylim 将影响所有 subplot
subplot_kw	用于创建各 subplot 关键字字典
**fig_kw	创建 figure 时的其他关键字,如 plt.subplots(2,2,figsize=(8,6))

subplot 可以将画布划分为 n 个子图,但每条 subplot 函数只创建一个子图。

2) 举例

```
import numpy as np
import matplotlib.pyplot as plt
```

```
x=np.arange(0, 100)
plt.subplot(223)            #创建子图 3
plt.plot(x, x)
plt.subplot(224)            #创建子图 4
plt.plot(x, -x)
plt.show()
```

2. 新增子图

可以利用 add_subplot 新增子图。

例如,利用 add_subplot 新增 1 个子图的程序如下:

```
import numpy as np
import matplotlib.pyplot as plt
x=np.arange(0, 100)
fig=plt.figure()            #新建 figure 对象
ax1=fig.add_subplot(2,2,1)  #新建子图
ax1.plot(x, x)
lt.show()
```

11.3　绘　制　图　形

下面介绍几种常用的图表绘制方法。

11.3.1　折线绘制

折线是最基本的数据可视化方式,其程序如下:

```
import matplotlib.pyplot as plt

input=[1, 2, 3, 4, 5]
squares=[1, 4, 9, 16, 25]
plt.plot(input, squares, linewidth=5)
plt.xlabel("Value", fontsize=12)
plt.ylabel("Square of Value", fontsize=12)
plt.tick_params(axis='both', labelsize=10)
plt.show()
```

程序解析如下。

(1) 导入 matplotlib.pyplot 模块并赋予其别名 plt。

(2) plot()方法:将存放了一组平方数的列表传入 plot(),根据这些数据绘制出图形。再调用 show()即可将图形显示出来。实参 linewidth=5 指定了折线的宽度。

(3) xlabel()和 ylabel()方法:为 x 轴和 y 轴命名。

(4) tick_params()方法:设置坐标轴刻度的样式,实参 axis='both'表示同时设置两

条轴,也可以指定为 x 或 y 分别单独设置。

程序运行结果如图 11-7 所示。

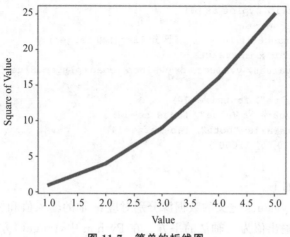

图 11-7　简单的折线图

又例如:

```
import matplotlib.pyplot as plt
import numpy as np

x=np.linspace(-10000,10000,100)     #将-10000到10000区间等分成100份
y=x**2+x**3+x**7
plt.plot(x,y)
plt.show()
```

程序运行结果如图 11-8 所示。

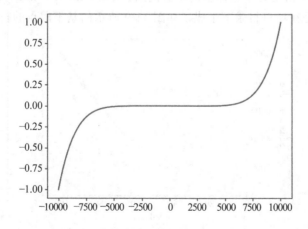

图 11-8　折线图

在绘制折线图的时,可以使用 plot()方法来接收数据,而对于基于散点的折线图,则需要使用 scatter()方法来接收数据。例如:

```
import matplotlib.pyplot as plt

xvalues=list(range(1, 101))      #区分 list()和 range()
yvalues=[x**2 for x in xvalues]
plt.scatter(xvalues, yvalues, c=yvalues, cmap=plt.cm.Blues, edgecolors=
'none', s=40)
plt.xlabel("Value", fontsize=14)
plt.ylabel("Square of Value", fontsize=14)
plt.tick_params(axis="both", labelsize=14)
plt.axis([0, 110, 0, 11000])
plt.show()
```

上述程序说明如下。

(1) xvalues 和 yvalues 定义的数据源分别对应 x 轴的输入值和 y 轴的输出值,相互间的关系为 y 轴的输出值为 x 轴值的平方。在 Python 中,range()方法的含义是产生一个可迭代的对象,它与列表相似。例如在遍历 range(1,101)并输出 1 至 100 的值,但是它与列表有本质区别,即它在迭代的情况下返回的是一个索引值而非在内存中真正生成一个列表对象,所以执行 print(range(1,101))后,将得到的结果是 range(1,101),而非一个从 1 到 100 的列表。为了得到一个真正的列表则需要与 list()方法结合使用。对于这一句[x**2 for x in xvalues],可以将它看成遍历列表 xvalues,每次遍历时将取出一个 x 值将它做平方放入 yvalues 中生成一个列表。

(2) scatter()方法和上一个例子中的 plot()方法类似,都是负责接收数据绘制图形,可以通过传入实参 c、edgecolors、s 来分别指定散点颜色、散点边缘颜色和散点大小。在本段代码中,则是利用颜色映射(colormap)来设置颜色,即代码中的实参 cmap,结合 c=y_values,绘制出的散点并将根据 y 轴值由小到大颜色逐渐加深,基本颜色为蓝色。

(3) axis()方法:指定每个坐标轴的取值范围,[xmin,xmax,ymin,ymax]。

运行结果当然是在项目目录下生成了如图 11-9 所示的基于散点的折线图。

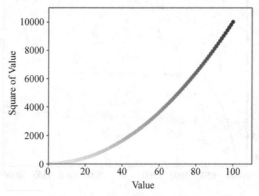

图 11-9　基于散点的折线图

11.3.2 散点图

散点图是只画出点,但是不用线连接起来,绘制散点图的程序如下:

```
import matplotlib.pyplot as plt
import numpy as np

x=np.arange(10)
y=np.random.randn(10)
plt.scatter(x, y,color='red', marker='+')
plt.show()
```

程序运行结果如图 11-10 所示。

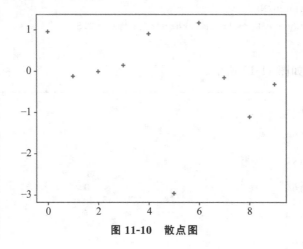

图 11-10　散点图

也可用下述代码实现:

```
import matplotlib.pyplot as plt
import numpy as np

x=np.random.rand(10)
y=np.random.rand(10)
plt.scatter(x,y)
plt.show()
```

程序运行结果如图 11-11 所示。

在下述的程序中,x 表示 x 轴、y 表示 y 轴、s 表示圆点面积、c 表示颜色、marker 表示圆点形状、alpha 表示圆点透明度。50 个点的散点图程序如下:

```
import matplotlib.pyplot as plt
import numpy as np
N=50
x=np.random.randn(N)
```

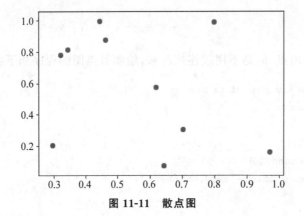

图 11-11　散点图

```
y=np.random.randn(N)
plt.scatter(x,y,s=30,c='r',marker='o',alpha=0.5)
plt.show()
```

程序运行结果如图 11-12 所示。

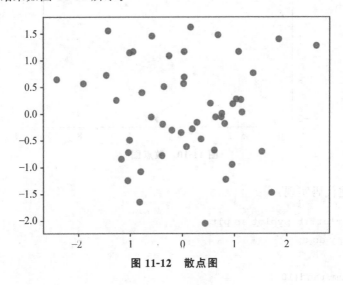

图 11-12　散点图

11.3.3　泡泡图绘制

泡泡图是一种散点图,加入了第三个值 s 可以理解成普通散点,画的是二维,但泡泡图体现了第三维 z 的大小。

1. seed()函数

seed()的功能是改变随机数生成器的种子,可以在调用其他随机模块函数之前调用此函数。random.seed(0)作用使得随机数据可预测,即只要 seed 的值一样,后续生成的随机数都一样,seed()语法格式是:

```
import random
random.seed(x)
```

调用 random.random()生成随机数时,每一次生成的数都是随机的。但是,当预先使用 random.seed(x)设定好种子之后,其中的 x 可以是任意数字,如 10,这个时候,先调用它的情况下,使用 random()生成的随机数将是同一个。

seed()是不能直接访问的,需要导入 random 模块,然后通过 random 静态对象调用该方法。

参数 x:改变随机数生成器的种子 seed。如果不特定设定,Python 系统将完成选择 seed。本函数没有返回值。

例如:

```
#!/usr/bin/python
#-*-coding: UTF-8-*-
import random
print random.random()
print random.random()

print(" -----seed-----")
random.seed(10)
print("Random number with seed 10: ", random.random())

#生成同一个随机数
random.seed(10)
print("Random number with seed 10: ", random.random())

#生成同一个随机数
random.seed(10)
print("Random number with seed 10: ", random.random())
```

以上程序输出结果为:

```
0.31689457928
0.78969784712
-------setseed-------
Random number with seed 10 :0.69270593140
Random number with seed 10 :0.69270593140
Random number with seed 10 :0.69270593140
```

例如:

```
np.random.seed(10001)
N=50
x=np.random.rand(N)
y=np.random.rand(N)
colors=np.random.rand(N)
area=(30 * np.random.rand(N))**2      #0 to 15 point radii
```

```
plt.scatter(x, y, s=area, c=colors, alpha=0.5)
plt.show()
```

程序运行结果如图 11-13(a)所示。

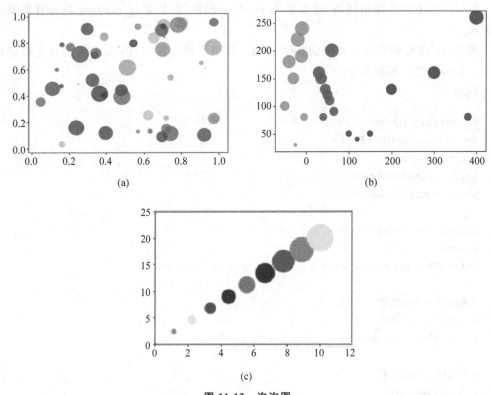

图 11-13   泡泡图

2. 从散点图到泡泡图

在散点图的基础上稍加调整就可以变成泡泡图。绘制散点图：以数量列为横坐标 x，以大小列为纵坐标 y，此基础上以大小列为气泡大小。程序如下：

```
import pandas as pd
import matplotlib.pyplot as plt

size=data['大小'].rank()#定义气泡大小
n=20
color={0:'red',1:'blue',2:'orange'}#定义一个字典,将颜色跟对应的分类进行绑定
plt.scatter(data['数量'],data['大小'],color=[color[i] for i in data['分类']],
s=size*n,alpha=0.6)
plt.scatter(data['数量'],data['大小'],s=size*n,alpha=0.6)
plt.show()
```

在上述程序中，color 的参数，用列表解析式将 data 分类中的每个数据的数字映射到前面 color 的颜色中。rank() 函数将大小列进行大小分配，越大的值分配结果也越高；n

为倍数,用来调节气泡的大小。数据中还有一个分类,很多时候,我们需要根据分类来对数据点进行区分,这个时候就需要对颜色进行定义。程序运行结果如图 11-13(b)所示。

3. 举例

绘制从小到大的泡泡图程序如下。

```
import matplotlib.pyplot as plt
import numpy as np

x=np.linspace(0.05, 10, 10)
y=x * 2
sValue=x * 3                                      #大小随着 x 增大而变大
cValue=['r','orange','yellow','g','b','c','purple']   #颜色
lValue=sValue                                     #线宽

plt.scatter(x,y, c=cValue, s=sValue * 10, linewidth=lValue, marker='o')
plt.xlim(0,12)
plt.ylim(0,25)
plt.show()
```

程序运行结果如图 11-13(c)所示。

11.3.4 条形图绘制

1. bar()函数

绘制条形图时常使用 bar()函数,bar()函数的语法格式如下:

```
bar(left, height, width, color, align, yerr)
```

left 为 x 轴的位置序列,一般由 arange 函数产生一个序列;height 为 y 轴的数值序列,也就是柱形图的高度,就是需要展示的数据;width 为条形图的宽度,一般为 1;color 为柱形图填充的颜色;align 设置 plt.xticks()函数中的标签的位置;yerr 让条形图的顶端空出一部分。其中:

(1) plt.title('图的标题')函数:为图形添加标题。

(2) plt.xticks(* args,**kwargs)函数:设置 x 轴的值域。

(3) plt.legend(* args,**kwargs)函数:添加图例。参数必须为元组 legend((line1,line2,line3),('label1','label2','label3'))。

(4) plt.xlim(a,b)函数:设置 x 轴的范围。

(5) plt.ylim(a,b)函数:设置 y 周的范围。

(6) Plt.xticks(* args,**kwargs)函数:获取或者设置 x 轴当前刻度的标签。

2. 水平和垂直的条形图

条形图分两种,一种是水平的,一种是垂直的。

(1) 绘制垂直的条形图。

使用垂直条形图表示三个连锁店 A,B,C 一天销售额(GSV,Gross Sales Value)的程

序如下：

```
GSV=[12026.7 13916.8, 9296.2]
plt.bar(range(4), GSV, align='center', color='steelblue', alpha=0.8) #绘图
plt.title('GSV')                          #添加标题
plt.xticks(range(4), ['A ', 'B ', 'C '])   #添加刻度标签
plt.ylim([50, 150])                       #设置 Y 轴的刻度范围
for x, y in enumerate(GSV):               #为每个条形图添加数值标签
    plt.text(x, y +100, '% s' % round(y, 1), ha='center')
plt.show()
```

程序运行结果如图 11-14 所示。

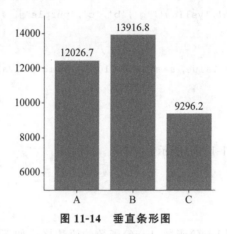

图 11-14　垂直条形图

其中 enumerate()函数和 round()方法说明如下：

```
for 循环使用 enumerate
>>>seq=['one', 'two', 'three']
>>>for i, element in enumerate(seq):
      print(i, element)
0 one
1 two
2 three
```

round()方法返回浮点数 x 的四舍五入值。语法格式为 round(x[,n])，其中 x 是数值表达式，n 表示从小数点位数。返回浮点数是 x 的四舍五入值。
例如：

```
>>>round(80.23456,2)
80.23
>>>round(100.000056,3)
100.0
```

（2）水平条形图。
某商品在 A,B,C,D,E 商店的销售价的水平条形图程序如下：

```
import matplotlib.pyplot as plt                    #导入绘图模块
price=[39.1, 39.6, 44.9, 39.1, 32.38]             #构建数据
plt.barh(range(5), price, align='center', color='steelblue', alpha=0.8) #绘图
plt.xlabel('price')                                #添加轴标签
#添加刻度标签
plt.yticks(range(5), ['A', 'B', 'C', 'D', 'E'])
plt.xlim([32, 47])                                 #设置 Y 轴的刻度范围
for x, y in enumerate(price):                      #为每个条形图添加数值标签
    plt.text(y +0.1, x, '% s' % y, va='center')E
plt.show()                                         #显示图形
```

程序运行结果如图 11-15 所示。

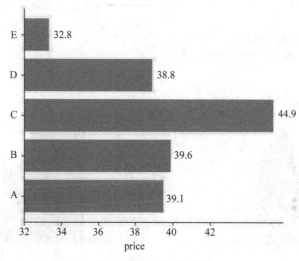

图 11-15　水平条形图

11.3.5　直方图绘制

直方图用于统计数据出现的次数或者频率。在绘制直方图时,经常使用 hist()函数。hist()函数语法格式如下:

```
hist(arr, bins=10, normed=0, facecolor='black', edgecolor='black', alpha=1,
hiettype='bar')
```

hist 的参数非常多,但常用的就这六个,只有第一个是必需的,后面四个可选。

(1) arr:需要计算直方图的一维数组。

(2) bins:直方图的柱数,可选项,默认为 10。

(3) normed:是否将得到的直方图向量归一化。默认为 0。

(4) facecolor:直方图颜色。

(5) edgecolor:直方图边框颜色。

（6）alpha：透明度。

（7）histtype：直方图类型，可选择'bar'、'barstacked'、'step'、'stepfilled'。

返回值如下。

（1）n：直方图向量，是否归一化由参数 normed 设定。

（2）bins：返回各个 bin 的区间范围。

（3）patches：返回每个 bin 里面包含的数据，是一个列表。

直方图绘制举例。

（1）自动生成以 1000 组均值为 0、方差为 1 的分布数据、指定间隔数为 50 的直方图。

程序如下：

```
import numpy as np
import matplotli

data=np.random.normal(0,1,1000)
n, bins, patches=plt.hist(data,50)
plt.show()
```

程序运行结果如图 11-16（a）所示。

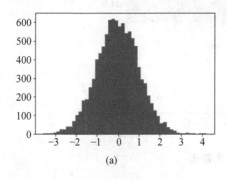
(a)

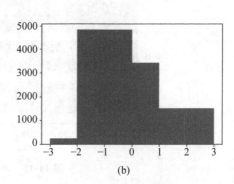
(b)

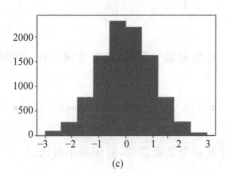
(c)

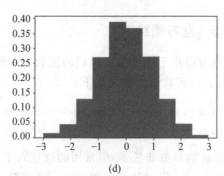
(d)

图 11-16　直方图

（2）使用列表分为 4 个间隔的直方图的程序如下：

```
import numpy as np
import matplotlib.pyplot as plt
```

```
data=np.random.normal(0,1,1000)
n, bins, patches=plt.hist(data,[-3,-2,0,1,3])
plt.show()
```

指定的是间隔的边缘,每一个间隔为[−3,−2)、[−2,0)、[0,1)、[1,3]。除了最后一个间隔外,所有间隔均为左闭右开。每一个间隔长度不用相等,在指定间隔外的数据将直接忽略。程序运行结果如图 11-16(b)所示。

(3) 在[−3,3]的范围内分 10 个间隔的直方图。

如果通过指定 bins 整数来确定间隔,那么就可以在整个区间上进行分割,但是如果在一定范围内进行分割,可通过指定 bins 整数来实现,就可以利用 range 配合 bins 参数实现,range 的类型为 tuple 型,指定间隔(min,max)。

如果在[−3,3]的范围内分 10 个间隔来画直方图,程序如下:

```
import numpy as np
import matplotlib.pyplot as plt

data=np.random.normal(0,1,1000)
n, bins, patches=plt.hist(data,10,(-3,3))
plt.show()
```

程序运行结果如图 11-16(c)所示。直方图的形状与图 11-16(d)相同,但纵轴的刻度不同。

(4) 频率直方图。

上述均为频数直方图,如果需要频率直方图,可通过函数中的参数 density 设定,density 的类型是 bool 型,如 density 指定为 True,则为频率直方图,反之,为频数直方图。程序如下:

```
import numpy as np
import matplotlib.pyplot as plt

data=np.random.normal(0,1,1000)
n, bins, patches=plt.hist(t,10,(-3,3),density=True)
plt.show()
```

程序运行结果如图 11-16(d)所示。

11.3.6　饼图绘制

绘制饼图需要使用 pie()方法。

1. matplotlib.pyplot.pie()方法

pie()方法的语法格式如下:

```
matplotlib.pyplot.pie()
```

其中参数为:

```
pie(x, explode=None, labels=None,
    colors=('b', 'g', 'r', 'c', 'm', 'y', 'k', 'w'),
    autopct=None, pctdistance=0.6, shadow=False,
    labeldistance=1.1, startangle=None, radius=None,
    counterclock=True, wedgeprops=None, textprops=None,
    center=(0, 0), frame=False)
```

参数说明如下。

(1) x：每一块所占比例，如果 sum(x)>1，则使用 sum(x)归一化。

(2) labels：每一块饼图外侧显示的说明文字。

(3) explode：每一块饼图离开中心的距离，即指定饼图某些部分的突出显示。

(4) startangle：起始绘制角度，默认图是从 x 轴正方向逆时针画起，如设定＝90 则从 y 轴正方向画起。

(5) shadow：是否阴影。

(6) labeldistance：设置各扇形标签（图例）与圆心的距离。

(7) autopct：自动添加百分比显示，可以采用格式化的方法显示。

(8) pctdistance：设置百分比标签与圆心的距离。

(9) radius：控制饼图半径。

(10) 返回值。

① 如果没有设置 autopct，则返回(patches,texts)。

② 如果设置 autopct，则返回(patches,texts,autotexts)。

③ patches -- list --matplotlib.patches.Wedge 对象。

④ texts autotexts --matplotlib.text.Text 对象。

2. 绘制正圆形的饼状图程序

```
import matplotlib.pyplot as plt

labels=['A','B','C','D']
x=[15,30,45,10]
plt.pie(x,labels=labels,autopct='% 3.2f% % ')        #显示百分比
plt.axis('equal')        #设置x,y的刻度一样,使其饼图为正圆
plt.show()
```

3. 绘制饼状图-设置文本标签的属性值程序

```
import matplotlib.pyplot as plt

labels=['A','B','C','D']
x=[15,30,45,10]
plt.pie(x,labels=labels,autopct='%3.2f%%',textprops={'fontsize':18,'color':
'k'})                        #显示百分比,设置为字体大小为 18,颜色黑色
plt.axis('equal')        #设置x,y的刻度一样,使其饼图为正圆
plt.show()
```

4. 设置起始角度程序

```
import matplotlib.pyplot as plt

labels=['A','B','C','D']
x=[15,30,45,10]
explode=(0,0.1,0,0)              #饼图分离
#startangle,为起始角度,0 表示从 0 开始逆时针旋转,为第一块。
plt.pie(x, labels = labels, autopct = '%3.2f%%', explode = explode, shadow = True,
startangle=60)
plt.axis('equal')                #设置 x,y 的刻度一样,使其饼图为正圆
plt.legend()
plt.show()
```

程序运行结果如图 11-17(a)所示。

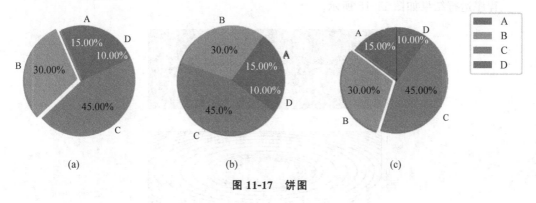

图 11-17　饼图

5. 典型的饼图程序

利用饼图表示 A、B、C、D 四种类型所占百分比,程序如下:

```
labels='A', 'B', 'C', 'D'
sizes=[15, 30, 45, 10]
explode=(0, 0.1, 0, 0)   #only "explode" the 2nd slice (i.e. 'Hogs')

fig1, (ax1, ax2)=plt.subplots(2)
ax1.pie(sizes, labels=labels, autopct='% 1.1f% % ', shadow=True)
ax1.axis('equal')
ax2.pie(sizes, autopct='% 1.2f% % ', shadow = True, startangle = 90, explode =
explode, pctdistance=1.12)
ax2.axis('equal')
ax2.legend(labels=labels, loc='upper right')

plt.show()
```

程序运行结果如图 11-17(b)和(c)所示,饼图自动根据数据的百分比画出了饼图。其中,labels 是各个块的标签,如图 11-17(b)所示。autopct＝%1.1f%％表示格式化百分比精确输出,explode 表示突出某些块,不同的值突出的效果不一样。pctdistance＝1.12 百分比距离圆心的距离,默认为 0.6,如图 11-17(c)所示。

11.3.7 轮廓图绘制

在需要描绘图形的边界时,就将用到轮廓图,绘制轮廓图程序如下:

```
fig, (ax1, ax2)=plt.subplots(2)
x=np.arange(-5, 5, 0.1)
y=np.arange(-5, 5, 0.1)
xx, yy=np.meshgrid(x, y, sparse=True)
z=np.sin(xx**2 +yy**2) / (xx**2 +yy**2)
ax1.contourf(x, y, z)
ax2.contour(x, y, z)
plt.show()
```

程序运行结果如图 11-18 所示。

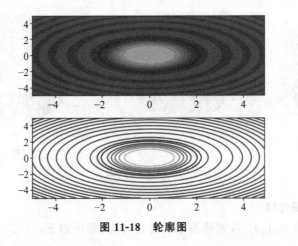

图 11-18　轮廓图

图 11-18 是两个一样的轮廓图,contourf 表示填充轮廓线之间的颜色。数据 x,y,z 通常是具有相同 shape 的二维矩阵。x,y 可以为一维向量,但是必须有 z.shape=(y.n, x.n),这里 y.n 和 x.n 分别表示 x、y 的长度。z 通常表示的是距离 x-y 平面的距离,传入 x、y 则是控制了绘制等高线的范围。

11.3.8 雷达图

雷达图是一个封闭的图形,可以利用 matplotlib 画出多个点并连成封闭图形程序如下:

```
import matplotlib.pyplot as plt
import numpy as np

#绘制多个点,并且第一个点与最后一个点相同,使其成为闭合图案
theta=np.array([0.25,0.75,1,1.5,0.25])
```

```
r=[20,60,40,80,20]
plt.polar(theta * np.pi,r,"r-",lw=2)
plt.ylim(0,100)
plt.show()
```

程序运行结果如图 11-19(a)所示。

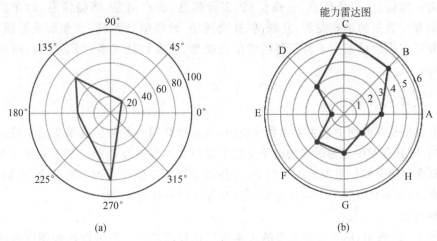

(a)   (b)

图 11-19 雷达图

绘制能力描述的雷达图举例如下。

从事某项工作需要具有的能力为 A、B、C、D、E、F、G、H,某人八项得分为 3、5、6、3、1、3、3、2,最高分为 6 分,绘制其雷达图,其程序如下:

```
import numpy as np
import matplotlib.pyplot as plt

labels=np.array(['A','B','C','D','E','F','G','H'])    #设置标签
data_Lenth=8                                          #数据长度
data=np.array([3,5,6,3,1,3,3,2])                      #数据
angles=np.linspace(0, 2 * np.pi, data_Lenth, endpoint=False)
data=np.concatenate((data, [data[0]]))
angles=np.concatenate((angles, [angles[0]]))
fig=plt.figure()
ax=fig.add_subplot(111, polar=True)
ax.plot(angles, data, 'ro-', line_width=2)
ax.set_thetagrids(angles * 180/np.pi, labels, fontproperties="SimHei")
ax.set_title("能力雷达图", va='bottom', fontproperties="SimHei")
ax.grid(True)
plt.show()
```

程序运行结果如图 11-19(b)所示。

11.4　大数据可视化

大数据可视化与科学可视化和信息可视化密切相关,从应用大数据技术获取信息和知识的角度出发,信息可视化技术凸显了重要作用。根据信息的特征可以将信息可视化分为一维信息、二维信息、三维信息、多维信息、层次信息、网络信息、时序信息可视化。随着大数据的迅速发展,互联网、社交网络、地理信息系统、企业商业智能、社会公共服务等应用领域催生了特征鲜明的信息类型,主要包括文本、网络(图)、时空及多维数据等。

11.4.1　文本可视化

文本数据是互联网中最主要的数据类型,也是物联网各种传感器采集后生成的主要数据类型,而且日常中接触最多的电子文档也是以文本形式存在的。文本可视化可以将文本中蕴含的语义特征直观地展示出来,这些语义特征主要有词频与重要度、逻辑结构、主题聚类、动态演化规律等。主要介绍下述几种文本可视化方法。

1. 标签云

如图 11-20 所示,标签云是典型的文本可视化技术之一。将关键词根据词频或其他规则进行排序,按照一定规律进行布局排列,用大小、颜色、字体等图形属性对关键词进行可视化。用字体大小代表该关键词的重要性,在互联网应用中,多用于快速识别网络媒体的主题热度。当关键词数量规模不断增大时,如果不设置阈值,将出现布局密集和重叠覆盖的问题,此时需要提供交互接口允许用户对关键词进行操作。

图 11-20　标签云

2. 语义结构可视化

文本中蕴含着逻辑层次结构与叙述模式,为了对语义结构进行可视化,文本语义结构的可视化方法分为两种,一种是将文本的结构语义以树的形式进行可视化,同时展现了相似度统计、修辞结构、以及相应的文本内容;另一种是将文本结构以放射状圆环的形状展示文本结构。

3. 文本聚类可视化展示

文本聚类作为一种无指导的文本自动组织方法,是专题知识库中各类资源有序化组织的重要手段。文本聚类可视化展示如图 11-21 所示。在图 11-21(a)中,平面上有 9 个点,聚类为 3 类。在图 11-21(b)中,是图本聚类的另一种可视化展示形式。

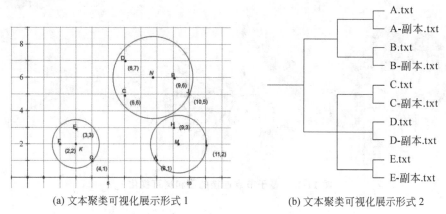

(a) 文本聚类可视化展示形式 1　　(b) 文本聚类可视化展示形式 2

图 11-21　文本聚类可视化展示

4. 基于时间的文本可视化展示

由于文本的形成与变化过程与时间属性密切相关,所以将与时间相关的模式与规律动态变化的文本进行可视化展示,是文本可视化的重要展示方式之一。在基于时间的文本可视化展示中引入了时间轴,例如,河流从左至右的流淌代表时间序列,社会媒体舆情分析是大数据分析的典型应用之一,在对文本本身语义特征进行展示的同时,通常需要结合文本的空间、时间属性形成综合的可视化界面。

11.4.2　网络(图)可视化

网络关联是大数据中最常使用的关系,例如互联网与社交网络。层次结构数据也属于网络信息的一种特殊情况,基于网络节点和连接的拓扑关系,直观地展示网络中潜在的模式关系,例如节点或边聚集性,是网络可视化的主要内容之一。对于具有大量节点和边的复杂网络,如何在有限的屏幕空间中进行可视化,将是一个困难的工作。除了对静态的网络拓扑关系进行可视化,大数据网络也具有动态演化性,因此,如何对动态网络的特征进行可视化也是极其重要的内容。下面介绍几种网络(图)可视化的例子。

1. 层次特征的图可视化

具有层次特征的图可视化的技术是基于节点和边的可视化,例如 H 状树、圆锥树、气球图、放射图、三维放射图、双曲树等可视化,如图 11-22 所示。

2. 基于空间填充的树可视化

对于具有层次特征的图,空间填充法也是常采用的可视化方法,例如树图技术及其改进技术,图 11-23 所示的是基于矩形填充树的可视化,图 11-24 所示的是基于嵌套圆填充的树可视化。

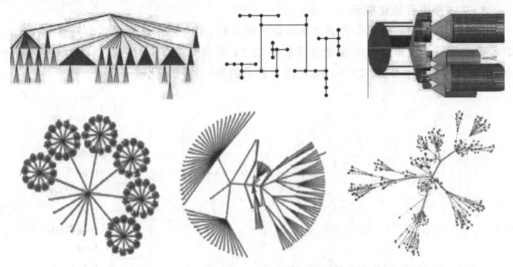

图 11-22　基于节点连接的图和树可视化

图 11-23　基于矩形填充树的可视化

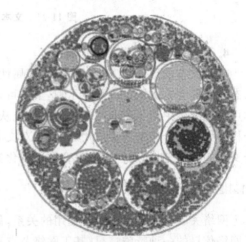

图 11-24　基于嵌套圆填充的树可视化

综合上述多种图可视化,Guo 等人提出了基于空间填充法的树可视化技术。这些图可视化方法的特点是直观表达了图节点之间的关系,但算法难以支撑大规模图的可视化,并且只有当图的规模在界面像素总数规模范围以内时效果才较好(例如百万以内),因此面临大数据中的图,需要对这些方法进行改进,例如计算并行化、图聚簇简化可视化、多尺度交互等。

3. 大型网络中的问题与解

大规模网络中,随着大量节点和边的数目不断增多,当规模达到百万以上时,可视化界面中将出现节点和边大量聚集、重叠和覆盖,使得分析者难以辨识可视化效果。为此提出了下述的主要解决方法。

1)边的聚集处理

基于边捆绑的方法,使得复杂网络可视化效果更为清晰,图 11-25 展示了基于边捆绑的大规模密集图可视化技术。此外,还出现了基于骨架的图可视化技术,主要方法是根据边的分布规律计算出骨架,然后再基于骨架对边进行捆绑。

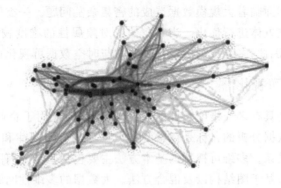

图 11-25 基于边捆绑的大规模密集图可视化

2) 层次聚类与多尺度交互

通过层次聚类与多尺度交互,将大规模图转化为层次化树结构,并通过多尺度交互对不同层次的图进行可视化。

4. 复杂网络与可视化深度融合

动态网络可视化的关键是如何将时间属性与图进行融合,基本的方法是引入时间轴。例如,StoryFlow 是一个对复杂故事中角色网络的发展进行可视化的工具,该工具能够将各角色之间的复杂关系随时间的变化,以基于时间线的节点聚类的形式展示出来。但是,它们所涉及的网络规模较小。总而言之,对动态网络演化的可视化方法研究仍较少,而大数据背景下对各类大规模复杂网络,如社会网络和互联网等的演化规律的探究,将推动复杂网络的研究方法与可视化领域进一步深度融合。

11.4.3 时空数据可视化

时空数据是带有地理位置与时间标签的数据,传感器与移动终端的迅速普及,使得时空数据成为大数据中的典型数据类型。时空数据可视化与地理制图学相结合,重点对时间与空间维度以及与之相关的信息对象属性建立可视化表征,对与时间和空间密切相关的模式及规律进行展示。为了反映信息对象随时间进展与空间位置所发生的行为变化,通常通过信息对象的属性可视化来展现时空数据的高维性、实时性。下面列举的三种可视化是典型的时空数据可视化的例子。

1. 流式地图

流式地图是一种典型的方法,将时间事件流与地图相融合。

2. 边捆绑处理的流式地图

当数据规模不断增大时,传统流式地图面临大量的图元交叉、覆盖等问题,这也是大数据环境下时空数据可视化的主要问题之一。解决此问题可借鉴并融合大规模图可视化中的边捆绑方法。

3. 时空立方体可视化

为了突破二维平面的局限性,一种名为时空立方体的方法以三维方式将时间、空间及事件直观展现出来,能够直观地对该过程中地理位置变化、时间变化、人员变化以及特殊事件进行立体展现。

时空立方体同样面临着大规模数据造成的密集杂乱问题。一类解决方法是结合散点图和密度图对时空立方体进行优化。当时空信息对象属性的维度较多时,三维也面临着展现能力的局限性,因此,多维数据可视化方法常与时空数据可视化进行融合。

11.4.4 多维数据可视化

多维数据指的是具有多个维度属性的数据变量,广泛应用于企业信息系统以及商业智能系统中。多维数据分析的目标是探索多维数据项的分布规律和模式,并揭示不同维度属性之间的隐含关系。多维可视化的基本方法主要包括基于几何图形、基于图标、基于像素、基于层次结构、基于图结构以及混合方法。大数据的多维性问题是一个不可忽视的问题。散点图、投影和平等坐标是多维数据可视化方法。

1. 散点图

散点图是最为常用的多维可视化方法,二维散点图将多个维度中的两个维度属性值集合映射至两条轴,在二维轴确定的平面内通过图形标记的不同视觉元素来反映其他维度属性值,例如,可通过不同形状、颜色、尺寸等来代表连续或离散的属性值。二维散点图能够展示的维度有限,可以将其扩展到三维空间,可以通过可旋转的 Scatter plot 方块扩展了可映射维度的数目,如图 11-26 所示。散点图适合对有限数目的较为重要的维度进行可视化,不适于需要对所有维度同时进行展示的情况。

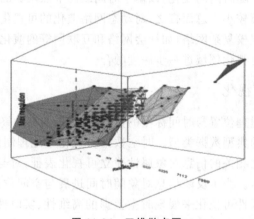

图 11-26 三维散点图

2. 投影

投影也是能够同时展示多维数据的可视化方法,如图 11-27 所示,将各维度属性列集合通过投影函数映射到一个方块形图形标记中,并根据维度之间的关联度对各个小方块进行布局。基于投影的多维可视化方法能够反映了维度属性值的分布规律,也可直观展示多维度之间的语义关系。

3. 平行坐标

平行坐标是研究和应用最为广泛的一种多维可视化技术,如图 11-28 所示,将维度与坐标轴建立映射,在多个平行轴之间以直线或曲线映射表示多维信息。

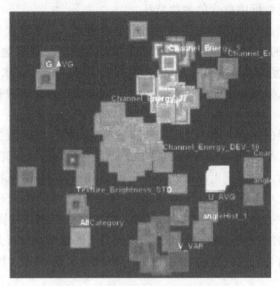

图 11-27 基于投影的多维可视化

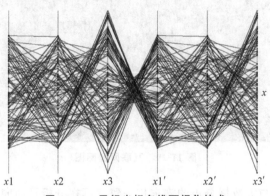

图 11-28 平行坐标多维可视化技术

11.5 大数据可视分析

可视分析是一个新的学科方向,可视分析是通过交互可视界面来进行的分析、推理和决策。可视分析与各个领域的数据形态、大小及其应用密切相关。

可视分析是一种通过交互式可视化界面来辅助用户对大规模复杂数据集进行分析与推理的技术。可视分析的过程是"数据→知识→数据"的往复闭循环过程,中间经过可视化技术和自动化分析模型的互动与协作,达到从数据中获取知识的目的。

可视分析关注人类感知与用户交互。由于大数据改变了人类的工作与生活方式,大数据可视分析技术应运而出。

在大数据环境下,将利用各种技术得到的数据分析结果用形象直观的方式展示出来,如标签图、气泡图、雷达图、热力图、树状图、辐射图、趋势图等都是可视化的表现方式,这样用户能够快速发现数据中蕴含的规律特征。

大数据分析的理论和方法研究可以从两个维度展开。一个维度是从机器或计算机的角度出发,强调机器的计算能力和人工智能,以各种高性能处理算法、智能搜索与挖掘算法等为主;另一个维度是大数据可视分析,从人作为分析主体和需求主体的角度出发,强调基于人机交互的认知规律的分析方法,将人所具备的、机器并不擅长的认知能力融入分析过程中。

人类从外界获得的信息约有 80% 以上来自于视觉系统,当大数据以直观的可视化的图形形式展示给分析者时,分析者可以洞悉数据背后隐藏的信息并转化知识。如图 11-29所示是互联网星际图。聚集全世界的几十万个网站数据,并通过关系链将几百万个网站联系起来。星球的大小根据其网站流量来决定,而星球之间的距离远近则根据链接出现的频率、强度和用户跳转时创建的链接来决定。在视觉上识别出的图形特征(例如异点、相似的图形标)比通过机器计算更快速,充分表现了大数据可视分析是大数据分析的重要手段和工具。如果结合人机交互的理论和技术,可以全面地支持大数据可视分析的人机交互过程。

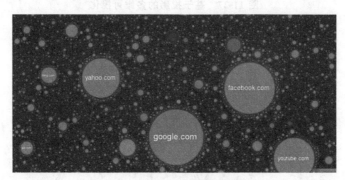

图 11-29　互联网星际图

可视分析的目标与大数据分析的需求相一致。可视分析是面向大规模、动态、模糊或者不一致的数据集的分析。可视分析集中在互联网、社会网络、城市交通、商业智能、气象变化、安全、经济与金融等领域,大数据可视分析是指在大数据自动分析挖掘方法的同时,利用支持信息可视化的用户界面以及支持分析过程的人机交互方式与技术,有效融合计算机的计算能力和人的认知能力,以获得有重要价值的信息。

11.5.1　可视分析的理论基础

可视分析是一种交互式的图形用户界面范型。人机交互的发展一方面强调智能化的用户界面,将计算机系统称为智能机器人;另一方面强调充分利用计算机系统和人的各自优势,协同合作,取长补短地分析和解决问题。例如多通道用户界面及自然交互技术、可触摸用户界面及手势交互技术、智能自适应用户界面及情境感知交互技术等。如图 11-30所示的是可视分析的运行机制。

可视分析侧重于基于交互式用户界面进行的推理。主要包含分析推理,视觉呈现和

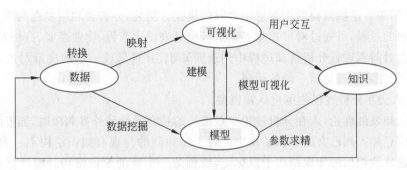

图 11-30　可视分析的运行机制

交互,数据表示和转换,以及支持产生、表达和传播分析结果的技术等内容。可视分析技术通过交互可视界面来进行分析、推理和决策,从大量的、动态的、不确定和冲突的数据中整合信息,可供人们检验已有预测,探索未知信息,获取对复杂情景的更深入理解,进而提供快速、可检验、易理解的评估和有效交流的手段。

数据可视分析主要应用于大数据关联分析,由于所涉及的信息比较分散、数据结构不统一,通常以人工分析为主,加上分析过程的非结构性和不确定性,所以不容易形成固定的分析模式,并且很难将数据调入应用系统中进行分析挖掘。借助功能强大的可视化数据分析平台,可辅助人工操作将数据进行关联分析,并且做出完整的分析图表。这些分析图表也可通过另存为其他格式,供相关人员调阅。图表中包含所有事件的相关信息,完整展示数据分析的过程和数据链。下面介绍几种在可视分析中较常用的理论模型。

1. 分析过程的认知理论模型

分析过程的认知理论模型主要包括意义建构理论模型、人机交互分析过程的认知模型和分布式认知理论。

1)意义建构理论模型

数据分析的过程是从数据集中获取信息与知识的全过程,意义建构理论认为信息是由认知主体在特定时空情境下主观建构所产生的意义,知识也是认知主体的主观产物,信息意义的建构过程是人的内部认知与外部环境交互行为的共同作用结果。因此,信息不是被动观察产物,而是需要人的主观的交互行动。知识也是人在交互过程中通过不断建构、修正、扩展现存的知识结构而获得,并且与认知发展理论一致。也就是说,经过图示、同化、顺应和平衡的建构过程,将从环境中获取的信息纳入并整合到已有的认知结构,并且改变原有的认知结构或者创造新的认知结构,进而达到动态的平衡。

在数据分析程中搜索和获取信息的行为本质上是一种意义建构行为。信息觅食理论认为,信息环境中分布着很多的信息碎片,数据分析者或信息搜索者根据信息线索在信息碎片之间移动,数据分析者将根据所处的时空情境,结合特定的分析任务制定相应的信息觅食计划。基于这种认知理论,建立了信息可视化和分析过程中的意义建构循环模型,分析者可根据分析任务需求进行信息觅食,可视化界面中借助各种交互操作来搜索信息,即对于可视化界面进行概览、缩放、过滤、查看细节和检索等。在信息觅食的基础上,分析者开始搜索并分析潜在的规律和模式,可通过记录、聚类、分类、关联、计算平均值、设置假设、寻找证据等方法抽象提取出信息中含有的模式。然后,分析者利用发现的模式开始分析解决问题的过程,可通过对可视化界面进行操纵来设定假设、读取事实、分析对比、观察变化等。在对问题进行分析推理过程中创造新知识,并且形成一定的决策与进一步的行动,再结合任务需求开始新一轮的循环。

2)人机交互分析过程的用户认知模型

根据认知发展理论,人在分析过程中最擅长的是在感受到外界刺激时,能够瞬间将新感知到的信息装入到已有的知识结构中。对于感知到的与现有知识结构不一致的信息,也能够迅速找到相似的知识结构予以标记,或创造一个新的知识结构。而计算机在分析推理过程中,远超过人的工作记忆和计算能力以及信息处理能力,并且不带有任何主观认知偏向性。可以根据人和计算机各自的优势,对分析推理过程中各自的角色进行建模,提出了人机交互可视分析的用户认知模型。该模型以信息/知识发现活动为核心,主要进行下述关键活动。

(1)由用户发起,计算机予以响应并形成交互分析行为的基于实例或者设定模式来进行的搜索过程。

(2)新知识的建立过程由分析者通过在新旧知识结构之间建立语义链接发起,例如在可视化界面中,分析者可以通过标注等交互操作显式地建立链接,计算机分析者新建的知识链接进行更新,并通过语法语义分析更新知识库。

(3)假设条件的生成与分析验证,分析者和计算机可以作为假设条件的产生者,然后根据假设分析所得的证据列表,由计算机自动生成假设与证据矩阵,分析者据此做出结论。

(4)描述了计算机辅助知识发现的自动化处理,例如对分析各种交互输入的存储和响应,根据分析者的需求执行模式识别等自动分析算法,将相关的或具有潜在价值的信息显示出来,分析者对显示的内容进行选择或者摒弃。

上述各个认知活动均与信息/知识发现息息相关,该模型描述了人机交互分析过程中的主要认知活动,并且给出了分析者和计算机在认知活动中各自的任务范畴。

3)分布式认知理论

分布式认知理论将认知的领域从个体内部扩展到个体与环境交互时所涉及的时间和空间元素,强调环境中的外部表征对于认知活动的重要性,而不仅局限于传统所关注的个体内部表征。当环境中存在符合用户心理映像的外部表征时,用户可以直接从中提取信息和知识,不需要经过推理等涉及内部表征的思维过程。所以在交互中主动建立有效的外部表征,就可以显著提高认知的效率。信息可视化也是将信息和知识进行外部化的一种手段。

分布式认知可为信息可视化提供新的理论框架。同时,分布式认知理论对分析过程中的实用型行为和认识型行为进行区分。实用型行为是指明确的、有意识的、目标导向的行为;而认识型行为指的是信息的外部表征与人的内部心理模型的协调与适应过程。这一区别对可视分析中人机交互过程中多层次的任务模型构建具有重要的指导意义,例如,可视分析中用于表达高层次的用户意图的任务具有认识型行为的特征,而各种具体的分析任务如过滤和聚类等,则具有实用型行为的特征。

2. 信息可视化理论模型

信息可视化理论模型如图 11-31 所示。

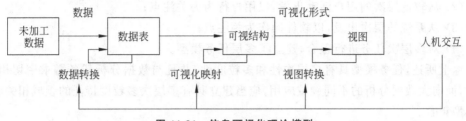

图 11-31　信息可视化理论模型

信息可视化是从原始数据到可视化形式，再到人的感知认知系统的一系列可调节的转换，其过程如下。

(1) 数据变换是将原始数据转换为数据表形式。

(2) 可视化映射是将数据表映射为可视结构，由空间基、标记以及标记的图形属性等可视化表征组成。

(3) 视图变换是根据位置、比例、大小等参数将可视化结构设置显示在输出设备上。

用户根据任务需要，通过交互操作来控制上述 3 种变换或映射，该模型中的关键变换是可视化映射，从基于数学关系的数据表映射为能够被人视觉感知的图形属性结构。通常数据本身并不能自动映射到几何物理空间，因此需要人为创造可视化表征来代表数据的含义，并且根据建立的可视化结构特点设置交互行为来支持任务的完成，可视化结构在空间基中通过标记以及图形属性对数据进行编码。

可视化映射须满足下述两个基本条件：

(1) 真实地表示并保持数据的原貌，并且只有数据表中的数据才能映射至可视化结构；

(2) 可视化映射形成的可视化表征或隐喻是易于被用户感知和理解的，同时又能够充分地表达数据中的相似性、趋势性、差别性等特征，即具有丰富的表达能力。

在信息可视化发展过程中，如何创造新型并且有效的可视化表征一直是该领域追求的目标和难点，是信息可视化领域的关键所在。此外，信息可视化也可以理解为编码和解码两个映射过程：编码是将数据映射为可视化图形的视觉元素，如形状、位置、颜色、文字、符号等；解码则是对视觉元素的解析，包括感知和认知两部分。一个好的可视化编码需要同时具备两个特征，即效率和准确性。效率指的是能够瞬间感知到大量信息，准确性则指的是解码所获得的原始真实信息。

3. 人机交互与用户界面理论模型

1) 任务建模理论

仅靠一幅静态的可视化图像是不能够有力支持数据分析的动态过程，用户需要根据需求，与可视化界面中的图形元素进行交互式分析来实现目标。支撑整个交互式分析过程的是一系列特定任务的集合。例如，通过设置约束条件来实现动态过滤。对数据可视分析过程中各种任务建模，定义了可视分析的目标集合。因此，任务建模理论是支持并辅助用户认知过程，指导可视分析系统的用户界面设计与实现的重要理论依据。

基于任务定义和分类的可视分析如下所述：

（1）从高层的用户目标出发，以用户意图为关注点；

（2）从较低层次的用户活动出发，以用户行为为关注点；

（3）从系统的层次出发，以软件操作为关注点；

（4）对多层次任务进行整合，建立了多层任务模型。

综上所述，任务模型具有多层次性和多粒度性，并且与数据分析任务需求密切相关。因此，面向大数据分析的不同领域应用，应当建立具有多层次多粒度特征的领域相关的任务模型集合。

2）交互模型

交互模型用于描述人机交互协作完成任务目标，在交互过程中各自的角色与关系、承担的任务以及相互之间的消息反馈与影响。交互模型需要对分布在用户端与系统端的交互元素进行分类和定义，并且交互模型建立在领域任务建模的基础之上，根据不同的任务目标，对人、机各自的交互元素如何互动协作完成任务的过程进行建模。因此，交互模型描述了任务模型的实现方式和方法，为大数据可视分析系统的交互设计与实现提供了重要的理论支持。例如，在用户端定义了高层目标，例如探索、分析、浏览、吸收、分类、评价、理解、比较等，同时定义了相应的低层次任务，如检索、滤、排序、计算、求极值、关联、识别范围、聚类、查看分布、寻找异常点等；在系统端则从高层和低层两个层次，定义了交互式可视化界面的表征元素和交互元素。高层的元素主要定义了表征和交互的内容，而低层的元素定义了在表征和交互的具体技术。交互模型对人、机在可视分析中各自的交互元素给出了较为细化的分类和定义，但没有对面向任务的交互模型给出具体的定义。交互模型的设计通常与任务模型密切相关，因此，在建模过程中需要与任务建立相关联。

3）用户界面模型

用户界面是用户与计算机系统之间交互的接口，指的是依托于硬件显示设备的软件系统以及配套的交互技术。用户界面模型定义了界面中的各种组成元素以及对于交互事件的响应方式，用户界面可看作任务模型与交互模型的最终实现。用户界面建立模型是指导系统设计与实现的基础。可视分析是一种支持数据分析的交互式可视化用户界面，这种界面组成元素主要包括各种可视化表征，例如用于表征网络可视化的节点和边，用于支持分析过程的元素，用于记录假设和证据推理过程的图形表征，此外还包括用于操纵可视化表征变换的图形控件，如动态过滤条。一个完备的用户界面模型主要从用户、任务、领域、表征、对话5个方面抽象了用户界面的组成元素。首先将用户界面基本组成元素划分为抽象和具体两个范畴，然后定义以上5种界面元素的映射关系，将用户界面模型表达为一个基于映射的数学模型。

该用户模型可以作为可视分析应用系统的设计模板，结合模型驱动的方法，能够自动生成交互式信息可视化系统。用户界面模型是从系统的角度出发，对最终用户面对的可视分析系统的界面形态及功能进行描述，通常为领域应用的构建提供重要的可参照范型。

11.5.2　大数据可视分析技术

分析结果的解释是大数据技术中最后的一步，当结果解释不能够满足用户要求时，需要修改参数、重新抽取数据、改变分析与挖掘算法等,所以大数据分析结果的解释过程就是一个可视分析的闭环过程。下面介绍几种常用大数据可视化分析技术。

1. 原位交互分析技术

在进行可视化分析时,将在内存中的数据尽可能多地进行分析称为原位交互分析。

对于超过 PB 量级以上的数据,先将数据存储于磁盘,然后读取进行分析的后处理方式已不适合。与此相反,可视分析则在数据仍在内存中时就会做尽可能多的分析。这种方式能极大地减少 I/O 的开销,并且可实现数据使用与磁盘读取比例的最大化。应用原位交互分析会出现下述问题:

(1) 使得人机交互减少,进而容易造成整体工作流的中断;

(2) 硬件执行单元不能高效地共享处理器,导致整体工作流的中断。

2. 数据存储技术

大数据是云计算的延伸,云服务及其应用的出现影响了大数据存储。流行的 Apache Hadoop 架构已经支持在公有云端存储 EB 量级数据的应用。许多互联网公司,如 Facebook、Google、eBay 和 Yahoo 等,都已经开发出了基于 Hadoop 的 EB 量级的超大规模数据应用。基于云端的解决方案可能满足不了 EB 量级数据的处理。一个主要的问题是每千兆字节的云存储成本仍然显著高于私有集群中的硬盘存储成本;另一个问题是基于云的数据库的访问延时和输出始终受限于云端通信网络的带宽。不是所有的云系统都支持分布式数据库的 ACID 标准。对于 Hadoop 软件的应用,这些需求必须在应用软件层实现。

3. 可视分析算法

传统的可视化分析算法设计没有考虑可扩展性,因此,传统算法的特点是计算过于复杂,或者输入不易理解的成分和输出一些简明的结果。并且,大部分算法都附设了后处理模型的假设,认为所有数据都在内存或本地磁盘中可被直接访问。对于大数据的可视化算法不仅要考虑数据大小,而且要考虑视觉感知的高效算法。需要引入创新的视觉表现方法和用户交互手段。更重要的是用户的偏好和习惯必须与自动学习算法有机结合起来,这样可视化的输出便具有高度适应性。为了减少数据分析与探索的成本及降低难度,可视化算法应具有巨大的控制参数搜索空间,并且自动算法可以组织数据并且减少搜索空间。

4. 数据移动、传输和网络架构

随着计算成本的下降,数据移动(通信)成本已成为了可视分析中付出代价最高的部分。由于数据源常常分布在不同的地理位置,并且数据规模巨大,高效的实现是大规模模拟系统的基石。由于可视分析计算将运行在更大的系统上,必须提出与研究更加有效的算法,开发更加高效的软件,能够有效地利用网络资源,并且能提供更加方便通用的接口,使得可视分析有助于高效地进行数据挖掘工作。

5. 不确定性的量化

如何量化不确定性已经成为许多科学与工程领域的重要问题。了解数据中不确定性的来源对于决策和风险分析十分重要。随着数据规模增大,直接处理整个数据集的能力也受到了极大的限制。许多数据分析任务中引入数据亚采样,来应对实时性的要求,由此也带来了更大的不确定性。不确定性的量化及可视化对未来的可视分析工具而言极其重要,必须发展可应对不完整数据的分析方法,许多现有算法必须重视设计,进而考虑数据的分布情况。一些新兴的可视化技术会提供一个不确定性的直观视图,来帮助用户了解风险,从而帮助用户选择正确的参数,减少产生误导性结果的可能。从这个方面来看,不确定性的量化与可视化将成为绝大多数可视分析任务的核心部分。

6. 并行计算

并行处理可以有效地减少可视计算所用的时间,从而实现数据分析的实时交互。未来的计算体系结构将在一个处理器上置入更多的核,每个核所占有的内存也将减少,在系统内移动数据的代价也会提高。大规模并行化甚至可能出现在桌面 PC 或者笔记本电脑平台上。并行计算的普及就在不远的将来。为了发掘并行计算的潜力,许多可视分析算法需要完全地重新设计。在单个核心内存容量的限制之下,不仅需要有更大规模的并行,也需要设计新的数据模型。需要设计出既考虑数据大小又考虑视觉感知的高效的算法。需要引入创新的视觉表现方法和用户交互手段。更重要的是,用户的偏好和习惯必须要与自动学习算法有机结合起来,这样可视化的输出才具有高度适应性。当可视化算法拥有巨大的控制参数搜索空间时,自动算法可以组织数据并且减少搜索空间,这对于减少数据分析与探索的成本和降低难度起着关键的作用。

7. 面向领域与开发的库、框架以及工具

由于缺少低廉的资源库、开发框架和工具,基于高性能计算的可视分析应用的快速研发受到了严重的阻碍。这些问题在许多应用领域十分普遍,比如用户界面、数据库以及可视化,而这些领域对于可视分析系统的开发都是至关重要的。在绝大部分的高性能计算平台上,即使是最基本的软件开发工具也是罕见的。这种资源的稀缺对于科学领域的用户来说是十分沮丧的。许多在桌面平台上流行的可视化和可视分析软件,如果放到高性能计算平台上则不是太昂贵就是还待开发。而为高性能计算平台开发这样定制的软件,也是个耗时耗力的做法。

8. 用户界面与交互设计

由于数据规模不断地增长,以人为中心的用户界面与交互设计面临多层次性和高复杂性的困难。计算机自动处理系统对于需要人参与判断的分析过程的性能不高,现有的技术不能够更充分发挥人的认知能力。利用人机交互可以化解上述问题。为此,在大数据的可视分析中,用户界面与交互设计成为了新的研究热点,主要应考虑下述问题。

1) 用户驱动的数据简化

在数据量巨大的情况下,通过压缩来简化数据的传统方法已变得无效。需要让用户根据他们的数据收集情况与分析需求方便地控制简化过程。

2) 可扩展性与多级层次

在可视分析中,解决可扩展性问题的主要方法是多层次办法。但是当数据量增大时,层级的深度与复杂性也随之增大。在继承关系复杂且深度大的层次关系中搜索最优解涉及可扩展性分析的问题。

3）表示证据和不确定性

一个可视分析环境中，表示证据与不确定性量化通常得到统一，并且需要人的参与和诠释。需要研究如何通过可视化来清晰地表示证据和不确定性。

4）异构数据融合

大数据通常都是高度异构的。因此，在分析异构数据中的对象或实体的相互关系上需要花费很大工夫。面临的问题是如何从大数据中抽取出合适数量的语义信息，将其交互地融合后进行可视分析。

5）交互查询中的数据概要与分流

当数据规模超过了 PB 量级时，对整个数据集进行分析通常不现实，也是没有必要的。数据的概要与分流使得用户能够请求满足特定特性的数据子集。而它面临的挑战是让 I/O 部件能在数据概要与分流的结果中顺利运行，从而使得用户能对超大规模数据进行交互查询。

6）时变特征分析

一个超大规模的时变数据集通常在时间上延续很长，而在频谱上或者空间上的数据集类型较少。主要的问题是要开发有效的可视分析技术，不仅在计算上是可行的，同时也能最大限度地发掘在追踪数据动态变化特征上的人的认知能力。

7）设计与工程开发

对于系统开发者来说，他们缺少在高性能计算平台上的社区尺度应用程序接口和框架支持。高性能计算社区必须为高性能计算系统上的用户界面与交互的开发建立规范的设计和提供工程资源。

可视化利用了人类视觉认知的高通量特点，通过图形的形式表现信息的内在规律及其传递、表达的过程，是人们理解复杂现象，诠释复杂数据的重要手段和途径。可视化和可视分析技术也越来越广泛地被应用到科学、工程、商业和日常生活中。利用可视化与可视分析技术，通过交互可视界面的分析、推理和决策，从海量、动态、不确定甚至相互冲突的数据中整合信息，获取对复杂情景的更深层的理解，可供人们检验已有预测，探索未知信息，同时提供快速、可检验、易理解的评估和更有效的交流手段。

本 章 小 结

数据可视化具有交互性、多维性和可视性等特点。因此，数据可视化在数据科学与大数据技术中应用广泛。可视化不但可以加快用户理解数据分析与挖掘的结果，而且能够证实和解释其正确性。可视分析与各个领域的数据形态、大小及其应用密切相关，通过闭环可视分析，可以通过模型与算法的不断选择与修改，获得理想的结果。

通过可视化将数据变成形象，激发人的形象思维与想象力。可视分析技术是指通过交互可视界面来进行分析、推理和决策的技术。

本章主要内容包括数据可视化概念、感知与认知、可视化突出点与设计原则、大数据可视化工具、大数据可视化及大数据可视分析等内容，通过这部分内容的学习，可以为进一步学习和掌握大数据可视化与可视分析建立基础。

参 考 文 献

[1]　陈明. 大数据概论[M]. 北京：科学出版社,2014.

[2]　陈明. 分布计算应用模型[M]. 北京：科学出版社,2009.

[3]　Kerry Koitzsch. Hadoop 高级数据分析[M]. 汪建峰,王英琦,于立峰,译. 北京：清华大学出版社,2018.

[4]　毛国君. 段立娟. 数据挖掘原理与算法[M]. 3 版. 北京：清华大学出版社,2016.

[5]　李春葆. 算法设计与分析[M]. 北京：清华大学出版社,2015.

[6]　Anand Rajaraman,Jeffrey David Uliman. 大数据：互联网大规模数据挖掘与分布处理[M]. 王斌,译. 北京：人民邮电出版社,2012.

[7]　陈明. 大数据基础与应用[M]. 北京：北京师范大学出版社 ,2016.

[8]　Ofer Mendelevitch,Casey Stella,Douglas Eading. 数据科学与大数据技术导论[M]. 唐金川,译. 北京：机械工业出版社,2018.

[9]　Tony Hey,Stewart Tansley Kristin Tolle. 第四范式：数据密集型科学发现[M]. 潘教峰,张晓林,等译. 北京：科学出版社,2012.